LA PHYSIQUE MODERNE

DU MÊME AUTEUR

La logique de l'hypothèse. 1 vol. in-8° de la Bibliothèque de philosophie contemporaine. . . . . 5 »

Œuvres inédites de Maine de Biran, publiées avec la collaboration de Marc Debrit. 3 vol. in-8°. . . . . 18 »

Maine de Biran, sa vie et ses pensées. 3e édition. 1 vol. in-12 3 50

Modern Physics translated from the french by Henry Downton, 1 vol. in-12. (*Edinburgh, Colark,* 1884.)

O Fizice Nowozytnej przelozyl z. Francuzhlego. 1 vol. in-8°. *Krakow,* 1885.

EN PRÉPARATION :

Le libre arbitre, étude philosophique.

5742. — Abbeville. — Typ. et Stér. A. Retaux.

LA PHYSIQUE MODERNE

ÉTUDES HISTORIQUES ET PHILOSOPHIQUES

PAR

ERNEST NAVILLE

ASSOCIÉ ÉTRANGER DE L'INSTITUT DE FRANCE ET DE L'ACADÉMIE DE PALERME
CORRESPONDANT DE L'ACADÉMIE DE SAVOIE ET DE L'ATHÉNÉE DE VENISE

DEUXIÈME ÉDITION
AUGMENTÉE D'UNE PRÉFACE NOUVELLE

PARIS
ANCIENNE LIBRAIRIE GERMER BAILLIÈRE ET Cie
FÉLIX ALCAN, ÉDITEUR
108, BOULEVARD SAINT-GERMAIN, 108

1890

PRÉFACE

L'établissement d'une physique reposant sur des bases solides est le plus grand fait scientifique des temps modernes. La prévision du chancelier Bacon a été glorieusement justifiée : le pouvoir de l'homme sur la nature s'est accru dans la proportion de son savoir. Les chemins de fer, le télégraphe électrique, et bien d'autres merveilles de l'industrie ne permettent à personne de méconnaître la valeur et l'utilité pratique des travaux de nos physiciens; mais les origines de la physique contemporaine, et les conséquences philosophiques qu'on peut légitimement déduire des découvertes de cette science sont fort souvent ignorées. Le lecteur trouvera dans les pages suivantes des renseignements relatifs à ces deux objets, et la rectification de quelques notions fausses assez généralement répandues. Il y trouvera aussi, si je ne me trompe, la justification des vues émises au sujet de la méthode scientifique, dans mon écrit relatif à la *Logique de l'hypothèse.*

Le travail dont ce volume est le résultat a été accompli avec l'aide des conseils bienveillants d'Auguste De La Rive. En rappelant les services que m'a rendus ce savant illustre, j'accomplis un devoir de justice et de reconnaissance, sans vouloir me décharger, en aucune mesure, des erreurs dans lesquelles j'ai pu tomber.

Je dois aussi, en faisant la même réserve que pour Auguste De La Rive, témoigner ici ma reconnaissance à MM. Edouard Sarasin et Charles Soret qui ont bien voulu m'accorder le secours de leurs lumières.

Genève, 12 novembre 1882.

La publication de la *Physique moderne* m'a valu un assez grand nombre de communications dont les unes me sont parvenues par des articles de journaux et de revues, les autres par des voies privées.

Une de ces communications, relative à la partie historique du travail, concerne une omission. M. Georges Lechalas a remarqué que Malebranche n'avait pas obtenu la place à laquelle il a droit dans l'exposition des origines de la physique moderne. Je tiens à consigner ici cette juste remarque dans l'intérêt de ceux qui reprendraient l'étude d'un sujet que je n'ai point la prétention d'avoir épuisé.

D'une manière générale, la partie historique de mes études n'a suscité, à ma connaissance, aucune objection proprement dite. Il ne pouvait pas en être de même de la partie philosophique.

La recrudescence du matérialisme et du déterminisme psychologique qui en est la conséquence est un des caractères saillants du mouvement contemporain de la pensée. Rien de plus opposé à cette doctrine que l'affirmation des conséquences spiritualistes de la physique, telle que je la formulais en 1882, et que je la reproduis, sans réserves, en 1890. Les pages de ce volume ont donc nécessairement éveillé des objections dans l'esprit de quelques-uns de mes lecteurs.

Le matérialisme est aussi ancien que la philosophie. Ce qui caractérise ses manifestations actuelles, c'est la pensée que cette vieille doctrine, qui a eu souvent jadis le caractère d'un système *a priori*, a trouvé de nos jours une base solide dans les études expérimentales. Nombre de savants, en divers pays, affirment hardiment que *le matérialisme est le produit naturel de la science.* Dans un livre dont les éditions se sont extrêmement multipliées en Allemagne, et qui a été traduit dans presque toutes les langues de l'Europe, le docteur Büchner a écrit : « aujourd'hui nos plus laborieux ouvriers dans « les sciences, nos plus infatigables physiciens professent des « idées matérialistes (1). »

Cette affirmation est de nature à causer un profond étonnement aux personnes qui savent quelles sont les opinions philosophiques ou religieuses émises en Allemagne, en France, en Angleterre, en Italie, aux États-Unis d'Amérique, par plusieurs des savants les plus illustres de l'époque contemporaine. Il ne s'agit pas ici, qu'on le remarque bien, de la discussion d'une doctrine, mais de la constatation d'un fait. La science engendre-t-elle logiquement le matérialisme ? c'est une question de théorie. Les plus estimables des savants contemporains professent-ils le matérialisme ? C'est une question de fait. Les deux questions ne sont pas sans rapports ; si nos meilleurs savants professaient le matérialisme, on pourrait en conclure, avec une certaine probabilité, que le matérialisme est le produit naturel de la science. Mais, bien qu'elles ne soient pas sans rapports, les deux questions sont distinc-

1. *Force et matière*, à la fin. Cet ouvrage avait déjà, en 1874, treize éditions allemandes et trois éditions françaises. Il en a eu sans doute plusieurs encore depuis cette époque.

tes et doivent être traitées par des procédés différents : la première par le raisonnement, la seconde par l'observation des faits. Or, les faits, quels sont-ils ? L'affirmation du docteur Büchner est si manifestement fausse qu'il n'y aurait pas lieu de la prendre en considération si elle se trouvait émise dans un écrit n'ayant eu qu'un nombre limité de lecteurs. Tel n'est pas le cas ; il s'agit d'un livre, dont il est permis de trouver la valeur philosophique à peu près nulle, mais dont l'immense publicité et l'influence sur une partie de la jeunesse universitaire ne permettent pas de méconnaître l'importance. Puis la thèse du docteur allemand est reproduite, ailleurs qu'en Allemagne, par d'autres écrivains, dont quelques-uns ont de la réputation ; il vaut donc la peine de s'y arrêter un moment.

Osera-t-on refuser la qualité de laborieux ouvriers dans les sciences et d'infatigables physiciens à Ampère, à Liebig, à Fresnel, à Faraday, à Robert Mayer ? Ces savants ont été des initiateurs de premier ordre pour les progrès de la physique moderne. En ouvrant le présent volume, aux pages 180 et suivantes, on verra quelles étaient leurs opinions et leurs croyances.

Dira-t-on que ces hommes célèbres appartiennent déjà au passé, et que c'est dans une époque plus récente que les savants les plus dignes d'estime ont professé le matérialisme ? J'ai montré (pages 207 et suivantes) qu'en présence de la renaissance de l'athéïsme, dont le matérialisme est la forme la plus générale et la plus facile à entendre, divers savants contemporains ont éprouvé le besoin de formuler des protestations. Ceux que j'ai nommés : Osvald Heer, Auguste De La Rive, Adolphe Wurtz, Eugène Chevreul ont été retirés de ce monde. Mais des hommes vivants aujourd'hui, et dont personne n'oserait nier la haute position dans le monde scientifique, ont hautement professé les croyances d'ordre spirituel dont le matérialisme est la négation radicale. Je me bornerai à trois exemples choisis en France; l'Allemagne et l'Angleterre peuvent en fournir d'autres.

On ne peut pas refuser à M. de Quatrefages la qualité d'un fort laborieux ouvrier dans les sciences. Dès 1838, en reconnaissant (ce qu'il est impossible de nier) qu'au point de vue de *l'organisation physique*, l'homme est un véritable animal, il demandait qu'on lui fît une place à part, qu'on le plaçât dans un règne séparé, parce qu'il y a chez l'homme des phénomènes d'un ordre autre que ceux de son organisation physique. En 1867, dans son grand ouvrage sur *les Progrès de l'anthropologie* il déclarait que « bien des années d'études « et de réflexions l'avaient de plus en plus confirmé dans « cette manière de voir » (1). Il n'hésiterait pas sans doute à reproduire la même déclaration en 1890. Il n'est pas question d'entrer ici dans l'appréciation spéciale de la manière dont M. de Quatrefages formule les caractères spécifiques de l'humanité; il suffit de signaler un savant, entouré de la plus haute considération, qui demande, au nom de la méthode expérimentale, qu'on n'identifie pas ce qui est distinct, et qui fait largement et justement la part des phénomènes spirituels dans l'existence totale de l'homme.

Dans la science contemporaine, M. Louis Pasteur peut avoir des égaux, il n'a pas de supérieurs. Dans son discours de réception à l'Académie française (2), appelé à faire l'éloge de Littré, le chef le plus estimé des positivistes français,

1. *Rapport sur les progrès de l'anthropologie*. Paris, Imprimerie impériale, page 76.
2. Paris, Calman Lévy, 1882.

il a été conduit à apprécier la doctrine qui confine la pensée dans le domaine de l'expérience. Cette doctrine, dont le programme officiel est de se tenir en dehors de tout système, conduit le plus souvent ses adeptes à limiter l'expérience à l'expérience sensible, et à conclure au matérialisme. C'est une contradiction avec le programme de l'école, mais une contradiction qui paraît naturelle à ceux qui étudient sérieusement la question. M. Pasteur a saisi l'occasion qui lui était offerte pour parler de l'infini « cette notion positive et pri« mordiale que le positivisme écarte gratuitement » et que le matérialisme nie radicalement. Il a montré dans le sentiment de l'infini la base fondamentale et commune de toutes les manifestations religieuses de l'humanité. Prononcées par un tel homme, et dans une circonstance solennelle, ces paroles ne pouvaient pas manquer d'attirer l'attention. Elles ont eu, en effet, un assez grand retentissement, et ont pu raffermir les convictions des hommes qui considèrent comme une erreur grave l'affirmation que le matérialisme est le produit naturel de la science.

Qu'on lise enfin, au début de l'ouvrage de M. Faye sur *l'Origine du monde* (1), l'introduction dans laquelle l'auteur expose sa pensée au sujet des rapports de la science et de l'idée de Dieu. Il me suffira d'en extraire les paroles suivantes : « Nous contemplons, nous connaissons au moins dans sa « forme immédiatement saisissable, ce monde qui, lui, ne « connaît rien ; ainsi il y a autre chose que les objets terres« tres, autre chose que notre propre corps, autre chose que « les astres splendides : il y a l'intelligence et la pensée. Et « comme notre intelligence ne s'est pas faite elle-même, il

1. Un vol. in-8°, Paris, Gauthier-Villars, 1884.

« doit exister dans le monde une intelligence supérieure d'où « la nôtre dérive. Dès lors, plus l'idée qu'on se fera de cette « intelligence suprême sera grande, plus elle approchera de « la vérité. Nous ne risquons pas de nous tromper en la con- « sidérant comme l'auteur de toutes choses, en reportant à « elle ces splendeurs des cieux qui ont éveillé notre pensée, « et finalement nous voilà tout préparés à comprendre et à « accepter la formule traditionnelle : Dieu, Père tout-puis- « sant, Créateur du Ciel et de la Terre. Quant à nier Dieu, « c'est comme si, de ces hauteurs, on se laissait choir lour- « dement sur le sol... Il est faux que la science ait jamais « abouti d'elle-même à cette négation. »

Auguste de la Rive m'écrivait, le 10 août 1873, l'année de sa mort. « Mon impression générale est que, dans l'état actuel « de la science, les sciences physiques (astronomie et phy- « sique) sont celles dont l'étude conduit le mieux à recon- « naître l'existence d'un Dieu Créateur. Je crois que le nom- « bre des physiciens athées, sans être nul, est fort petit. « Quant aux sciences naturelles, y compris la physiologie et « tout ce qui touche à la vie, il en est malheureusement « autrement. »

C'est en effet dans les sciences naturelles, et dans la physiologie spécialement qu'est aujourd'hui la place forte du matérialisme. C'est dans l'étude des êtres vivants en général, et dans celle du corps humain en particulier, qu'on croit trouver une base expérimentale pour affirmer, au nom de la science, la négation de la réalité de l'esprit. Ce n'est pas le lieu d'entrer ici, à ce sujet, dans une discussion proprement dite ; quelques mots seulement.

M. Hébert disait, en 1868, aux auditeurs de son cours de géologie à la faculté des sciences de Paris : « La science

« ne saurait conduire au matérialisme. S'il y a des tendances « matérialistes dans notre société, elles reposent sur des illu- « sions ; elles ne peuvent germer que dans des esprits com- « plètement absorbés par des études spéciales et qui oublient « le reste du monde (1). » La remarque est juste en général, et s'applique d'une manière spéciale à ceux des physiologistes qui professent le matérialisme. Leur attention longuement concentrée sur l'étude des organes, a fini par leur faire oublier l'esprit. Il arrive un moment où tout ce qui ne peut, ni se voir, ni s'entendre, ni se toucher, ni se peser, tout ce qui échappe au scalpel, à la balance et au microscope se trouve rejeté hors de l'horizon de leur pensée. Ils perdent de vue la vérité utilement rappelée par M. Faye que la matière à laquelle ils prétendent tout réduire appartient à ce monde qui, lui, ne se connaît pas. Ce reste du monde que M. Hébert leur reproche d'oublier, c'est avant tout eux-mêmes, leur esprit, siège de tous les phénomènes psychiques, et sans lequel nulle connaissance n'est possible. L'objet vu leur fait oublier le regard sans lequel il n'y aurait pas de vision. La préoccupation exclusive du moi est en morale la source essentielle du mal, l'oubli du moi est en psychologie la source maîtresse des erreurs de la pensée. Ces considérations demanderaient à être développées ; mais leur développement n'aurait pas sa place naturelle dans un volume spécialement consacré à la physique.

Genève, le 1er mars 1890.

ERNEST NAVILLE.

1. *Moniteur universel* de mars 1868. — Cité dans Valroger : *La Genèse des espèces.*

TABLE DES MATIÈRES

QUATRIÈME ÉTUDE

CINQUIÈME ÉTUDE

PREMIÈRE ÉTUDE

LES CARACTÈRES DE LA PHYSIQUE MODERNE (1)

Le mot *physique* a reçu dans le cours des temps des significations diverses. Les anciens Grecs ont quelquefois désigné par ce terme toute la science des réalités, par opposition à l'étude des idées abstraites. Ils classaient alors l'ensemble des recherches de l'esprit humain sous trois chefs : la logique ou la science des lois de la pensée ; la morale ou la science des règles de l'action ; la physique ou la science des êtres. Cette dernière science avait donc pour objet, non-seulement la matière, mais les êtres vivants, les esprits et le principe du monde ; elle renfermait notre histoire naturelle, notre psychologie et notre théologie. De nos jours, le mot physique a désigné une étude spéciale, « celle des propriétés générales des corps et des phénomènes qui n'entraînent pas de changements permanents dans leur composition intime », l'étude de ces changements étant renvoyée à la chimie. C'est la définition

1. Une première rédaction de cette étude a été publiée dans la *Bibliothèque universelle* (Juillet et Août 1872). M. De la Rive, qui du reste avait bien voulu prendre connaissance des parties les plus importantes du manuscrit, a approuvé ce travail. Sa mort, survenue le 27 novembre 1873, ne m'a pas permis d'avoir son opinion sur la manière dont les études suivantes, qui ont été publiées d'abord dans la *Revue philosophique*, la *Revue scientifique* et la *Bibliothèque universelle*, exposent des idées qui avaient fait souvent le sujet de nos entretiens.

donnée par M. Lamé dans son enseignement à l'Ecole polytechnique. Dans la langue actuelle de la science, le mot physique tend à prendre une signification plus étendue. M. Robert Mayer s'en est servi pour désigner « la science entière de la matière inerte (1) ». Le mot a le même sens dans les *sciences physiques* de la classification d'Ampère, dans le titre des *Archives des sciences physiques et naturelles*, jointes à la *Bibliothèque universelle*, et dans le titre de l'ouvrage consacré par M. Émile Saigey à la théorie de l'unité des phénomènes naturels (2). Ainsi conçue, la physique commence à l'apparition de la matière, ce qui la sépare des sciences purement abstraites : la logique et les mathématiques ; elle s'arrête à l'apparition de la vie, ce qui la distingue de la botanique et de la zoologie, deux sciences réunies maintenant, par un néologisme heureux, sous le titre de *biologie*. Elle renferme donc la mécanique, y compris la mécanique céleste, la chimie, la minéralogie, la physique au sens étroit du terme, la météorologie, et la partie de la géologie qui peut se passer de la considération des êtres vivants. Elle est une science auxiliaire pour la biologie, de même que les mathématiques sont une science auxiliaire à son égard. Toutes les sciences qui viennent d'être énumérées forment un groupe naturel, parce qu'elles ont un objet commun : la matière inorganique, et que l'unité des lois qui régissent les phénomènes dont elles s'occupent se manifeste toujours plus à mesure que l'étude fait des progrès. Le mot physique a dans cet écrit le sens général qui vient d'être indiqué.

L'expression de *physique moderne* n'est pas une désignation stérile, indiquant un état de la science aujourd'hui nouveau, et qui sera vieux demain, relativement à un autre qui deviendra vieux à son tour par rapport à celui qui lui succé-

1. Discours au Congrès des naturalistes allemands réuni à Insbruck, en 1869.
2. *La Physique moderne, essai sur l'unité des phénomènes naturels.* Paris, Germer Baillière, 1867.

dera. Ces termes ont un contenu positif, parce qu'ils désignent une détermination de la nature des phénomènes matériels qui se sépare assez nettement des notions antérieurement admises pour marquer une époque dans l'histoire de la science. Sous le nom de physique ancienne, je réunis des idées qui appartiennent à différentes époques, mais qui ont ce caractère commun qu'elles nient ou méconnaissent la conception fondamentale qui constitue la physique moderne. On peut bien assigner une date à la naissance de cette conception; mais la date de son apparition n'est pas celle de son plein développement et de son triomphe incontesté. Une doctrine nouvelle a toujours à soutenir une lutte contre d'anciennes doctrines qui subsistent pendant un certain temps. Ainsi que l'a remarqué Ritter, l'historien de la philosophie (1), les périodes qu'on peut établir dans l'histoire des idées n'ont jamais un caractère strictement chronologique; elles ressemblent moins à une division mécanique qu'à la décomposition chimique d'un corps composé.

Les caractères distinctifs de la physique moderne peuvent être rangés sous trois chefs: caractères scientifiques — caractère logique — caractère esthétique.

CARACTÈRES SCIENTIFIQUES

Les caractères scientifiques sont relatifs à la manière de concevoir la nature propre des phénomènes qui sont l'objet de la science. Il en est cinq qui sont dignes par leur importance d'être spécialement signalés.

1. — *Nature mécanique des phénomènes.*

Les phénomènes physiques considérés en eux-mêmes, et abstraction faite de leurs rapports avec les êtres capables de

1. *Histoire de la philosophie.* Coup d'œil général et division.

sentir et de percevoir, se réduisent à des mouvements. Le son, séparé des perceptions de l'ouïe, la lumière et la chaleur, séparées des sensations qu'elles font éprouver, l'électricité, le magnétisme, séparés des effets divers qu'ils peuvent produire sur des êtres sensibles, ne sont que des mouvements. Les mouvements physiques, rencontrant les organes des corps vivants, déterminent des mouvements physiologiques. Ces mouvements sont transmis par les nerfs au centre cérébral. On peut dire que le mouvement physiologique n'est que le mouvement physique transformé par les organes des sens de même à peu près que les vibrations de l'air dans un orgue sont diversement modifiées par la forme et la grandeur des tuyaux dans lesquels elles pénètrent. Au mouvement physiologique du centre cérébral correspondent les phénomènes de la sensation et de la perception, faits psychiques harmonisés avec le mouvement de la matière, mais d'un ordre différent, et qui deviennent le point de départ de tout un monde de pensées et de sentiments. Eclaircissons ceci par quelques exemples.

Un amateur de musique écoute une sonate de Mozart; que se passe-t-il ? Le mouvement mécanique des instruments détermine des ondulations dans l'air atmosphérique. Ces ondulations frappent les organes extérieurs de l'ouïe. Le mouvement, modifié par l'oreille, se transmet le long des nerfs et, à ce mouvement parvenu au centre cérébral répond la perception du son à laquelle s'associent des impressions diverses, des émotions de l'âme et des pensées. L'esprit capable d'entendre étant supprimé, il n'y aura plus rien d'entendu ; il ne restera que les vibrations de l'air et celle des organes. Un astronome regarde une étoile au moyen d'une lunette ; que se passe-t-il ? L'étoile a un mouvement qui détermine des ondulations dans un fluide subtil partout répandu que les physiciens désignent sous le nom d'*éther*. Ces ondulations parviennent au verre de la lunette qui les modifie. Ainsi modifiées, elles sont transmises à l'œil qui les modifie à son tour ; et elles arrivent à la rétine où elles déterminent un mouvement physiologique. Ce mouvement physiologique se propage le long du nerf optique, et parvient jusqu'à l'encéphale. Alors se produit, en vertu de l'harmonie qui relie deux ordres de phénomènes, la sensation de la lumière et la perception du corps lumineux. L'astronome sent ; il voit ; il admire peut-être ; il réfléchit. Enlevez l'esprit capable de voir et de sentir ; que reste-t-il ? Les ondulations de l'éther, les mouvements divers déterminés dans le verre de la lunette, dans les organes de l'œil, et dans le système nerveux.

Les mots lumière, chaleur, son, ont deux significations distinctes, et ce double sens des mêmes mots risque de produire des confusions d'idée. Ces termes désignent tantôt les phénomènes physiques à l'état pur, le fait objectif, tantôt la sensation et la perception, ou les faits subjectifs. Ces deux ordres de faits sont reliés par un rapport qui est un des éléments primitifs de l'univers, dont nous ne possédons pas l'explication, et dont il nous est même impossible de chercher l'explication. Au lieu de constater ce rapport la physique ancienne créait des entités imaginaires sous les noms de *formes substantielles*, de *causes occultes*, de *vertus de la matière*. Le son, la lumière, la chaleur, le froid, le sec, l'humide, étaient considérés comme des causes auxquelles la pensée s'arrêtait, croyant avoir expliqué les phénomènes lorsqu'elle n'avait fait que les nommer.

Affirmer qu'il n'existe rien dans les corps qui ressemble à nos sentiments et à nos idées ; que les termes lumière, chaleur, etc., dès qu'on y fait entrer un élément psychique, sont l'expression de rapports entre deux classes de phénomènes distincts, bien qu'intimement unis ; affirmer que tout phénomène physique en soi n'est que le mouvement ; tel est le premier caractère de la physique moderne. Il est convenablement exprimé par ces termes : Nature mécanique des phénomènes,

Bacon dit, dans le quatrième aphorisme de son *Novum organum* : « Approcher ou écarter les uns des autres les corps « naturels, c'est à quoi se réduit toute la puissance de « l'homme ; tout le reste, la nature l'opère à l'intérieur et « hors de notre vue. » Nous affirmons aujourd'hui que dans l'univers matériel tout entier il n'y a rien autre que le mouvement, et que ce que Bacon appelle « tout le reste » n'est qu'un rapport entre les phénomènes physiques et la sensibilité des êtres vivants.

Cette théorie suppose l'admission de l'existence de l'éther, c'est-à-dire d'un fluide subtil, impondérable, élastique, pénétrant tous les corps, remplissant tous les espaces qui les séparent, fluide dans lequel s'opèrent les mouvements qui constituent la lumière et la chaleur. L'existence de l'éther n'est pas une donnée immédiate de l'expérience. L'air ne peut ni se voir ni se toucher ; mais il devient l'objet d'une perception directe dans l'action du vent, et il peut être pesé dans la balance. L'éther n'est pas l'objet d'une constatation de cette nature. Son existence est une hypothèse ; mais cette hypothèse est nécessaire pour l'explication des phénomènes, et, se justifie par le succès même des explications qu'elle fournit.

Pour bien entendre la réduction à l'unité de tous les phénomènes physiques, il faut distinguer trois espèces de mouvements : 1° ceux de corps formant une masse plus ou moins cohérente (solide, liquide ou gazeuse) qui est transportée d'un lieu de l'espace à l'autre ; 2° ceux qui se produisent dans l'intérieur de corps dont l'ensemble continue à occuper relativement le même lieu de l'espace, mais dont les molécules ou les atomes se meuvent ; 3° ceux du fluide supposé remplissant les intervalles qui séparent les corps les uns des autres, et les molécules ou les atomes de chaque corps. On peut attribuer le nom de mouvements *mécaniques* à ceux de la première espèce, en appelant ceux de la seconde mouvements *moléculaires* ou *atomiques*, et ceux de la troisième mouvements *éthériques*. L'emploi du premier de ces termes n'est pas exempt d'inconvénients, puisque tout mouvement est mécanique par essence; mais je n'ai pas réussi à en trouver un plus convenable.

2. — *Unité de la matière.*

Le mouvement ne se manifeste et ne peut se concevoir que comme un mode de la substance des corps qu'on appelle la matière. L'affirmation de l'unité de la matière forme le deuxième caractère de la physique moderne. Le sens de cette affirmation doit être précisé.

L'analyse chimique ramène la variété indéfinie des corps naturels à un nombre déterminé d'éléments appelés corps simples. Ces corps se retrouvent toujours les mêmes dans les appareils des laboratoires, et ils diffèrent les uns des autres sous le rapport de leur poids et de leurs diverses propriétés. Les progrès de la science, depuis une cinquantaine d'années, ont augmenté le nombre de ces substances réfractaires aux tentatives de décomposition. Maintenant des chimistes, en s'appuyant sur des inductions assez sérieuses, conçoivent l'espérance d'arriver à décomposer une partie au moins des corps tenus pour simples. Certains théoriciens arrivent à la pensée que les corps pondérables se composent de molécules qui ne sont que des agrégats divers d'atomes semblables (1). Quelques-uns vont plus loin encore, et soupçonnent que les corps pondérables sont formés par l'agrégation d'atomes d'éther. Dans cette hypothèse, les éléments de la matière seraient identiques. Quelle serait l'origine de la diversité des corps naturels? Cette origine ne pourrait être, au point de vue expérimental, que les mouvements qui auraient rapproché, pour en former des masses diverses, les parties élémentaires.

L'uniformité absolue des atomes, et la variété de leurs

1. Voir par exemple, dans la *Logique de l'hypothèse*, page 160, l'opinion énoncée par M. Marignac.

agrégats résultant de mouvements qui les auraient diversement réunis : c'est là, non pas une théorie expérimentalement démontrée, mais une conjecture hardie et grandiose. Ce n'est pas en ce sens qu'il faut entendre, au moins dans l'état actuel de la science, la thèse de l'unité de la matière. Cette affirmation, telle qu'elle paraît justifiée par les progrès de la physique signifie qu'il n'existe pas diverses matières douées de propriétés spécifiques inconnues et indéterminables. Toutes les explications de phénomènes doivent être cherchées exclusivement dans la forme des corps et dans leurs mouvements. La gravité, la cohésion, l'affinité seront déterminées comme des mouvements tantôt en acte, et tantôt simplement en puissance. Les atomes pourront être supposés différents, mais seulement sous le rapport de la forme au point de vue géométrique, sous le rapport de la tendance au mouvement, au point de vue dynamique. Affirmer en ce sens l'unité de la matière, c'est dire que la nature des phénomènes est mécanique, en sorte que le deuxième caractère de la physique moderne n'est que l'énoncé d'une idée contenue dans le premier. La physique ancienne reposait sur des conceptions d'une autre nature.

On avait admis jadis la division des corps en quatre classes : les solides, les liquides, les gaz et les éléments ignés. C'était la théorie des quatre éléments : la terre, l'eau, l'air et le feu ; et cette théorie a régné jusqu'à un temps qui n'est pas fort éloigné de nous. La solidité, la liquidité, l'état gazeux, l'état igné étaient considérés comme les qualités de différentes espèces de matières. La science ne cherchait pas à expliquer ces qualités qu'elle considérait comme primitives, et qu'elle prenait en conséquence pour points de départ de ses explications. On a considéré plus tard les causes de différents phénomènes physiques comme des agents distincts. La lumière, la chaleur, l'électricité, le fluide magnétique étaient censés des matières impondérables diverses, douées de propriétés particulières et indéterminables autrement que par leurs effets. L'observation de chaque fait nouveau risquait alors d'introduire dans la science l'idée d'un nouveau fluide. Galvani ayant accidentellement suspendu à une barre de fer une grenouille attachée à un crochet de cuivre, constata un mouvement inattendu dans les membres de l'animal : le galvanisme figura passagèrement dans la science comme un nouvel agent. Pour la physique moderne, les états solides, liquides, gazeux sont considérés comme pouvant appartenir à tous les corps sans exception. La liquéfaction de l'oxygène récemment obtenue par MM. Raoul Pictet et Cailletet a confirmé cette manière de voir.

L'exemple suivant permettra d'apprécier la différence de l'ancienne physique et de la nouvelle pour l'explication d'un fait de détail. Une masse de fer, placée sur une enclume et recevant le choc d'un marteau, se réchauffe ; voilà un fait. Comment rendre raison de ce développement de chaleur? Au point de vue ancien, le calorique était un corps subtil, contenu dans la masse du fer, et il en sortait, sous le choc du marteau, de même que l'eau renfermée dans une éponge en sort lorsque l'éponge est pressée. Au point de vue de la physique moderne, en rend compte du fait par l'idée de la transformation du mouvement du marteau, ainsi que nous allons l'entendre par l'exposition du caractère suivant.

8. — *Transformation des mouvements.*

Le troisième caractère de la physique moderne est le principe désigné par plusieurs savants sous le titre de *corrélation des forces* ou de *transformation des forces*, et que je préfère nommer avec M. De La Rive, principe de la *transformation des mouvements* (1). Ces expressions sont équivalentes, au fond. En effet, on désigne sous le nom de force une cause de

1. *Archives des sciences physiques et naturelles*, décembre 1871.

mouvement; mais une cause de mouvement, une force, ne peut jamais être déterminée, ainsi que le remarque Laplace (1) que par ses effets qui sont des mouvements, et par la loi de son action qui n'est que la loi du mouvement. Une force ne peut donc entrer dans le calcul et servir à une explication scientifique qu'en étant déterminée par le mouvement qu'elle peut produire. Elle se mesure par la masse mue, à égalité d'accélération, et par l'accélération à égalité de masse. Les considérations relatives à la cause du mouvement envisagée en elle-même et indépendamment de ses effets sortent du domaine de la physique étudiée à titre de science particulière. L'observation ne nous révèle que des mouvements actuels, ou un état des corps dont résultera tel mouvement dans telles circonstances données. La détermination expérimentale d'une force est donc toujours un mouvement actuel ou virtuel; c'est pourquoi les termes corrélation des forces et transformation du mouvement sont deux expressions diverses d'une même pensée. Observons qu'en parlant de la transformation du mouvement, nous désignons seulement un état de la matière qui passe d'un corps à l'autre. Un mouvement produit d'autres mouvements: voilà le sens du principe. Le mouvement mécanique, le mouvement moléculaire, le mouvement éthérique se produisent mutuellement; et le mouvement éthérique produit en nous la sensation de la lumière, par exemple. On ne peut pas dire que le mouvement se transforme en lumière ou en chaleur, si on comprend l'élément de sensation sous les termes de lumière et de chaleur. Il y a là la correspondance harmonique d'un fait matériel et d'un fait psychique, et non une simple transformation mécanique.

Voici comment s'explique, dans la théorie moderne, l'échauffement d'une masse de fer frappée sur une enclume: Le marteau exécute un mouvement mécanique. Ce mouvement

1. *Exposition du système du monde*, livre III, chap. I.

est employé en partie à modifier la forme extérieure du fer et à ébranler l'enclume; mais une autre partie est représentée par un mouvement des molécules, soit du marteau, soit du fer frappé; et les mouvements moléculaires produisent un mouvement éthérique qui est la partie objective de ce que nous appelons la chaleur, c'est-à-dire la cause de la sensation. Si l'on veut dire que le mouvement se transforme en chaleur, il ne faut donc pas oublier que c'est une expression abrégée qui désigne la transformation d'un mouvement en un autre mouvement auquel correspond la sensation. Les traités de physique enseignent que pour apprécier l'état de la température, il ne faut pas se fier à ses impressions, mais observer la dilatation ou la condensation d'un corps. Le sens des termes étant bien expliqué, on pourra user sans inconvénient de la formule que le mouvement se transforme en chaleur. Inversément un dégagement de chaleur, quelle qu'en soit l'origine, peut se transformer en mouvement mécanique. C'est le fait qui se produit tous les jours dans les machines de nos chemins de fer et de nos bateaux à vapeur.

L'observation faite des relations du mouvement mécanique et de la chaleur a été le point de départ d'une théorie générale qui établit la corrélation de toutes les forces physiques. En 1843, un physicien anglais, M. Grove, montra le fonctionnement d'un appareil au moyen duquel, avec un rayon de lumière comme force initiale, il obtenait une action chimique, de l'électricité, du magnétisme, de la chaleur et du mouvement. La corrélation de tous ces phénomènes peut s'établir également en prenant un mouvement mécanique comme force initiale. Considérons, par exemple, un quartier de marbre que des ouvriers, occupés à construire un bâtiment, viennent de placer au haut d'une muraille. Supposons que l'on nous fournisse tous les appareils mécaniques et physiques convenables, il sera possible d'obtenir en faisant descendre ce quartier de marbre, par le phénomène du frottement, de la chaleur, de la lumière, de l'électricité; on pourra décomposer un corps dans ses éléments et le recomposer.

L'observation des phénomènes établit donc avec certitude qu'un mouvement mécanique ne produit pas seulement d'autres mouvements mécaniques, ce qui n'a jamais été ignoré, mais aussi des mouvements moléculaires et éthériques, ces derniers prenant dans la science la place occupée jadis par divers fluides impondérables. Comment la cause de ces transformations peut-elle être conçue? On la cherchera dans la forme des molécules, et dans le mode des vibrations de l'éther; on la trouvera, s'il devient un jour possible d'établir la mécanique des atomes et celle de l'éther sur des bases aussi fermes que celles de la mécanique des masses. C'est là le but marqué à la physique par la direction de la science contemporaine, but qui se montre à l'horizon de la pensée comme une lointaine espérance.

4. — *Conservation de l'énergie.*

Si l'on s'arrête aux apparences, on peut supposer que, dans certains phénomènes naturels, des éléments de la matière s'anéantissent. Il semble, par exemple, qu'un corps qui brûle se détruit. Les travaux des chimistes ont montré qu'il n'en est pas ainsi. Si l'on recueille avec soin tous les gaz que produit la combustion d'un corps, qu'on les pèse, qu'on ajoute leur poids à celui du résidu solide qui peut subsister, et qu'on retranche le poids de l'oxygène absorbé, on trouve une somme précisément égale au poids primitif du corps. Nous affirmons donc, par une induction fondée sur des observations nombreuses, que, dans la partie de l'univers que notre expérience peut atteindre, il n'y a ni création, ni annihilation de matière. Une théorie semblable appliquée au principe du mouvement est le quatrième des caractères que nous passons en revue.

L'ancienne physique admettait que, dans les phénomènes du choc et du frottement, il y avait de la force perdue. On n'avait pas l'idée de chercher l'équivalent du mouvement qu'on voyait disparaître dans la production de phénomènes caloriques, lumineux ou électriques. La physique moderne affirme que la somme des mouvements actuels ou virtuels reste la même. Elle affirme qu'un mouvement mécanique qui disparaît peut se transformer en un mouvement moléculaire, et par l'intermédiaire du mouvement moléculaire, en un mouvement éthéré. Pour bien entendre cette affirmation deux remarques sont nécessaires.

1° On entend, en mécanique, par quantité de mouvement, le produit de la masse d'un corps par sa vitesse, produit dont l'expression algébrique est $m\ v$. Or l'expérience montre que, pour accroître la vitesse d'un corps, il faut une dépense de force proportionnelle, non pas à cette vitesse même, mais à son carré. Ainsi pour doubler la vitesse d'un boulet de canon, il faut quadrupler la tension des gaz nés de la combustion de la poudre. On nomme *force vive* (1), le produit de la masse par le carré de la vitesse, produit qui s'exprime par la formule : $m.v^2$. On voit par l'explication précédente, que la conservation de la même quantité de mouvement et la conservation de la même quantité de force vive, sont deux choses distinctes. Lorsqu'on veut retrouver dans un calcul la somme de la force, un corps se mouvant dix fois plus vite ne doit pas entrer dans le compte pour dix, mais pour cent. L'expérience établit que lorsqu'on considère les mouvements actuels, ce n'est pas la quantité du mouvement $m\ v$. qui demeure constante mais la quantié de la force $m\ v^2$.

2° Les forces, étant conçues comme des causes de mouvement, ne se manifestent pas toujours par une réalisation de

1. « Le produit $m\ v^2$ de la masse d'un point matériel par le carré de sa vitesse, se nomme *la force vive* de ce point. » — Delaunay, *Traité de mécanique rationnelle*.

forces vives. La pesanteur, par exemple, se manifeste dans la chute d'un corps libre ; elle n'existe pas moins, sans se manifester par un mouvement de translation, dans un corps immobile exerçant une pression sur le sol qui le supporte, ou une tension sur une corde qui le soutient. Un ressort tendu constitue de même une force qui ne se réalise pas en un mouvement appréciable. C'est donc une tentative vaine que celle de quelques savants contemporains qui veulent éliminer l'idée de la force qu'ils considèrent comme une abstraction inutile, pour ne conserver que l'idée du mouvement actuel. L'interprétation des phénomènes exige que l'on admette, à côté des mouvements actuels, des mouvements virtuels, c'est-à-dire des causes de mouvement à l'état latent, ou simplement potentiel.

Au moyen de ces deux explications on peut entendre dans son sens vrai le principe qui forme le quatrième des caractères de la physique moderne. Ce qui demeure en quantité égale dans toutes les transformations du mouvement, c'est le pouvoir moteur actualisé ou non. Par quels termes le désigner? On a adopté d'abord les termes : *Constance de la force ;* mais le mot force a en mécanique un sens précis ; il exprime la masse multipliée par l'accélération. C'est pourquoi l'on préfère maintenant les termes : *Conservation de l'énergie.* Ces deux expressions ont du reste exactement le même sens. L'énergie est la cause des mouvements actuels ou virtuels. Elle est tantôt à l'état de réalisation dans les forces vives, tantôt à l'état potentiel. Le principe consiste donc dans l'affirmation que dans tous les phénomènes observés « la somme des forces vives et des énergies potentielles est constante (1). »

C'est l'étude comparée du mouvement mécanique et de la chaleur qui a surtout contribué à établir ce principe. On a

1. Helmholtz. *Mémoire sur la Conservation de la force, page* 77. — Voir aussi *La conservation de l'énergie* par Balfour Stewart, un volume de la Bibliothèque scientifique internationale.

pris pour unité du mouvement mécanique le *kilogrammètre*, c'est-à-dire le travail nécessaire pour élever un kilogramme à un mètre de hauteur. On a pris pour unité de chaleur la *calorie*, c'est-à-dire la chaleur nécessaire pour élever d'un degré centigrade la température d'un kilogramme d'eau. De nombreuses expériences ont démontré qu'une calorie équivaut à 424 kilogrammètres environ, c'est-à-dire que la chaleur nécessaire pour élever d'un degré la température d'un kilogramme d'eau suffirait, si dans la pratique on pouvait l'utiliser entièrement, pour élever un kilogramme à 424 mètres. On généralise ce résultat en admettant que l'équivalence existe dans la transformation de toutes les classes de mouvements qui constituent la lumière, la chaleur, l'électricité, le magnétisme. Tous les mouvements, lorsqu'on pourra les ramener à des unités déterminées, pourront être évalués par la commune mesure du kilogrammètre, et, quand ils seront ramenés a une commune mesure, on pourra constater leur équivalence: telle est la théorie.

Reprenons l'exemple donné plus haut, celui d'un bloc de marbre élevé au sommet d'une muraille. Le point de départ du fait a été le travail des ouvriers, qui ont dépensé la force nécessaire pour triompher de la pesanteur du bloc; leur travail se mesure au moyen de cette pesanteur même, et de l'espace vertical parcouru. Nous avons supposé le bloc descendant, et son mouvement mécanique devenant l'origine de toute une série de phénomènes. Lorsque l'on pourra apprécier exactement ces phénomènes, qui ne sont objectivement que des mouvements divers, et en faire la somme, cette somme se retrouvera précisément égale au travail des ouvriers qui ont élevé le bloc. Elle se retrouvera, comme on retrouve après la combustion la somme du poids d'un corps brûlé. On a appliqué cette conception à la pierre placée au sommet de la pyramide de Chephrem, en faisant remarquer qu'elle a retenu tout le travail dépensé, il y a quatre mille ans, par les ouvriers de Pharaon qui l'ont mise en place, et qu'elle est constamment prête à le rendre, sous telle forme qu'on voudra lui demander, sans en rien retenir et sans y rien ajouter (1). Sous quelle forme existe dans la pierre la puissance du travail? Sous la forme de la pesanteur, force constante dont l'élévation de la pierre n'a fait que modifier le point d'application. Mais comment le mouvement virtuel existe-t-il dans la pesanteur, lorsque le corps pesant est à l'état de repos? Pour généraliser la question, comment le mouvement virtuel existe-t-il dans un ressort tendu, dans un corps combustible qui produira la chaleur, dans la poudre dont l'explosion lancera un projectile? On emploie, pour exprimer le fait, des expressions diverses : *énergie potentielle* (ce sont les termes les plus admis maintenant), *force latente, effort.* On parle de *force emmagasinée,* de *provision de force.* De ces diverses expressions, les unes, comme celles d'énergie et d'effort, ont une origine psychologique; d'autres, comme celle de force emmagasinée, ne s'appliqueraient avec exactitude que dans une théorie qui ferait de la force ce que la physique ancienne faisait du calorique, une substance particulière dont on pouvait faire provision. Nous sommes ici en présence d'un fait qu'il faut noter, parce que sa notation est indispensable à la science : l'existence du mouvement à l'état virtuel, ou de l'énergie à l'état potentiel ; la théorie de la conservation de l'énergie ne peut s'établir qu'au moyen de cette donnée. L'énergie potentielle est une expression qui a un sens mécanique parfaitement net; c'est la somme des travaux que les forces qui agissent sur un système sont capables de produire. Mais veut-on se rendre compte du mode d'existence du pouvoir moteur considéré en soi, et non pas dans ses effets possibles? toute représentation objective fait défaut. Pourra-t-on réduire, un jour, l'énergie

1. L'idée est je crois de Robert Mayer. Voir dans le *Journal des Savants* de Novembre 1869, pages 663 et suivantes, le travail de M. J. Bertrand sur la renaissance de la physique cartésienne.

potentielle de la pesanteur et celle d'un ressort tendu à un mouvement moléculaire interne ? Théoriquement on ne peut pas déclarer la chose impossible ; mais voici ce qu'il importe de constater : Dans l'état actuel de nos connaissances, on ne peut pas affirmer la constance de la force manifestée par des mouvements actuels ; l'explication des phénomènes physiques ne peut pas se passer de la considération de la force à l'état potentiel. Les savants contemporains qui veulent éliminer l'idée de la force pour ne conserver que l'idée du mouvement formulent donc une affirmation que l'expérience ne justifie pas.

5. — *Explication mathématique des phénomènes.*

L'explication mathématique des phénomènes est le cinquième caractère de la physique moderne. Si tous les phénomènes que cette science étudie se réduisent à des mouvements, la science entière doit se ramener à la mécanique, entendue dans le sens le plus large du terme. Or les éléments dont dispose la mécanique sont le temps, l'espace, la vitesse, ou le rapport du temps à l'espace, enfin la forme des corps et leur masse. Il faut donc établir une unité de mesure pour le temps, une unité de mesure pour l'espace, une unité de mesure pour la masse; et ces unités une fois établies, les mathématiques, en s'y appliquant, fourniront l'explication des faits. La physique envisagée dans sa plus haute abstraction, et telle qu'on peut la supposer lorsqu'elle aurait atteint le but de ses efforts, se réduirait donc à un assemblage de formules algébriques exprimant des formes et des mouvements. Ce cinquième caractère est la conséquence immédiate du premier, c'est-à-dire de l'affirmation de la nature mécanique des phénomènes. Il suppose toutefois, pour sa pleine réalisation, la transformation des mouvements et la conservation de l'énergie, en sorte que, découlant du premier caractère, mais supposant les autres, il offre le résumé de la conception de la science.

Toutes les études contemporaines convergent vers ce but. La chimie arrive de plus en plus à considérer le poids comme la qualité essentielle des corps qu'elle étudie, et l'emploi de la balance n'est que l'application de l'arithmétique à une espèce particulière de quantité. Les sons étant considérés comme des vibrations de l'air, leur succession qui constitue la mélodie, leur accord qui constitue l'harmonie, se ramènent toujours à des nombres déterminés de vibrations et au rapport de ces nombres, en sorte que la théorie de la musique est une théorie mathématique. La découverte de l'équivalence de la chaleur et du travail mécanique a eu pour condition l'établissement d'une unité de chaleur, qui se détermine par une unité de poids et un degré du thermomètre, et d'une unité de travail qui se détermine par une unité de poids et une unité de longueur. Ces unités étant établies, le reste de la théorie consiste dans des appréciations numériques. Il en est de même pour la théorie de la lumière. La longueur des ondes, et le nombre des ondulations dans un même espace de temps, fournissent l'explication de la diversité des couleurs, celle de la dispersion de la lumière et de tous les autres phénomènes de l'optique. On rédige des tables renfermant d'un côté le nom des couleurs et de l'autre un nombre d'ondulations qui leur correspond ; et c'est ce nombre seul, à l'exclusion de toute idée de propriétés spécifiques et inexpliquées des rayons, qui devient la base des explications scientifiques. On peut concevoir nos connaissances parvenues sous ce rapport à un degré de précision tel qu'on pourrait établir une théorie mathématique de la peinture comme de la musique, et qu'on exprimerait par le rapport abstrait des nombres les conditions objectives de la beauté d'une toile de Raphaël, aussi bien que d'une symphonie de Beethoven.

Ce résultat général, auquel tend la science contemporaine, avait été entrevu aux premiers jours de l'éveil de la pensée philosophique. Quand nous parlons de la physique mathématique, nous ne faisons qu'exprimer, sous une autre forme, ce que Pythagore, revenu d'Égypte et de Chaldée, enseignait aux Grecs, en leur disant que « tout est nombre. » Cette antique formule, si étonnante au premier abord, prend un sens clair, lorsqu'on a compris la tendance des recherches actuelles.

Les mathématiques expriment les lois de la pensée humaine qui se trouvent être les lois des phénomènes observés. C'est cette harmonie de la pensée et des faits qui nous rend l'univers intelligible. On dit parfois que, dans l'état actuel de la science, on ne considère plus dans la nature que la matière et le mouvement; il faut ajouter et *les lois de la communication du mouvement*. La géométrie et l'arithmétique n'existent pas seulement dans notre pensée ; elles ont une réalité objective, en tant qu'elles règlent les rapports des objets de nos perceptions. J'indique, sans y insister maintenant, cette remarque à laquelle j'aurai l'occasion de revenir (1).

Après avoir énuméré les caractères scientifiques de la physique moderne, cherchons à nous faire une idée à la fois générale et précise de la différence qui la sépare de la physique ancienne.

Comparaison de la physique ancienne et de la physique moderne.

Les sciences diverses, en cherchant à remonter vers l'origine des choses, arrivent toujours et nécessairement à un point où la pensée s'arrête, et qui devient le point de départ de toutes les explications. Pascal, dans ses considérations sur l'esprit géométrique, remarque que nous pouvons concevoir idéalement une science qui n'emploierait aucun terme qui n'eût été défini, et aucune proposition qui n'eût été démontrée ; mais il observe immédiatement que cette conception est chimérique, puisque, de terme en terme et de propo-

1. Voir la cinquième étude.

sition en proposition, il faudrait remonter à l'infini. La physique, en poussant ses théories aussi loin que possible, arrivera toujours à un état de choses, ou à un *comment* dont elle ne cherchera pas le *pourquoi*. Que cet état de choses tenu pour primitif existe par lui-même, ou qu'il soit la manifestation d'une puissance créatrice, c'est une question de philosophie qui sort du programme de la physique. Dans les deux cas, le point d'arrêt est le même. C'est ce que méconnaissait le savant athée qui a dit un jour : « Si Dieu existait, le fil de la science serait à jamais coupé. » Le fil de la science n'est pas plus coupé par l'idée du Créateur que par celle de la nature des choses, et il faut, quoi qu'on fasse, que la pensée s'arrête à un point de départ qui rendra raison de tout le reste, et dont il ne sera pas rendu raison, par cela même que ce sera un point de départ. La question est de savoir où se trouve le point d'arrêt. C'est à ce sujet que se produisent en physique deux doctrines opposées. La physique ancienne, qui est la plus conforme aux données immédiates de l'expérience, s'arrêtait à chaque classe de phénomènes distincts, en supposant pour les expliquer des propriétés particulières ou des lois spéciales. De là des points d'arrêt en nombre indéterminé; chaque fait nouveau tendait à introduire dans la science un nouveau principe d'explication. A cette conception s'oppose celle de la physique moderne, pour laquelle toutes les explications doivent être ramenées aux principes de la mécanique, ce qui fait que la pensée a des points de départ d'une nature précise et en nombre limité. De nouveaux exemples, joints à ceux qui précèdent, feront comprendre l'opposition fondamentale de ces deux points de vue.

On admettait, au commencement de ce siècle, que le simple contact de deux métaux produit de l'électricité. C'est un fait auquel on s'arrêtait, on le formulait comme une loi fournissant l'explication du phénomène qu'elle exprimait. Quelques physiciens poussèrent les recherches plus loin.

M. De La Rive, entr'autres, fut frappé de l'idée que l'on admettait ainsi une production indéfinie d'action électrique sans phénomènes concomitants, ni physiques, ni chimiques, c'est-à-dire, au fond, le mouvement perpétuel. Il travailla donc, dès 1828, à enrichir la science de la découverte des sources chimiques de l'électricité, découverte pleinement confirmée dès lors par les travaux de Faraday et d'autres savants. Expliquer la production d'une action physique par le simple contact de deux métaux, en vertu d'une propriété inconnue, c'était la physique ancienne. Expliquer cette action par la transformation d'une action antérieure, c'est la physique nouvelle. Autre exemple : La réunion de deux électricités produit de la lumière. S'arrêter à cette observation formulée en loi, c'est désigner le phénomène, ce n'est pas l'expliquer. Pour l'expliquer, au point de vue de la science actuelle, il faut concevoir l'électricité comme une action mécanique déterminant un développement de lumière (1). La pensée ne s'arrête plus, dès lors, à la simple succession de deux faits (rencontre d'électricité — lumière), elle remonte à la conception de mouvements transformés selon les lois, inconnues encore dans leurs formules précises, de la mécanique moléculaire.

Une physique s'arrêtant à diverses classes de phénomènes comme à des faits primitifs et irréductibles, et une physique ramenant toute la partie objective des phénomènes à des mouvements exprimés par des formules mathématiques: telles sont les deux conceptions qui caractérisent, dans leur diversité, la science ancienne et la science moderne. Si notre physique est dans la bonne voie, la science de la matière doit réussir finalement à fournir toutes ses explications au moyen de ces trois données : la forme des corps, le mouvement, les lois de la communication du mouvement. Cette espérance

1. Leçon de M. De La Rive faite à l'Athénée de Genève, le 2 Janvier 1872.

est-elle fondée, ou serions-nous victimes d'une illusion semblable à celle de ces navigateurs qui crient : terre ! terre! lorsqu'ils n'ont vu à l'horizon que des bandes de nuages? c'est ce que l'avenir décidera.

Ce qui est certainement une illusion, c'est la pensée de quelques modernes que la physique peut réduire son objet à l'unité absolue, en ne considérant que le mouvement seul. La science de la matière renferme et renfermera toujours deux embranchements distincts. L'un contient les recherches relatives à la constitution des divers agrégats et à la nature des atomes, soit de l'élément premier des corps, quel que soit le nom qu'on voudra lui donner. L'autre contient les recherches relatives aux lois de la communication et des transformations du mouvement. Ce sont là, en quelque sorte, l'anatomie et la physiologie de l'univers matériel. Les recherches de la première classe répondent à notre chimie; les recherches de la seconde classe constituent la physique, au sens étroit de ce terme. Ces deux embranchements de la science sont distincts, mais réunis par d'intimes rapports. Dans les études biologiques, la physiologie suppose l'existence des organes, et d'autre part elle cherche à s'expliquer leur formation. Il en est de même dans l'étude de la matière inorganique. La cohésion unit les molécules de corps semblables; l'affinité réunit en molécules des atomes primitivement divers; mais cette réunion des éléments de la matière en agrégats ne peut avoir lieu que par le mouvement. D'autre part, toute manifestation et toute transformation du mouvement suppose des corps préexistants. Il y a donc entre les deux ordres de recherches une distinction qui n'est pas une séparation ; mais la distinction subsiste et subsistera toujours. L'illusion consiste à penser que le mouvement seul pourra devenir l'objet de la la science, à l'exclusion de l'étude des corps mûs. Cette idée ne mériterait pas de fixer l'attention si elle ne figurait que dans les écrits de quelques philosophes enivrés de la théorie de Hégel; mais elle faisait son apparition, il y a peu d'années, dans les prolégomènes d'un traité de physiologie. M. Beaunis affirme qu'il n'y a pas lieu de distinguer, comme on l'a toujours fait, le mobile ou le corps mû, le moteur ou la cause du mouvement, mais que le mouvement, le mobile et le moteur, se réduisent à une chose unique : le mouvement (1). Cet auteur part de l'idée juste que la matière ne nous est connue que par sa résistance au mouvement. Au lieu de conclure que la résistance constitue pour nous l'essence de la matière, il conclut que « le *corps mû* se réduit en dernier lieu à un mouvement. » L'erreur est assez étrange pour être signalée. Elle est du reste inoffensive, parce que le sens commun départi à tous les hommes se trouve d'accord avec les résultats de la réflexion la plus sérieuse, pour confirmer cette pensée de Pascal, reproduite et développée par M. Wurtz: « On ne peut imaginer de mouvement sans quelque chose qui se meut (2). » Qu'il soit donc bien entendu que, lorsque l'on dit que la physique moderne ramène toute la partie objective des phénomènes au mouvement seul, on sous-entend toujours que le mouvement suppose un mobile; d'où résulte que l'étude de la constitution des corps demeurera toujours comme une partie essentielle de la science de la matière.

Le programme de la physique moderne.

La physique est une science particulière dont le but est d'expliquer les phénomènes offerts à l'observation par la matière inorganique. Elle est placée, comme il a été dit plus haut, entre les mathématiques qui lui fournissent des moyens

1. *Nouveaux éléments de Physiologie humaine.* Paris, 1876, pages 4 à 7.
2. Pascal. *Pensées,* De l'esprit géométrique — Wurtz. *La théorie atomique,* Livre II, chapitre IV., § 1 et 4.

d'explications, et la biologie à laquelle elle prête ses lumières pour interpréter les phénomènes de la vie. Elle doit commencer par l'analyse en étudiant à part la pesanteur, la chaleur, la lumière, l'électricité; mais, comme toute science digne de ce nom, elle fait succéder la synthèse à l'analyse; elle rapproche ce qu'elle a d'abord distingué. La doctrine de la transformation du mouvement vient offrir une justification expérimentale à la tendance de l'esprit humain qui le pousse toujours à la recherche de l'unité.

En constatant les résultats obtenus, il ne faut pas se faire d'illusions sur les lacunes considérables que notre physique renferme, et qu'elle renfermera sans doute longtemps encore. Le programme de la science est arrêté dans ses traits généraux, mais bien des articles de ce programme sont marqués par des points d'interrogation. Nous ne savons pas si l'éther, en supposant son existence absolument démontrée, est une substance spéciale, ou n'est que la matière pondérable réduite à un état extrême de ténuité (1). Une explication mécanique des phénomènes de la cohésion et de l'affinité est loin d'être solidement établie. L'existence de lumières froides, comme celle des corps phosphorescents, par exemple, soulève, au sujet des rapports des ondulations de l'éther qui sont la cause des sensations caloriques et de celles qui produisent les sensations lumineuses, des problèmes qui, autant que je puis le savoir, ne sont point résolus, ni peut-être même posés dans des termes qui permettent d'en entrevoir la solution. D'une manière plus générale, comment déterminer les causes qui, à partir du fait d'un mouvement de la matière pondérable, produisent les manifestations diverses de la chaleur, de la lumière, de l'électricité? Quelle est la forme initiale du mouvement universel? La gravitation est-elle une manifestation primitive de la force motrice universelle, ou a-t-elle un an-

1. Wurtz. *Théorie atomique*, Livre II, chapitre IV, §. 2

técédent qui la ramène à un phénomène d'impulsion ? La question est ouverte, depuis Newton, et donne lieu, de nos jours encore, à des solutions opposées, ou à l'expression d'un doute prudent.

Arriver à découvrir les lois qui rendent raison de l'état actuel du globe terrestre, du système solaire, et de la partie des astres qui tombent dans le champ de nos observations possibles, c'est déjà une prétention très-élevée ; ce n'est pas encore cependant tout le programme de la science. En voulant rendre raison de l'état *actuel* des phénomènes, la pensée est conduite à la considération d'un état antérieur à celui que l'expérience nous révèle. Il est certain ou, pour le moins, extrêmement probable que le globe terrestre a passé par une période d'incandescence, et s'est peu à peu refroidi. Le changement s'est accompli sans doute par l'effet des lois que la physique étudie ; mais d'autre part le résultat de l'application de ces lois a été modifié par l'effet même des changements qu'elles avaient provoqués. Quelques astronomes estiment que nous pouvons contempler dans les profondeurs du ciel des astres qui sont en voie de formation par la condensation des éléments de la matière. En suivant ces indications, on arrive à une conception née d'une pensée de Descartes, formulée par Kant, puis par Laplace, et qui porte le nom d'hypothèse de la nébuleuse primitive. Émise d'abord en vue de la formation du système solaire, cette hypothèse est susceptible d'une application plus générale ; la voici à son plus haut degré de développement.

Le monde physique aurait existé primitivement sous la forme d'une matière diffuse, répandue dans l'espace. Les éléments de cette matière auraient été soumis à la loi de la gravitation qui tendait à les réunir, et à des impulsions d'une autre nature qui prévenaient leur assemblage en une seule masse. A partir de cet état primitif, le monde s'est organisé dans la série des siècles sous l'influence des lois de la communication et de la transformation du mouvement. On peut donc concevoir idéalement qu'une intelligence connaissant la disposition des éléments de la nébuleuse et tout l'ensemble des lois de la physique, aurait vu le monde actuel dans son germe, comme un naturaliste voit la plante dans la semence dont il sait qu'elle sortira.

Arriver à la détermination de la nébuleuse primitive, de la nature de ses éléments et des lois initiales du mouvement ; puis, en partant de ces données de fait, en déduire, par une synthèse mathématique, l'organisation du monde matériel : telle est la partie la plus élevée et la plus hardie du programme complet de la physique, au sens général de ce terme. Il est à peine nécessaire de dire la distance incommensurable qui sépare l'état présent de la science de la pleine réalisation de ce programme; mais, en suivant la direction actuelle des recherches, on voit toutes les lignes converger vers un sommet inaccessible peut-être, mais dont il est permis d'admettre l'existence, même dans la supposition qu'on ne pourra pas y parvenir.

L'inertie de la matière.

Les cinq caractères de la physique moderne peuvent être rattachés à une doctrine qui forme leur centre commun. Cette doctrine est celle de l'inertie de la matière. Commençons par nous rendre compte de la valeur des deux mots : *matière* et *inertie*.

Si l'on demande ce que la matière est en elle-même, on pose une question insoluble comme toutes les questions du même ordre. Demander la détermination d'une *chose en soi*, abstraction faite de tous ses rapports, c'est formuler une demande contradictoire dans ses termes, car la connaissance que nous pouvons avoir d'un objet ne peut jamais être que le résultat d'un rapport que cet objet soutient avec nous. Mais, en étudiant la manière dont l'idée de la matière se forme dans notre esprit, il est facile de constater son essence, c'est-à-dire les propriétés qui suffisent à sa conception et sans lesquelles cette conception s'évanouit. L'idée fondamentale de la matière ne provient pas de la vue ou de l'ouïe, puisque les aveugles et les sourds la possèdent. On peut retrancher les cinq sens (le tact étant limité aux sensations passives, à l'exclusion de l'exercice du toucher) et l'idée de la matière reste. D'où vient-elle ? De l'exercice de notre pouvoir moteur. Dès que nous rencontrons une résistance à notre mouvement, lors même qu'il n'y a ni lumière, ni son, ni chaleur, ni odeur, ni saveur, nous concevons l'existence d'un corps. Les corps étrangers nous sont révélés par le conflit avec le mouvement de notre corps propre, soit que nous les touchions par un mouvement dont nous avons l'initiative, soit que nos organes réagissent au contact d'un corps qui les heurte. Tous les éléments passifs des corps étant enlevés et le pouvoir moteur demeurant, l'idée du corps subsiste. Le pouvoir moteur étant supprimé, l'idée du corps s'évanouit. Si les sensations passives pouvaient subsister dans cette hypothèse, elles ne seraient que des modes de notre être propre, des phénomènes purement subjectifs qui n'éveilleraient pas l'idée d'un objet étranger, d'un non-moi. Les analyses de Condillac et de Charles Bonnet, complétées et rectifiées par celles de Maine de Biran, ont mis ce point de doctrine en pleine lumière. L'idée des corps étrangers est primitivement et essentiellement pour nous celle de la résistance à nos organes, et l'idée du corps propre celle d'une résistance directe à notre effort.

La résistance des corps se manifeste dans l'espace, et cette résistance nous donne ainsi l'idée d'une forme réelle, déterminée par la résistance même. La conception de l'espace est l'antécédent nécessaire de l'idée de la matière, c'est pourquoi toutes les déterminations de l'espace qu'étudie la géométrie interviennent en physique ; mais la physique se distingue de la géométrie, parce que les formes qu'elle considère sont des formes réelles, résultant de ce que les diverses parties de l'étendue sont occupées par la matière, tandis que les formes qu'étudie la géométrie sont purement abstraites. Nous disons donc que l'essence des corps est d'occuper une partie de l'étendue, de l'*occuper*, c'est-à-dire de résister au mouvement d'un autre corps. Nous généralisons, en effet, l'idée expérimentale de la résistance à notre effort personnel en l'étendant aux rapports que les corps soutiennent entre eux.

Cette détermination de l'idée de la matière offre une analogie manifeste avec la formule souvent employée qui définit le corps par les deux notions de l'étendue et de l'impénétrabilité. Mais, la notion de l'étendue restant la même, la formule de l'occupation de l'espace ou de la résistance est préférable à celle de l'impénétrabilité, parce qu'elle laisse ouverte la question de savoir si les éléments de la matière ont une grandeur fixe, ou si leur étendue peut être simplement virtuelle. Boscovich affirmait théoriquement, et Faraday a cru établir par quelques expériences, que les éléments de la matière ne sont que des centres de forces, et n'ont pas une étendue invariable. Dans cette hypothèse, un élément de matière pourrait être comprimé jusqu'à être réduit à un point mathématique, c'est-à-dire à une sphère dont le rayon est zéro; mais dans l'anéantissement de son volume, il conserverait son pouvoir propre d'expansion, en sorte que sa forme demeurée virtuelle se réaliserait dès que la compression serait diminuée. Je n'ai pas l'intention de discuter ici cette doctrine. Je remarque seulement qu'en adoptant la notion de la résistance dans l'espace pour l'expression de l'essence de la matière, on laisse ouverte la question de la compressibilité indéfinie des éléments primitifs des corps, question qui se trouve tranchée par la notion de l'impénétrabilité.

On peut remarquer que l'idée à laquelle nous sommes parvenus au moyen de l'observation psychologique se trouve d'accord avec les résultats auxquels les théoriciens de la mécanique arrivent par une autre voie. L'idée de la masse est pour eux équivalente à celle de la quantité de la matière. Or la masse est définie comme « une qualité des corps d'après laquelle ils *cèdent* plus ou moins facilement à l'action des forces, (1) » ou, ce qui revient précisément au même, comme une qualité des corps d'après laquelle ils *résistent* plus ou moins à l'action des forces. La masse n'a d'autre manifestation que la résistance; et les deux idées de la masse et de la quantité de matière étant équivalentes, la quantité de matière n'intervient en mécanique que comme quantité de résistance.

La détermination de la matière est inséparable de l'idée du mouvement, puisque la résistance n'est conçue que comme opposée au mouvement. Le temps, qui entre comme élément essentiel dans l'idée du mouvement, devient ainsi, de même que l'espace, un antécédent nécessaire des conceptions de la physique.

L'idée de la force a son origine dans l'action que nous exerçons sur nos organes, et par nos organes sur les corps étrangers. En faisant abstraction du sentiment d'un pouvoir initial et libre, il reste l'idée d'un simple pouvoir moteur. Ce pouvoir, séparé de sa conscience immédiate, n'est plus concevable que dans la manifestation de ses effets; c'est pourquoi la force, telle qu'on la considère en physique, n'a pas d'autre détermination possible que le mouvement qu'elle peut produire.

La résistance d'un corps qui modifie le mouvement d'un autre manifeste une force aussi bien qu'un pouvoir d'impulsion. Un corps en mouvement en rencontre un autre; l'état

1 Delaunay — *Traité de mécanique rationnelle*. §. 00.

des deux corps se trouve changé ; chacun des deux corps est donc une force par rapport à l'autre, puisqu'il est la cause d'une modification du mouvement. La matière en soi, considérée indépendamment de ses relations, ne saurait être définie, ainsi que nous l'avons dit. En considérant un corps dans ses relations avec les autres, nous le définissons comme une force résistant dans l'espace au mouvement qui tendrait à le déplacer, et constituant par cette résistance même une force réelle. La force qui réside dans la matière, dit Newton, dans la troisième définition placée en tête de ses Principes, est le pouvoir qu'elle a de résister. *Materiæ vis insita est potentia resistendi*. C'est cette résistance qui devient la mesure de toutes les forces, impulsives et autres, puisqu'une force n'est jamais déterminable que par le mouvement qu'elle peut produire, ou, ce qui revient au même, par la résistance dont elle peut triompher.

Le nom de *force d'inertie*, habituellement en usage, a l'inconvénient d'employer dans un sens actif le terme passif d'inertie dont nous allons préciser la signification. La bonne désignation semble être celle de *force de résistance*. La résistance est conçue, soit comme s'opposant au mouvement dans un corps supposé en repos, soit comme s'opposant à la modification d'un mouvement acquis, qui continuerait tel qu'il est sans l'intervention d'une cause étrangère. Si l'on suppose une force motrice primitive et constante, toutes les modifications du mouvement résultent uniquement de la diversité des résistances. Telle est l'essence de la matière : la résistance dans l'espace qui devient une cause de modification du mouvement dans la relation des corps entre eux.

Que faut-il maintenant entendre par le terme *inertie?*

L'inertie, comme l'étymologie du mot l'indique, est une négation. C'est la négation de tout pouvoir propre à la matière, au delà du pouvoir unique d'occuper l'espace et par conséquent de résister. La partie passive de cette conception ne doit pas faire oublier l'affirmation de la force de résistance des corps qui est la partie active et essentielle de leur idée. La négation générale contenue dans l'idée de l'inertie se développe en trois négations particulières :

1° *Il n'existe dans la matière aucun élément psychique.* — La cause d'un mouvement ne doit jamais être cherchée dans des volontés, des inclinations ou des désirs de la matière. Si la pierre tombe, ce n'est pas qu'elle ait de l'affection pour le sol ; si la flamme s'élève, ce n'est pas qu'elle ait l'amour du ciel ; si l'eau monte dans un corps de pompe, ce n'est pas que l'horreur du vide soit un des éléments de la nature. Tous les termes psychologiques, comme ceux d'attraction, d'affinité etc., etc., sont des métaphores ; et la première condition pour pénétrer dans la véritable nature des phénomènes, est de se garder de prendre à la lettre ce langage figuré.

2° *Il n'existe dans la matière aucun pouvoir de produire les phénomènes psychiques.* — Les sensations de lumière, de son, de chaleur, résultent d'un rapport entre la sensibilité des êtres organisés et les mouvements physiques. Il ne faut donc jamais s'arrêter dans l'explication des phénomènes à l'idée de pouvoirs inconnus et indéterminables appartenant aux corps; toutes les explications doivent remonter à la considération géométrique des formes et à la considération dynamique du mouvement actuel ou virtuel.

3° *Il n'existe dans la matière aucun pouvoir de modifier son propre mouvement.* — Cette négation exclut, non-seulement tout acte de liberté ou de caprice, mais tout élément de spontanéité. Un mouvement, quelle qu'en soit l'origine, ne peut jamais être modifié par l'action même du corps qui se meut, en sorte que toute modification de mouvement suppose une cause étrangère au corps même que l'on considère. Lorsque deux corps se rencontrent, chacun d'eux est force par rapport à l'autre, puisque chacun d'eux modifie le mouvement de l'autre, c'est la conséquence directe du pouvoir de résistance; mais aucun des deux corps n'est force, par rapport à son propre mouvement. Il est important de prévenir toute confusion entre la notion active de la matière relative aux rapports des corps entre eux, et la notion passive qui se rapporte à l'état d'un corps considéré en lui-même.

Telle est l'idée de l'inertie, et le développement des trois négations qu'elle renferme. Les deux premières négations ont une grande portée en philosophie. La troisième constitue une loi placée aux fondements de la science mécanique. La voici telle que la donne M. Delaunay.

« Un corps qui est en repos ne peut pas se mettre de lui-même en mouvement.

« Un corps qui est en mouvement ne peut modifier de lui-même son état de mouvement (1). »

La modification exclue par la seconde partie de la loi ne peut concerner que la direction ou la vitesse. Un point matériel étant en mouvement, dit Laplace, « il n'y a aucune raison pour qu'il s'écarte plutôt à droite qu'à gauche de sa direction primitive (2). » Toute modification qui ne viendrait pas d'une cause étrangère entraînerait la négation de l'inertie ; et la seule direction qui puisse être conçue comme simple et constante est la direction en ligne droite. Si la vitesse d'un mouvement était modifiée sans l'intervention d'une cause étrangère, la loi d'inertie serait détruite aussi; car le ralentissement du mouvement est une action, c'est un élément de mouvement en sens contraire de la direction suivie par le corps. Un corps en mouvement doit donc continuer à se mouvoir en ligne droite et avec une vitesse uniforme tant qu'aucune cause

1. *Cours élémentaire de mécanique*, § 14.
2. *Mécanique céleste*, Livre I, chapitre II.

étrangère n'intervient. Ces conséquences sont exprimées comme suit dans la première loi de Newton :

« Tout corps persévère dans l'état de repos ou de mouve-
« ment uniforme en ligne droite dans lequel il se trouve, à
« moins que quelque force n'agisse sur lui et ne le contraigne
« à changer d'état. »

Cette loi est le principe de toutes les explications de la mécanique, mais elle ne répond à aucun fait qu'il soit possible de constater. Le repos n'est qu'une apparence ; toute la matière est dans un mouvement continuel : les astres se meuvent dans le ciel ; les molécules se meuvent dans les corps qui nous paraissent immobiles. On pourrait donc, sans inconvénient, supprimer la première partie de la loi d'inertie et ramener la loi à cette simple formule : « Les corps ne possèdent aucun pouvoir de modifier leur propre mouvement. » Exprimée ainsi, et ne supposant plus un état de repos qui n'existe pas, la loi ne répond encore à aucune réalité, parce qu'elle suppose le mouvement d'un corps soustrait à l'action de toute cause étrangère, supposition qui nous place en dehors des conditions de toute expérience possible. Le mouvement rectiligne, résultat de la pesanteur, est un mouvement accéléré et qui s'arrête lorsque le corps mu rencontre le sol ; le mouvement des astres qui continue sans arrêt, n'est pas un mouvement rectiligne. C'est ainsi que la loi d'inertie échappe de toutes parts au contrôle direct de l'expérience. Pour la confirmer par l'observation directe, il faudrait pouvoir observer le mouvement sans terme d'un corps isolé, ce qui est deux fois impossible. C'est une loi théorique ; il n'est donc pas surprenant qu'elle ait été attaquée et qu'elle le soit encore de nos jours, dans l'intérêt de certaines doctrines philosophiques. Ce qu'il y a de mieux à répondre, c'est que l'inertie ne peut pas être établie par une observation directe ; mais, qu'en la prenant pour principe d'explication, on arrive à des résultats que l'expérience confirme. C'est la réponse que faisait déjà Euler à des objections qui subsistent encore dans quelques esprits.

« Quelque solidement établie que soit la vérité de ce prin-« cipe que tout corps étant mis en mouvement continue à se « mouvoir avec la même direction et la même vitesse, à moins « qu'il ne survienne quelque cause extérieure qui dérange ce « mouvement, elle est néanmoins attaquée par quelques phi-« losophes qui n'ont jamais fait de grands progrès dans la « science du mouvement, pendant que ceux auxquels nous « sommes redevables de toutes les grandes découvertes qui « ont été faites dans cette science, conviennent unanimement « que toutes leurs recherches sont fondées sur ce prin-« cipe (1). »

La nature ne nous offre pas de corps isolés, mais des systèmes de corps agissant les uns sur les autres. Un système de corps qui se communiquent le mouvement, c'est ce que réalise une machine construite par les hommes, c'est ce qui se trouve réalisé en grand dans le système solaire dont notre terre fait partie. La communication du mouvement d'un corps à un autre donne lieu à des études difficiles et à des théories compliquées, vu la diversité de la nature physique des agrégats que l'on considère. Cette communication s'opère, d'une manière abstraite et générale, sous la loi qu'un corps ne perd de son mouvement que la partie qu'il en cède à un autre, en sorte qu'après le phénomène de la communication, la somme des mouvements actuels ou virtuels reste la même qu'auparavant. Si, dans la transmission du mouvement, la force motrice initiale restant constante, il y avait augmentation ou diminution, il faudrait admettre que cette variation se produirait sans cause, ou admettre une puissance de modification des mouvements dans les corps qu'on considère, ce qui serait la

1. *Lettres à une Princesse d'Allemagne,* Partie II. Lettre 5.

négation de l'inertie. Il en résulte que, quand on envisage un système de corps qui agissent les uns sur les autres, sans intervention d'une cause étrangère, la somme des mouvements doit demeurer la même (1). Il faut observer seulement que, dans le calcul, on ne doit pas tenir compte uniquement du mouvement actuel, mais aussi du mouvement virtuel, comme on l'a vu plus haut. Présentée sous cette forme, la loi d'inertie appliquée à un système de corps se rapproche d'une vérification expérimentale possible; toutefois la vérification ne saurait être absolue, parce que tout se tient dans l'univers. Une machine faite par les hommes ne peut être isolée de toutes les causes naturelles qui agissent sur elle, et le système solaire subit l'action des autres astres qui peuplent l'étendue. L'univers entier ne forme qu'un système de corps; il faudrait donc, pour vérifier d'une manière complète la loi d'inertie, une expérience universelle qui dépasse absolument les limites du pouvoir humain. Mais cette loi, sans pouvoir être confirmée expérimentalement, d'une manière absolue, est très-solidement établie, puisqu'elle sert de base à des explications satisfaisantes de tous les phénomènes observés.

La doctrine de l'inertie de la matière est le centre de toutes les conceptions de la physique moderne. Il est facile de mettre en évidence le lien qui rattache à cette théorie les cinq caractères énumérés plus haut.

L'inertie exclut de la matière tout pouvoir propre autre que celui qui se rapporte à l'occupation du lieu et au mouvement; elle réduit donc la conception des corps à des éléments mécaniques: c'est le premier caractère.

De l'exclusion de toute propriété de la matière qui ne se rapporterait pas aux phénomènes du mouvement, résulte l'unité de la matière quant à ses propriétés essentielles: c'est le second caractère.

1. Maclaurin. — *Exposition des découvertes de Newton*, page 123.

La diversité des phénomènes physiques ne peut consister que dans les diverses manifestations du mouvement : c'est la base de l'idée de la corrélation des forces, ou du troisième caractère.

La négation de toute cause modificatrice du mouvement inhérente à la matière même, entraîne le maintien constant des effets de la force motrice universelle, si l'on considère cette force même comme constante : c'est le quatrième caractère.

La nature mathématique des explications qui forme le cinquième caractère de la science, se rattache enfin à l'idée de l'inertie par un lien étroit qu'il importe de bien constater. Les mathématiques étudient les diverses transformations de la quantité. Dans ses transformations, la quantité reste la même; tous les résultats d'une opération sont contenus dans ses données; et toute opération, pour être possible, suppose qu'aucun terme étranger aux données n'est introduit dans les quantités que l'on considère. Une erreur de calcul est une quantité abusivement introduite. Lorsque les mathématiques sont appliquées à la physique, il faut, pour que les résultats se trouvent d'accord avec les faits, que toutes les données soient connues. Une erreur d'observation, supprimant une des données réelles d'un problème physique, a le même résultat qu'une erreur de calcul. C'est ainsi par exemple que, la planète qui a illustré le nom de M. Leverrier demeurant inconnue, le mouvement des astres constaté par l'observation ne se trouvait pas rigoureusement conforme aux résultats de calculs auxquels cette donnée manquait. Or il est facile d'entendre qu'un acte spontané de la matière, qu'il serait impossible de faire entrer dans les données d'un problème, produirait exactement le même résultat qu'une erreur de calcul ou une donnée expérimentale inexacte. Supposons, par exemple, cinq corps dont l'action réciproque est soumise au calcul, leurs masses et leurs distances étant données. Si un sixième corps, produit spontanément, pouvait intervenir, ou si l'action des cinq corps pouvait être modifiée sans que la modification eût aucun antécédent déterminable, l'application du calcul serait impossible. Képler admit, pour un instant au moins, dans une des excursions de sa pensée, que les planètes pouvaient avoir des âmes. En admettant que ces âmes n'exerçassent qu'une action motrice absolument déterminée et réductible à des formules connues, c'est-à-dire que ces âmes fussent soumises à la loi d'inertie, la supposition n'apporterait pas de trouble dans la science. Mais dès le moment où l'on admettrait qu'une de ces âmes, par volonté ou par caprice, pourrait ralentir ou activer le mouvement d'un astre, il est clair que la mécanique céleste deviendrait impossible. La loi d'inertie est donc la condition de l'application des mathématiques à l'interprétation des phénomènes matériels ; et comme toute la physique tend à se réduire à des explications mathématiques, on peut affirmer que la loi d'inertie est de plus en plus justifiée.

Cette loi qui est la base de la physique fournit la détermination précise des limites de cette science. Les traités de mécanique excluent de l'objet dont ils s'occupent le mouvement produit par un être vivant. Voici les motifs de cette exclusion tels qu'ils ont été exposés par Biot.

« Une seule classe d'êtres semble faire exception à la « loi d'inertie; ce sont les êtres animés. Mais les molécules « matérielles qui composent leurs parties sont absolument « inertes; séparées, elles ne vivent plus et rentrent dans les « lois ordinaires qui régissent tous les autres corps. Nous « ignorons complétement ce qui détermine l'état de vie; « mais, voyant dans toutes les autres circonstances la ma- « tière dépourvue de spontanéité, et reconnaissant que, même « chez les êtres vivants, elle perd cette faculté par la mort,

« nous sommes conduits à la regarder comme étrangère à « son essence, et nous concevons la *volonté* des êtres animés « comme l'acte d'un principe intérieur et immatériel qui « réside en eux. Nous ne pouvons pas dire dans laquelle de « leurs parties ce principe réside, ni en quoi il consiste, en- « core moins comment, immatériel, il peut agir sur la ma- « tière; mais nous agissons philosophiquement en faisant « dépendre le mouvement des corps animés d'une cause « étrangère à leur matière; puisque nous trouvons la ma- « tière inerte dans tous les autres cas où nous pouvons « l'observer (1). »

La rigueur du langage philosophique exigerait que l'on supprimât dans ce passage le terme de *volonté*, qui suppose la conscience et le libre arbitre, pour le remplacer par un autre terme exprimant simplement un principe de mouvement spontané. Sauf cette remarque, les paroles de M. Biot sont bien l'expression d'une recherche philosophique légitime, qui attribue à des causes différentes des phénomènes essentiellement divers. A-t-on fait, depuis l'époque où écrivait ce savant, quelque découverte qui permette de révoquer en doute la valeur de ses conclusions? Je pense que non; et ce qui me confirme dans ma pensée, c'est que j'ai trouvé les paroles de Biot citées avec approbation dans un manuscrit d'un homme fort au courant de la science moderne, et qui a l'avantage d'être également versé dans l'étude de la physique et dans celle de la botanique, M. le professeur Thury. C'est donc une affirmation très hasardée, au point de vue scientifique, que celle de M. le professeur Charles Martens, écrivant dans la *Revue des deux mondes* (2), que « l'abîme qui existait entre le règne organique et le règne inorganique, entre les corps bruts et les êtres

1. *Précis de physique*, Tome I. page 21.
2. 15 Décembre 1871, pages 768 et 770.

vivants, est définitivement comblé,» en sorte que les sciences physiques et les sciences naturelles, distinguées jusqu'ici, ne forment plus maintenant « qu'une seule science.» Pour réduire à une science unique la biologie et la physique, il faudrait démontrer que les êtres vivants sont produits par la simple combinaison des corps simples. Or, M. Martens reconnaît qu'on « ignore encore s'il en est ainsi, » c'est-à-dire qu'il déclare qu'on ne sait pas ce que son affirmation suppose qu'on sait. Pour que l'abîme fût comblé, il faudrait nécessairement, ou nier la loi d'inertie dans son application à la physique, ou proclamer que l'inertie est la loi des êtres vivants. Il est loisible à un philosophe d'énoncer l'opinion que la science parviendra un jour à ce résultat ; mais donner ce résultat pour acquis, dans l'état actuel des connaissances expérimentales, c'est méconnaître les exigences d'une méthode vraiment scientifique. On doit maintenir, jusqu'à nouvel ordre, que l'inertie de la matière, opposée à la spontanéité des êtres vivants, établit entre les sciences physiques et les sciences naturelles une limite que ceux mêmes qui ne la croient pas infranchissable doivent reconnaître infranchie.

CARACTÈRE LOGIQUL.

La physique, comme toute autre science de faits, se compose d'hypothèses, qui deviennent des lois plus ou moins certaines, selon le degré de leur confirmation expérimentale (1). La physique moderne, considérée dans son ensemble, est une grande hypothèse en voie de confirmation. L'explication des phénomènes de la chaleur et de la lumière par les ondulations de l'éther semble établie sur des bases solides ; l'existence de l'éther est une supposition rendue très probable par les expli-

1. Voir pour la démonstration de cette théorie de la méthode la *Logique de l'hypothèse*, 1. vol. in-8°. Paris, 1880.

cations qu'elle fournit. Les rapports qui unissent les agents considérés jadis comme distincts et désignés sous les titres de lumière, calorique, électricité, magnétisme, sont des faits bien constatés. L'équivalence du travail mécanique et de la chaleur a été établie par de nombreuses expériences; mais l'équivalence générale de tous les phénomènes physiques est une thèse dont la démonstration expérimentale est loin d'être complète. Si l'on considère l'action du soleil sur les plantes, aucune expérience ne permet de déterminer encore le rapport exact de la force des rayons et des phénomènes végétaux qui doivent en offrir l'équivalence (1). Il résulte de ces faits et d'autres analogues que la conservation totale de l'énergie dans l'univers n'est pas encore expérimentalement démontrée, et l'on peut dire que, par la nature du cas, la démonstration complète fera toujours défaut. On peut demander, par exemple, ce qu'il advient de la chaleur rayonnée par le soleil. Elle est partiellement envoyée aux planètes et aux autres astres, et l'on cherche son équivalent terrestre dans des phénomènes physiologiques qui tombent dans le champ de nos observations. On affirme, par exemple, sans pouvoir encore le préciser, comme il vient d'être dit, que la force du soleil est employée à la croissance du bois, emmagasinée dans le tronc et les rameaux d'un arbre, et qu'elle se retrouve toute entière, sous forme de lumière et de chaleur, lorsque l'arbre est consumé. Mais que devient la partie considérable de la chaleur et de la lumière du soleil qui rayonne librement dans l'espace ? Trouve-t-elle quelque part une surface qui la réfléchisse ou bien accomplit-elle un voyage sans fin dans l'étendue illimitée (2) ? Les esprits les plus aventureux n'oseraient répondre, et la réponse serait nécessaire cependant à une confirmation expérimentale complète de la théorie de la conservation de l'énergie.

1. Helmholtz — *Mémoire sur la conservation de la force*, page 47.
2. Ibid., page 38.

L'inertie, enfin, cette base générale de toutes les explications physiques, est une hypothèse très confirmée, mais une hypothèse. En effet, l'inertie n'est pas une simple induction, l'expression d'un fait généralisé. La durée d'un mouvement augmente dans la proportion où le frottement et les autres résistances passives qui peuvent l'arrêter diminuent. C'est là une observation certaine; mais elle ne conduit pas nécessairement à l'idée du mouvement indéfini. On rendrait fort bien compte du fait en admettant que les corps ont une tendance naturelle au repos, tendance dont la pesanteur et les frottements accroissent l'effet. Aucune expérience possible ne peut, comme il a été dit, montrer la continuation indéfinie d'un mouvement qu'aucune cause étrangère ne vient modifier. Ce n'est pas non plus l'observation du mouvement permanent des astres qui a conduit à formuler la loi d'inertie. On a enseigné dans les écoles du moyen âge que les mouvements célestes sont circulaires et permanents par opposition aux mouvements terrestres, qui sont rectilignes et s'arrêtent. Cette manière de concevoir les phénomènes était le résultat d'une induction assez naturelle. La loi de l'inertie, qui n'a pas été établie par induction, n'est pas non plus une déduction *a priori* semblable à celles des mathématiques. Les savants qui ont formulé cette loi pour la première fois l'ont bien établie en partant de certains principes généraux; mais ces principes n'ont pas une évidence rationnelle immédiate, en sorte que considérer l'inertie comme une déduction ne serait que reculer d'un degré son caractère hypothétique. Cette loi n'est donc ni une induction exprimant un fait d'expérience généralisé, ni une déduction de principes rationnels évidents; elle n'est certainement pas un axiome; elle ne peut donc être qu'une hypothèse. La loi d'inertie, dit Laplace, soit dans sa *Mécanique céleste*, soit dans son *Exposition du système du monde*, est, « la plus naturelle et la plus simple que l'on puisse imaginer. » Laplace reconnaît ici le vrai caractère de la loi; elle a été « imaginée » ; c'est une supposition de l'esprit pour expliquer les faits. Elle est simple sans doute comme moyen d'explication; mais elle est loin d'être simple dans le sens d'une conception naturelle, qui résulte de la pure application du sens commun à l'étude des phénomènes. Elle a bien ce caractère dans sa première partie; tout le monde admet sans peine qu'un corps en repos ne se met pas de lui-même en mouvement. Mais cette partie de la loi qui est naturelle est précisément celle qui est de nul emploi dans la réalité, puisque aucun corps n'est à l'état de repos absolu. La seconde partie de la loi, la prolongation indéfinie du mouvement, est une supposition qui n'est pas naturelle, qui est au contraire très hardie et fort éloignée des apparences. La loi d'inertie est donc une hypothèse; mais c'est la plus confirmée de toutes les hypothèses de la physique, parce que, comme elle forme la base de toute la science, il n'est aucun progrès de la science qui ne soit une confirmation de la doctrine qui lui sert de fondement.

Reconnaître le vrai caractère logique de la physique moderne, c'est éviter deux erreurs, l'une dans le domaine de la philosophie ou de la science générale, l'autre dans le domaine de la physique même.

L'erreur philosophique consiste à considérer les lois qui rendent compte de l'expérience, avec des degrés divers de probabilité, comme étant des lois absolues exprimant la nature éternelle et nécessaire des choses. Cette erreur était naturelle à l'époque où l'on croyait pouvoir construire la science *a priori*, par la seule étude des idées de la raison; il est surprenant de la voir se produire dans les écrits d'auteurs qui font profession d'appartenir à l'école expérimentale. Elle est si grave qu'il importe de signaler une de ses sources dans certaines impropriétés de langage auxquelles on ne fait pas assez attention. J'entrerai à cet égard dans quelques détails.

M. Helmholtz dit, dans l'introduction de son *Mémoire sur la conservation de la force* (1) :

« Le but final des sciences théoriques est de trouver les « causes constantes des phénomènes. Il ne s'agit pas ici de « décider si réellement tous les faits peuvent se ramener à de « telles causes, c'est-à-dire si la nature est toujours intelli- « gible, ou bien si la nature présente des variations qui, se « dérobant à la loi d'une causalité nécessaire, appartiennent « au domaine de la spontanéité, de la liberté. Mais, on peut « l'affirmer, la science qui a pour but de concevoir la nature, « doit admettre la possibilité de cette conception ; et elle « doit, en suite de son hypothèse, poursuivre son œuvre, ne « fût-ce que pour acquérir la certitude irrécusable que nos « connaissances sont limitées. »

Voilà l'expression légitime de la nature des théories. Ce sont des hypothèses que l'on doit suivre dans toutes leurs conséquences, mais avec la résolution arrêtée de respecter les faits que ces conséquences contrediraient. Le même auteur dit dans son *Exposé de la transformation des forces naturelles* (2) :

« En observant toutes les actions connues, tant physiques « que chimiques, on voit que l'univers possède une provi- « sion de force disponible qui ne peut ni croître ni décroître. « La quantité de force capable d'agir, qui existe dans la na- « ture inorganique, est éternelle et invariable. »

Ici les expressions deviennent équivoques. L'affirmation que la quantité de force ne peut ni croître ni décroître est exacte comme expression des faits, en tant qu'elle signifie que l'homme ne peut pas par un mécanisme quelconque créer une quantité de force qui n'existe pas ; mais si l'on

1. Page 59.
2. Page 26.

applique la pensée à la force elle-même, en affirmant, dans un sens métaphysique, l'impossibilité de sa variation, on méconnaît les bornes légitimes de la pensée, et l'emploi du terme « éternelle » risque d'augmenter la confusion des idées.

Voici une autre remarque du même ordre. M. Tyndall, dans la conclusion de son livre sur la chaleur (1), dit que « la puissance en circulation est perpétuellement la même. » C'est la légitime expression de notre expérience ; mais lorsque cet auteur écrit : « la loi de conservation exclut rigoureusement la création et l'annihilation, » les expressions dont il use sont périlleuses pour des esprits inattentifs. L'affirmation de la constance de la force renferme l'idée que, ni la quantité de la force, ni la quantité de la matière ne varient *en fait* ; il n'y a pas même ici une déduction, il n'y a qu'une simple analyse de la pensée ; mais si l'on niait la création dans un sens absolu, pour affirmer la nécessité et l'éternité du mouvement cosmique, on transformerait visiblement les hypothèses explicatives de faits contingents en vérités absolues..

On pourrait m'accuser de faire preuve ici d'un rigorisme déplacé et d'une sorte de pédanterie dans la critique des mots et des phrases. Je ne pense pas que le reproche fût légitime. Les formules de langage analogues à celles que je viens de signaler risquent de donner le change à la pensée, et de faire oublier le caractère expérimental de théories qui ne sauraient jamais avoir la prétention d'exprimer un ordre absolu et nécessaire. Il y a là l'occasion d'erreurs graves. Des impropriétés de langage, innocentes en apparence, sont dangereuses en réalité, parce qu'elles conduisent certains esprits, plus prompts à la synthèse qu'attentifs aux droits de

1. *La chaleur considérée comme un mode de mouvement.* — Paris 1864.

l'analyse, à faire de la physique la science universelle et à détruire ainsi les fondements de l'ordre moral, en étendant à l'humanité l'idée du mécanisme de la matière. C'est donc un devoir pour les écrivains scientifiques de prévenir par l'exactitude des termes une erreur aussi grave que celle qui consiste à considérer les lois de la physique comme des vérités nécessaires en elles-mêmes, et universelles dans leur application. Ce devoir a été utilement rempli par M. Robert Mayer, dans le discours qu'il a adressé aux naturalistes allemands réunis à Insbruck, en 1869. M. Mayer étant le principal fondateur de la doctrine de la constance de la force, il aurait été plus excusable que d'autres de se laisser éblouir par sa découverte; il faut donc lui savoir gré du soin avec lequel il distingue trois ordres de réalités: la matière inerte, la vie, l'esprit. A ces trois ordres de réalités s'appliquent trois sciences harmonisées, mais distinctes, d'où il résulte que la physique mathématique, qui est tout dans le domaine de la matière pure, n'est plus qu'une science auxiliaire pour la physiologie et la psychologie. Voici les propres paroles de l'illustre savant :

« Passons du domaine de la nature inerte à celui de la « nature vivante. Tandis que, dans le premier, nous voyons « la nécessité et l'application de la loi à son heure toujours « fixe, nous voyons dans le second régner l'opportunité et la « beauté, le progrès et la liberté. Ce sont les nombres qui « marquent la ligne de séparation. Dans la physique les « nombres sont tout; dans la physiologie ils sont peu de « chose; dans la métaphysique ils ne sont rien. Saturne, ce « dieu qui dévorait tout, a cessé de régner; le temps est pro- « ductif dans notre domaine actuel. Dieu a dit: — Que cela « soit, et cela fut! — Nous ne perpétuons pas seulement le « monde vivant, ce monde croît et s'embellit. Faisons un pas « en dehors de la nature morte pour pénétrer dans la nature

« vivante avec une calme réflexion. Nous avons à nous pré-
« venir contre deux erreurs. D'abord nous ne devons pas
« négliger les connaissances acquises dans le domaine de
« la physique lorsque nous pénétrons dans un territoire nou-
« veau ; nous devons plutôt nous rappeler ces connaissances
« dans la physiologie et dans la philosophie. Les paroles de
« Platon : μηδεὶς ἀγεωμέτρητος εἰσίθω doivent s'appliquer à notre
« sujet. La physique, au sens le plus vaste de cette expression,
« c'est-à-dire la science de la nature inerte tout entière,
« doit être considérée, dans l'étude de la physiologie et de la
« métaphysique, comme une science auxiliaire. En second
« lieu, nous ne devons pas nous appuyer trop rigoureuse-
« ment sur les données physiques ; car, tandis que dans la
« physique nous rencontrons des lois, nous n'avons dans
« l'étude des dernières sciences que des règles.

« La loi de la conservation de la matière et de la force
« trouve également son application en physiologie. L'orga-
« nisme vivant ne peut ni engendrer ni anéantir la matière
« ou la force ; il ne peut pas non plus transformer les uns
« dans les autres les éléments chimiques qui lui sont fournis ;
« par contre, des combinaisons ternaires et quaternaires
« sont produites par le règne végétal de la manière la plus
« merveilleuse, combinaisons qui, le plus souvent, ne peuvent
« être obtenues artificiellement. Enfin, dans la nature vivante,
« se manifestent une génération et une production, activité
« dont on chercherait en vain l'analogie dans le domaine de
« la physique pure. C'est pourquoi la proposition *ex nihilo*
« *nihil*, rigoureusement exacte au point de vue physique,
« ne peut déjà plus conserver sa rigueur en physiologie, et
« moins encore en philosophie. Je rappellerai à ce sujet un
« passage remarquable du *Demonax* de Lucien. Interrogé sur
« l'immortalité de l'âme, le philosophe répondit : « Oui, elle
« est immortelle comme toute chose. » Le principe de con-

« servation, où le second principe *nihil fit ad nihilum*, con-
« serve encore une haute valeur dans la création vivante de
« Dieu, car il n'est pas limité, comme dans la nature morte,
» par la proposition stérile : *Ex nihilo nihil fit*.

« Le physicien français, Adolphe Hirn, qui, avec Joule, « Colding, Holtzmann et Helmholtz, a découvert l'équivalent « mécanique de la chaleur, admet la conclusion, suivant moi « aussi vraie que belle, à savoir, qu'il y a trois catégories « d'existences : 1° la matière ; 2° la force ; 3° l'âme ou le prin- « cipe spirituel. Une fois que l'on a admis en principe qu'il « n'existe pas seulement des objets matériels, qu'il y a aussi « des forces, lesquelles, dans le sens plus restreint de la « science, sont tout aussi indestructibles que la matière des « chimistes, il ne reste plus qu'un pas à faire pour recon- « naître et admettre l'existence d'êtres spirituels. Dans la vie « inanimée, nous parlons d'atomes ; dans la vie animée, nous « trouvons des individus. Le corps vivant n'est pas formé « uniquement, comme nous le savons déjà, de parties maté- « rielles : il est constitué essentiellement par des forces. « Mais ni la matière, ni la force ne peuvent penser, sentir et « vouloir ; l'homme pense.

« Pendant longtemps on a admis généralement que la « moëlle épinière et surtout le cerveau, contenaient du phos- « phore libre, et l'imagination a attribué à ce *phosphore libre* « un grand rôle dans les opérations de l'esprit. Mais les « recherches les plus récentes et les plus exactes, faites en « chimie organique, nous ont appris qu'aucun organisme « vivant, et par suite le cerveau lui-même, ne contenait de « phosphore libre. Toutefois, bien que de telles illusions « doivent s'évanouir devant les résultats d'une science exacte, « il n'est pas moins établi qu'il se produit continuellement « dans le cerveau vivant des modifications matérielles, que « l'on caractérise par l'expression d'activités moléculaires,

« et que les opérations de l'esprit de chaque individu sont « intimement unies à cette action cérébrale matérielle. Mais « c'est une erreur grossière d'identifier ces deux activités qui « se produisent parallèlement. Un exemple éclaircira com« plètement la question. On sait qu'aucune dépêche télégra« phique ne peut avoir lieu sans la production concomitante « d'une action chimique. Mais ce que dit le télégraphe, c'est« à-dire le contenu de la dépêche, ne peut être considéré en « aucune manière comme fonction d'une action électro-chi« mique. C'est ce que l'on peut dire encore avec plus de « vérité du cerveau et de la pensée. Le cerveau n'est que « l'instrument, ce n'est pas l'esprit lui-même (1). »

Sans adopter toutes les opinions émises dans ce passage remarquable, je me borne à faire observer les précautions prises par un des fondateurs de la physique moderne pour que les fonctions de l'esprit ne soient pas méconnues.

Sans prendre nos théories physiques pour des vérités nécessaires, on peut, si l'on oublie leur caractère logique, tomber dans une autre erreur en les considérant comme l'expression absolument certaine d'un ordre déterminé de faits. On se croit alors en droit de nier, sans prendre la peine de l'examiner, tout fait qui serait en contradiction avec ces théories. A toutes les époques de l'histoire, un grand nombre d'esprits ont été disposés à faire de la science de leur temps une sorte de pouvoir infaillible décidant de ce qui est possible et de ce qui ne l'est pas. Cette disposition est loin d'être étrangère aux savants de notre époque. Nombre de faits ont été affirmés par l'opinion commune et niés par la science. Dans beaucoup de cas, la science avait raison, et il a été finalement établi que l'opinion commune était un préjugé. Dans d'autres cas, c'est la science qui avait tort, et le progrès des observations l'a contrainte à enregistrer les faits qu'elle

1. *Revue des Cours scientifiques* du 22 janvier 1870.

avait niés, et à en rechercher l'explication. Tel a été, par exemple, le cas pour les aérolithes, dont l'existence a été longtemps considérée par le monde savant comme une opinion populaire indigne d'un examen sérieux.

Une théorie ne permet de nier aucun fait, et doit être abandonnée dès qu'un fait sérieusement constaté la contredit. Il faut être surtout circonspect lorsque l'étude porte sur les êtres vivants. Toutes les lois de la physique trouvent leur application en biologie; mais elles s'appliquent dans des conditions particulières et souvent inconnues. On ne saurait donc trop méditer les lignes suivantes de Claude Bernard qui, en signalant avec autorité la place de l'hypothèse dans la science, a voulu prévenir les abus de l'esprit systématique:

« Les théories ne sont que des hypothèses justifiées par un « nombre plus ou moins considérable de faits. Celles qui sont « vérifiées par le plus grand nombre de faits sont les « meilleures; mais encore ne sont-elles jamais définitives, « et ne doit-on jamais y croire d'une manière absolue.... Le « grand principe est donc, dans des sciences aussi complexes « et aussi peu avancées que la physiologie, de se préoccuper « très-peu de la valeur des hypothèses ou des théories, et « d'avoir toujours l'œil attentif pour observer tout ce qui « apparait dans une expérience. Une circonstance en appa- « rence accidentelle et inexplicable peut devenir l'occasion « de la découverte d'un fait nouveau important (1). »

Les réserves de la prudence, nécessaires en biologie, ne le sont pas moins dans l'étude de la matière inorganique.

M. Joseph Bertrand, en exposant le renouvellement contemporain de la physique, se plaint de ce que beaucoup d'esprits vont trop vite et prennent des esquisses encore confuses pour des tableaux achevés; il se plaint en particulier de ce qu'on obscurcit la physique par des formules mathématiques, et

1. *Introduction à l'étude de la médecine expérimentale*, page 290.

qu'on abuse ainsi d'une science dont la mission propre est de tout éclaircir (1). M. De La Rive signalant, à l'occasion des travaux de Faraday, la marche de la science contemporaine vers la doctrine de l'unité de la force, et de la transformation des mouvements, rappelle la différence d'un édifice qu'on cherche à construire et d'un édifice achevé, et il écrit :

« Des vulgarisateurs de la science, plus empressés à faire « de l'effet qu'à rester fidèles à la vérité scientifique, pro- « clament un système du monde moléculaire destiné à faire « le pendant de la mécanique céleste de Laplace. Suivant « eux, rien n'est plus simple, rien n'est plus clair ; l'attrac- « tion elle-même, qui a été l'objet de l'étude de tant d'esprits « supérieurs, n'est que l'effet d'une impulsion facile à com- « prendre. Dangereuse illusion qui, si elle venait à se pro- « pager, serait aussi funeste aux vrais progrès de la science « que contraire à son utile diffusion, car c'est surtout à ceux « qui s'attribuent le beau mandat de vulgariser la science « qu'incombe impérieusement le devoir de ne répandre que « des idées justes et fécondes (2). »

La « dangereuse illusion » ne sera pas à craindre, dès qu'on aura bien compris que notre physique est un ensemble d'hypothèses confirmées à un certain degré, et non une science achevée et certaine.

Pour apprécier la portée de ces remarques, il faut distinguer dans l'ensemble de la science trois éléments : les lois expérimentales, les théories relatives à la nature des phénomènes, enfin les principes qui dirigent la pensée dans l'établissement de ces théories. Les lois expérimentales sont l'expression directe de faits ; elles peuvent être exposées sans mélange de théorie. Ainsi les lois de la réflexion, de la réfrac-

1. Renaissance de la physique cartésienne, dans le *Journal des Savants*. Juillet 1870.

2 Notice sur Michel Faraday, dans les archives des sciences de la *Bibliothèque universelle*, octobre 1867.

tion, de la dispersion de la lumière peuvent être formulées sans que l'on prenne parti pour la théorie de l'émission ou pour le système des ondulations; et en fait, ces lois se sont maintenues sous le règne successif de ces deux doctrines. Les lois qui expriment simplement les faits, jugent les théories, les établissent, les rendent douteuses, les renversent. Les théories, à leur tour, provoquent les recherches, font imaginer de nouvelles expériences, découvrir de nouveaux faits, établir de nouvelles lois; et il est facile de montrer historiquement que supprimer les théories ce serait arrêter la marche de la science. Les théories sont cherchées sous l'action de certains principes directeurs, dont le savant peut avoir ou non la conscience, mais qui, dans un cas comme dans l'autre, inspirent ses travaux. Entre ces principes, le plus important est celui de l'ordre, de l'harmonie, c'est-à-dire de l'unité qui se maintient dans la diversité des phénomènes. La science ne progresse qu'en s'élevant à des lois de plus en plus générales, en saisissant entre les faits des rapports de plus en plus étendus; il en a été ainsi dès le commencement.

« La nature considérée rationnellement dit M. de Hum-
« boldt, c'est-à-dire soumise dans son ensemble au travail
« de la pensée, est l'unité dans la diversité des phénomènes,
« l'harmonie entre les choses créées, dissemblables par la
« forme, par leur constitution propre, par les forces qui les
« animent..... Le résultat le plus important d'une étude ra-
« tionnelle de la nature est de saisir l'unité et l'harmonie
« dans cet immense assemblage de choses et de forces (1). »

Ce résultat de l'étude est en même temps son point de départ. M. de Humboldt reconnaît que la pensée de l'harmonie universelle, qui s'offre aujourd'hui à l'esprit comme le fruit de longues observations, s'est révélée primitivement au

1. *Cosmos*, Partie 1, pages 3 et 4.

sens intérieur « comme un vague pressentiment (1). » C'est le même principe qui apparaît à l'état confus, comme le mobile des recherches, aux bases de la science, et qui reparaît à son sommet, éclairé et confirmé, comme le résultat général des découvertes.

Cette distinction entre les trois éléments de la science totale étant établie, on peut reconnaître la valeur comparative de ces éléments. Ce qu'il y a de plus ferme dans notre savoir, c'est la base et le sommet, c'est-à-dire les lois expérimentales, qui sont l'expression immédiate des faits, et le principe général de l'harmonie, de l'ordre universel, qui est l'expression, non pas de telle ou telle doctrine déterminée, mais de la science même dans sa plus haute abstraction. Les lois, lorsqu'elles sont solidement confirmées, subsistent, quelles que soient les variations des théories. La découverte des causes physiques de la gravitation ne modifierait en rien les lois mathématiques établies par Newton, et les idées pourraient varier quant à la nature des phénomènes électriques et magnétiques sans que les lois d'Ampère reçussent aucune atteinte. Une loi exacte est, dans les limites mêmes de son exactitude, une acquisition définitive. Ce qui subsiste aussi, dans tous les cas, et quelles que soient d'ailleurs les fluctuations des théories, c'est le principe générateur de la science, la pensée de l'harmonie à chercher dans la diversité et la multiplicité des faits.

« La grande masse des phénomènes, dit M. Helmholtz, « s'ordonne de plus en plus sous la main de la science ; les « doutes concernant l'existence des lois immuables des phé- « nomènes disparaissent chaque jour, et l'on découvre des « lois toujours plus grandes et plus générales (2). »

La pensée développée dans ces paroles est indépendante

1. Ibid., page 2.
2. Discours prononcé à Inspruck, en 1869, et inséré dans la *Revue des cours scientifiques* du 8 Janvier 1870.

de telle ou telle doctrine particulière; elle exprime le résultat incontestable du développement général de la science.

Entre la base et le sommet de nos recherches, entre les lois expérimentales et la pensée de l'harmonie universelle, se trouve la région moyenne des théories. Les théories sont variables et provisoires, mais les variations n'atteignent ni les lois expérimentales bien établies ni le principe directeur des recherches. Les théories passent, la science demeure; et comme la science n'est que la recherche de l'ordre et de l'harmonie, on peut dire que son principe est également confirmé et par la naissance des systèmes et par leur destruction. La naissance d'un système manifeste le besoin de l'esprit humain de trouver un ordre qui rende compte des faits. La destruction d'un système, provenant uniquement de son insuffisance, invite la pensée à la recherche d'un ordre plus élevé que celui qu'on avait conçu. Le spectacle de la succession rapide des théories qui se détruisent et se remplacent éveille naturellement le doute; et croire nos théories actuelles à l'abri du souffle qui en a renversé tant d'autres serait une étrange fatuité. Mais l'histoire de la science, qui nous fait assister à la destruction des systèmes, nous montre qu'à un système détruit en succède un autre dont les conceptions sont plus solides et plus vastes. Elle nous montre que, sauf certains reculs passagers, il existe un progrès constant vers une plus haute intelligence de l'ordre universel, en sorte que le doute qui peut frapper les systèmes devient une confirmation du principe générateur de la science. Si nous ne sommes pas certains d'avoir découvert dans sa plénitude l'ordre réel de la nature, nous acquérons une conviction toujours plus profonde que cet ordre existe. L'affirmation de l'harmonie générale des phénomènes que nous révèle l'expérience est une anticipation de la pensée. Au point de vue de l'empirisme, c'est une induction téméraire; en réalité c'est une confiance naturelle à la raison, et que les résultats obtenus justifient tous les jours davantage.

Les lois expérimentales sont le fondement de l'industrie qui sert à l'amélioration de notre condition matérielle. L'idée de l'ordre universel nous élève à la conception d'un principe suprême d'harmonie, et se rattache ainsi par un lien manifeste à nos intérêts spirituels les plus élevés. Les lois expérimentales subsistent; la pensée de l'ordre universel s'accroît incessamment. Les théories variables, après avoir accompli leur mission, se détruisent, comme disparaissent dans la construction d'un bâtiment des échafaudages provisoires.

L'hypothèse scientifique qui constitue la physique moderne a pour résultat général de ramener à l'unité des phénomènes considérés par l'ancienne physique comme absolument distincts. La découverte de Newton fut un grand progrès dans ce sens. La science contemporaine entrevoit un idéal plus élevé dans une loi qui embrasserait les phénomènes moléculaires et les ondulations de l'éther aussi bien que le mouvement des astres. L'écueil de la pensée est ici de se laisser éblouir par cette splendide application du principe de l'harmonie, et de prendre la physique élevée à cette hauteur pour l'expression de toute la réalité, tandis que la moindre culture philosophique suffit pour comprendre que l'ordre des mouvements de la matière n'est qu'un des éléments du monde, et la manifestation partielle d'une harmonie totale où entrent des éléments d'une autre nature. Cette manifestation, bien que partielle, est si éclatante qu'elle suffit à éveiller des sentiments qui donnent à la science un caractère esthétique.

CARACTÈRE ESTHÉTIQUE.

La plus ancienne physique qui nous soit connue a été rédigée en vers. C'est à des fragments de poëmes perdus que nous demandons comment les Grecs expliquaient, il y a vingt-cinq siècles, le mélange des éléments primitifs et le développement de la nature. L'union de la science et de la poésie était alors facile, parce que, sur la base des observations à peine commencées, la pensée s'élançait immédiatement à la recherche de l'harmonie universelle; parce que l'ignorance des faits laissait l'imagination créatrice se développer librement, et qu'une science enfantine pouvait s'allier, sans trop de peine, aux conceptions de la mythologie. L'étude devenant plus sérieuse, l'esprit scientifique a manifesté ses exigences; il a fallu retenir l'imagination, enlever les sylphes des forêts et les naïades des fontaines, ôter à Neptune le sceptre de la mer et dételer les chevaux du soleil. De là le prosaïsme d'une science qui substitue à des fantaisies gracieuses la conception terne de la matière et des lois de son mouvement. Le caractère prosaïque de la science dérive encore de causes plus profondes. La poésie a besoin, comme la peinture, de lointains sans contours bien arrêtés, où puisse se satisfaire le sentiment de l'infini; tout ce qui est limité, pesé, mesuré, devient prose. Pendant longtemps la terre a suffi au sentiment poétique. Elle renfermait des régions mystérieuses dans des continents inexplorés; les mers offraient à l'imagination des plages sans bornes; les sommets des Alpes restaient inaccessibles dans leur fière solitude; le Nil n'était pas seul à grossir ses ondes dans des parages ignorés. Mais aujourd'hui les formes de la terre sont connues; tous les continents sont en voie d'être explorés; l'océan s'arrête partout aux contours de côtes marquées sur nos cartes. Christophe Colomb, Magellan, Livingstone, les grimpeurs des Alpes, les auteurs d'atlas géographiques, en chassant l'inconnu de la surface du globe, en ont exclu la poésie. Les physiciens et les chimistes pesant, comptant mesurant, accomplissent une œuvre pareille dans leur domaine, en établissant le règne des formules abstraites. Ce n'est pas tout encore. La poésie, qui a besoin d'infini, d'illimité, d'inconnu, a besoin pareillement d'harmonie, et se plaît dans la contemplation de l'unité. Or la condition de la science est de retenir l'élan de la pensée comme celui de l'imagination, de distinguer, de séparer; elle doit se tenir en garde contre les généralisations hâtives et mettre incessamment du plomb à l'esprit humain pour retenir le battement de ses ailes. La science est donc essentiellement prosaïque. Pour éprouver le sentiment de l'art, il faut oublier la science; pour cultiver la science, il faut proscrire le sentiment de l'art.

Tout ceci n'est vrai que d'une vérité relative. La science qui arrive à de tels résultats et qui s'y arrête, est une science incomplète. La géographie chasse l'infini de la terre, mais l'astronomie lui ouvre les cieux; un océan sans bornes se révèle dans le monde des étoiles, avec ses plages inconnues et ses mystérieuses profondeurs. On a fait le tour de la terre, on a mesuré le cercle qu'elle décrit autour du soleil; mais le soleil se meut dans l'espace incommensurable avec son cortége de planètes; où va-t-il? L'éclat de la lumière, la magie des couleurs, tout cela n'est que le résultat du mouvement: voilà de la prose sans doute; mais le mouvement de la lumière se propage sans cesse; il part de chaque monde, conservant l'empreinte de tout ce qui fut. Toutes les images des choses rayonnent dans l'étendue; elles gardent indéfiniment la trace durable de tout ce qui passe, et triomphent ainsi du pouvoir destructeur du temps. Tout ce qui a été visible sur la terre dans un passé même lointain est visible maintenant pour telle étoile du ciel, et pour des êtres qu'on supposerait munis d'organes ou d'instruments suffisants. Si nos critiques se trompent, à l'heure même où ils contestent la réalité historique du serment du Grütli, il est tel monde d'où l'on pourrait voir la prairie solitaire, la vague mourant au pied du rocher, et la lumière de la lune réfléchie par le mâle visage des fondateurs de la liberté helvétique. De toutes parts s'ouvrent des espaces sans bornes; de toutes parts la pensée va se perdre dans l'infini; le mystère reparaît, il est seulement plus loin et plus haut. Tout ceci est le résultat de la science même, le résultat direct des questions qu'elle suscite inévitablement; elle détruit une poésie, elle en produit une autre. En présence de quelques unes des œuvres modernes, et surtout dans l'attente des œuvres d'art qu'on peut espérer, quand un souffle puissant de poésie passera de nouveau sur le monde, Boileau pourrait cesser de déplorer ces idées modernes qui chassent les Tritons de l'empire des eaux et brisent la flûte du dieu Pan. *L'infini dans les cieux*, ces mots écrits par Lamartine en tête d'un de ses chants sont le programme d'une nouvelle poésie.

Les observations de détail nécessaires à la science voilent l'harmonie et l'unité de la nature; mais ceci encore, comme la destruction du sentiment de l'infini, est un phénomène passager; c'est la condition de la science, ce n'est pas la science même. Des poutres, des pierres, de la chaux, du sable, posés en tas distincts sur le sol sont la condition d'un édifice. La cathédrale majestueuse et le palais splendide sortiront de ces éléments informes réunis par le génie de l'architecture; mais ces éléments informes ne sont pas l'édifice. Dès que la construction scientifique commence et met les matériaux en œuvre, les faits épars s'ordonnent en lois, les lois particulières se réunissent en lois plus générales, les rapports paraissent, l'harmonie se montre. La science rétablit par son propre développement ce qu'elle semblait détruire, la poésie reparaît transformée sur les sommités; et, à qui sait monter, elle se révèle dans son glorieux éclat. Le physicien qui, laissant pour un moment de côté le détail des expériences, contemple le but vers lequel tendent toutes les découvertes modernes, se sent ému, s'il n'a pas éteint dans son âme tout sentiment de l'idéal. La nature qu'il cherche à expliquer réalise en effet les deux conditions suprêmes de l'art; elle se montre belle dans son harmonie et sublime dans son immensité. Dans tous les ordres du développement de l'esprit humain, il se rencontre un milieu terne qu'il faut traverser pour retrouver la lumière. Entre la première impulsion qui les porte à la recherche de la beauté et l'accomplissement des œuvres d'art, le peintre et le musicien n'ont-ils pas à franchir le prosaïsme des procédés matériels? Tous ceux qui ont visité les montagnes connaissent ce brouillard qui souvent repose sur la région moyenne des Alpes, et se place entre la plaine éclairée et les cimes inondées de lumière. La grande erreur est de rester à mi-côte, et de conclure que, puisqu'il a fallu monter pour atteindre la région obscure, le brouillard occupe le sommet de l'univers.

Aussi longtemps que l'on demeure dans l'étude des détails, il n'y a pas d'accord possible entre la science et la poésie. Un rayon du soleil du matin éclairant une goutte de rosée qui perle sur le calice d'une fleur peut éveiller tout un monde d'idées et de sentiments. On ne saurait conseiller à personne de choisir un pareil moment pour arrêter sa pensée sur les phénomènes de la cohésion, de la pesanteur ou de la chaleur rayonnante. Rien n'est plus insupportable que le pédantisme d'un écolier qui, en présence des splendeurs de la nature, s'obstine à vous faire part des instructions de son professeur de physique, de même que ce serait une sottise impertinente que de rappeler à un homme placé sous le charme de la musique le nombre des vibrations qui produisent chaque note. Tant que l'on reste dans une considération fragmentaire des phénomènes, l'ordre de la science et l'ordre de la poésie ne sont pas seulement distincts, ils sont opposés, et il faut parfois que le savant consente à oublier ce qu'il sait pour goûter avec les ignorants les joies que la nature prodigue à tous. Mais ces deux ordres opposés ne le sont que comme deux faces d'une pyramide qui se rapprochent en s'élevant et se rejoignent en arrivant au sommet. Une goutte d'eau réfléchit les rayons du soleil; elle en absorbe aussi la chaleur, et la chaleur l'évapore dans l'atmosphère, comme elle avait soulevé les eaux de l'Océan qui retombent en pluie sur le sol. Par l'action de la lumière et de la chaleur les plantes se développent, et par la même influence aussi se développe l'insecte qui vient boire la rosée. Le même astre qui éclaire et réchauffe la terre, est l'agent de l'universelle circulation de la vie; la plante, l'insecte, le soleil, tout se relie en une harmonieuse et suprême unité. La goutte de rosée dont une science partielle détruisait tout le charme ne brille-t-elle pas maintenant d'une haute poésie, en réfléchissant les rayons d'une pensée plus complète et plus haute?

Tous les grands progrès de la science ont été accompagnés d'un développement du sentiment esthétique. M. de Humboldt signale la grâce et l'élévation poétique de quelques-unes des paroles par lesquelles Kopernik exposait sa découverte :

« Dans le magnifique temple de la nature, qui suspendrait « cette lampe en un autre endroit qu'en celui d'où elle peut « éclairer tout l'ensemble? De son siège royal, le soleil gou- « verne toute la famille des astres qui se meut autour de lui. « Nous découvrons ainsi dans le monde une admirable symé- « trie et dans la grandeur et le mouvement des astres une « harmonie qu'on ne trouve par aucune autre voie (1). »

1. *Cosmos II*, pages 371 et 392 — voir aussi Rougemont *Histoire de l'astronomie* page 85.

Il y a de la poésie aussi dans les élans de la piété de Képler.

« Heureux, heureux ceux à qui il a été donné de s'élever « vers les cieux ; ils apprennent à estimer peu ce qui leur « paraissait excellent, à mettre par-dessus toutes choses les « œuvres de Dieu, et à trouver dans leur contemplation une « vraie jouissance et une joie réelle..... Je te rends grâce, « Seigneur, de ce que tu m'as permis de me réjouir et de « m'extasier dans la contemplation des œuvres de tes « mains..... Il est grand, notre Seigneur! Ciel, soleil, lune « et planètes, proclamez sa gloire, n'importe quelle est la « langue par laquelle vous pouvez exprimer vos impressions. « Proclamez sa gloire, harmonies célestes..... Et toi, mon « âme, chante la gloire de l'Éternel pendant toute la durée « de mon existence (1). »

La grandeur et la simplicité des lois de la nature, révélées par la découverte de Newton, ébranlèrent les imaginations et produisirent dans les âmes un véritable enthousiasme, dont les vers adressés par Voltaire à la marquise du Châtelet sont une bien faible expression.

Le plein développement de la physique moderne repose, comme nous l'avons vu, sur les deux idées essentielles de la corrélation des mouvements et de la constance de la force, idées qui réalisent, dans une mesure inconnue jusqu'ici, la pensée de l'harmonie.

« Il nous paraît difficile, dit M. Marc Dufour, que celui qui « entrevoit le principe nouveau pour la première fois ne soit « pas frappé d'admiration en présence de tant de grandeur et « de simplicité (2). »

Ici se présente, sous une autre face, un écueil déjà signalé à l'occasion du caractère logique de la science. L'erreur logique consiste à prendre l'harmonie des phénomènes maté-

1. Rougemont — *Histoire de l'astronomie*, pages 88 et 89.
2. *La constance de la force*, page 22.

riels pour l'harmonie suprême de toutes les existences; l'erreur esthétique consiste à appliquer les sentiments les plus élevés de l'âme à cette partie inférieure de l'univers. Après avoir signalé l'action de la lumière et de la chaleur dans les phénomènes de la vie, M. Helmholtz dit, en plaisantant, que « nous pouvons tous prétendre à la même noblesse que l'empereur de la Chine, qui se dit fils du soleil (1). » M. Virchow parle de l'action du soleil comme étant, non pas la condition de notre développement, mais «la cause de notre existence (2).» Un littérateur français écrivait naguère, dans un recueil très-répandu, une phrase où le soleil est appelé « Notre Père céleste. » Si l'influence du positivisme continuait à éteindre chez les savants le sentiment religieux et l'esprit philosophique, le besoin d'adoration, dont l'homme ne peut se défaire, s'appliquerait au merveilleux mécanisme dont la physique moderne nous dévoile les secrets; nous retournerions à l'adoration de la nature, et le soleil redeviendrait un des grands dieux. La supposition peut paraître excessive; mais il ne faut pas oublier qu'Auguste Comte, le fondateur du positivisme, a fini par désigner le soleil et la lune au nombre des êtres vers lesquels l'homme moderne, affranchi des superstitions du passé, doit diriger spécialement ses hommages et son adoration (3). Laissons ces aberrations réelles quoique étranges, pour observer le sentiment esthétique de la nature, maintenu dans des limites raisonnables. M Tyndall écrit à la fin de son livre sur la chaleur :

« Présentées à notre esprit sous leur véritable aspect, les « découvertes et les généralisations de la science moderne « constituent le plus sublime des poëmes qui se soit jamais « offert à l'intelligence et à l'imagination de l'homme. Le « physicien de nos jours est sans cesse en contact avec un

1. *Mémoire sur la conservation de la force*, page 47.
2. *Revue scientifique* du 16 mars 1872, page 888.
3. *Synthèse subjective*, page 24 et 25.

« merveilleux qui ferait pâlir celui de Milton; il est si gran-
« diose et si sublime, qu'il faut à celui qui s'y livre une cer-
« taine force de caractère pour se préserver de l'éblouis-
« sement. »

Sans accuser l'auteur de manquer de force de caractère, il est permis de penser que, lorsqu'il aborde les hautes généralités de la science, quelques symptômes d'éblouissement se manifestent dans sa pensée. Mais, sans discuter pour le moment ses vues philosophiques, remarquons la forme particulière sous laquelle il exprime le sentiment que les résultats de la science éveillent dans son âme. Il écrit à propos de la constance de la force :

« Cette loi est la généralisation inattendue de l'aphorisme
« de Salomon : *Il n'y a rien de nouveau sous le soleil*, en ce
« sens qu'elle nous apprend à retrouver partout la même
« puissance primitive dans l'infinie variété de ses manifes-
« tations. La puissance en circulation est perpétuellement
« la même ; elle roule en flots d'*harmonie* à travers les
« âges (1). »

On voit que l'impression esthétique prend ici la forme musicale. La poésie mythologique de la nature, disposant des divinités des eaux et des forêts, pouvait se manifester au moyen de la peinture : mais la poésie qui s'attache à l'enchaînement des lois et à l'harmonie de la nature, ne saurait trouver d'expression que dans la musique. La forme donnée par M. Tyndall à la manifestation de son sentiment n'est point un fait isolé. M. Oswald Heer, pour exprimer l'émotion que fait éprouver le spectacle des phases successives de la création, dans lesquelles se manifeste avec tant d'éclat le plan d'une sagesse infinie, prend pour point de comparaison une sonate de Beethoven (2). Leibniz disait : « La belle harmonie des

1. *La chaleur considérée comme un mode de mouvement*, page 427.
2. *Le monde primitif de la Suisse*, page 771.

« vérités qu'on envisage tout d'un coup dans un système ré-« glé, satisfait l'esprit bien plus que la plus agréable mu-« sique (1). » Avant Leibniz, Képler cherchant un terme qui répondît à ses sentiments, intitula l'un de ses principaux ouvrages les *Harmonies* du monde ; et, plus de vingt siècles avant Képler, Pythagore, qui faisait marcher de front dans son école les sciences mathématiques et l'art musical, entendait, à ce que dit la légende, le son que rendent les sphères célestes en se mouvant dans l'espace. L'idéal que poursuit la science est pareil à une mélodie dont l'âme humaine possède une intuition primitive, une vague réminiscence, aurait dit Platon. Cette mélodie, altérée par des instruments grossiers, défigurée par les fautes des exécutants, trouve, à mesure que la science progresse, une expression de moins en moins imparfaite. La physique saisit un des éléments de l'harmonie universelle dans la concordance des mouvements de la matière ; mais si, par un effort d'abstraction difficile, on réussissait à séparer le mouvement de ses lois, et les lois des rapports qui les unissent, pour ne plus considérer que le mécanisme seul, toute la magie de l'univers s'évanouirait ; il ne resterait, comme dans le songe d'Athalie, « qu'un horrible mélange et des membres affreux. » C'est la contemplation des idées et de leur rapport qui établit le lien nécessaire entre le mouvement perçu par nos sens et les émotions artistiques. Ainsi, les grandes fonctions spirituelles : la perception sensible, l'intelligence et le sentiment, offrent une corrélation qui n'est pas moins admirable que celle des phénomènes matériels.

Il ne faut jamais oublier que les théories générales et les sentiments qu'elles éveillent n'ont de valeur qu'autant qu'elles reposent sur des bases de fait solidement établies. Les actions chi-

1. *Discours touchant la méthode de la certitude* — Edition Erdmann, page 175.

miques préparent obscurément dans la pile la lumière éclatante de l'électricité; pour que l'opération réussisse, il faut qu'aucune des conditions de l'expérience n'ait été négligée. De l'étude de la matière inerte, objet du physicien, jaillissent des clartés brillantes, et parfois sublimes. Mais pour que ces clartés ne soient pas trompeuses, il faut que les pensées qui les produisent résultent d'une humble et patiente étude de la réalité. Les émotions les plus élevées de l'âme ont une place légitime dans l'exposition des résultats scientifiques; vouloir les en bannir serait le fait d'un esprit étroit. Mais la beauté de la science n'est pas du même ordre que celle des créations idéales de l'artiste. L'expérience doit garder tous ses droits, la raison doit conserver tout son empire; il ne faut pas que des généralisations téméraires et de fausses analogies, fruits d'une imagination ébranlée, troublent les sources de l'étude. Dans le domaine de l'art, le sentiment de la beauté est la base de toute l'œuvre de l'imagination créatrice; dans le domaine de la science, le sentiment de la beauté ne peut être que le couronnement du travail de la pensée, travail qui doit être accompli sous l'empire exclusif de l'expérience et de la raison.

DEUXIÈME ÉTUDE

LES ORIGINES DE LA PHYSIQUE MODERNE

La physique ancienne était encore généralement enseignée il y a soixante ans. On admettait alors pour l'explication des phénomènes l'existence de différentes matières douées de propriétés spécifiques. Voici comment Auguste De la Rive, s'adressant à la Société helvétique des sciences naturelles réunie à Genève sous sa présidence, le 11 août 1845, rendait compte de la conception qui a fondé la physique moderne : « Elle repose sur la notion de l'existence dans tout l'univers « d'une matière éthérée, excessivement subtile, d'une élas- « ticité parfaite, dans laquelle sont suspendus et flottent, pour « ainsi dire, les atomes de la matière pondérable. Exercer « les uns sur les autres une attraction mutuelle, déterminer, « dans cette substance éthérée dont ils sont entourés, des « ondulations plus ou moins intenses, plus ou moins rapides, « tel serait le rôle des atomes pesants qui, se groupant eux- « mêmes sous la forme tantôt de solides, tantôt de liquides, « tantôt de gaz, constitueraient les corps. Tous les phéno- « mènes de rayonnement : la lumière, la chaleur rayonnante, « les radiations chimiques, ne sont alors que l'effet de ces « ondulations se propageant dans l'éther. Tous les phéno- « mènes de dilatation, de conductibilité, de chaleur latente « et spécifique, tous ceux qui se rattachent à l'électricité, au « magnétisme, aux actions chimiques ou moléculaires, sont

« le résultat de l'action mutuelle et combinée de l'attraction « des particules pesantes et des mouvements ondulatoires de « l'éther.

« Cette idée, dont la conception est moins facile, et qui se « prête avec plus de peine au calcul, a pourtant sur la pré- « cédente une supériorité incontestable, par sa simplicité « réelle et par son plus grand degré de généralité. Un seul « fluide répandu partout, au lieu de quatre ou six fluides « impondérables distincts; des mouvements produits par les « corps pondérables dans ce fluide unique, et non des par- « ticules matérielles tantôt d'une espèce, tantôt d'une autre « émises par eux : voilà, sans aucun doute, des notions plus « satisfaisantes pour l'esprit, parce qu'elles sont plus en « rapport avec celles que nous fournissent les sensations « dont, comme pour l'ouïe, nous avons pu nettement dis- « cerner la cause; parce qu'elles sont plus d'accord avec les « faits observés ; parce que, enfin, elles convergent davan- « tage vers cette unité que nous aimons à chercher dans « l'ordre physique. Un atome pesant, un fluide éthéré rem- « plissant l'univers, un mouvement dans ce fluide produit « par l'atome ; c'est simple, c'est grand, c'est vrai peut-être.

« L'idée que je viens de rappeler fait son chemin depuis « trente à quarante ans ; origine des découvertes les plus « importantes dans la lumière et dans la chaleur, elle pré- « pare à l'électricité et à la chimie de grands progrès. Elle « sera dans le dix-neuvième siècle le guide du savant. »

Cette manière de comprendre les phénomènes les rattache à une dualité primitive : celle de la matière pondérable et d'un fluide impondérable. De la Rive allait plus loin dans sa pensée. Il se demandait, mais avec la prudence du vrai savant qui ne prend pas de simples conjectures pour des vérités certaines ou même probables, si l'on arriverait, un jour, à concevoir le fluide impondérable comme n'étant que la matière pondérable excessivement divisée.

Dans le passage qu'on vient de lire, la découverte de la véritable nature du son est indiquée comme une des origines de la science moderne. La véritable nature du son ne fut point ignorée de l'antiquité, car on lit dans les œuvres du philosophe Sénèque : « Le chant est-il autre chose que la com-« pression de l'air dans la trachée? Les cors, les trom-« pettes, et tous les instruments qui, au moyen d'un canal « resserré, donnent plus de son que l'organe seul n'en a « produit ne doivent-ils pas leur résonnance au même « fluide? » (1) Cette vue juste de la nature du phénomène disparut pendant longtemps de la science, et, au commencement du XVIIe siècle, l'explication du son par les vibrations atmosphériques était une opinion répandue mais contestée. L'opinion commune admettait encore, conformément aux doctrines qui avaient régné durant la période précédente, une propriété spécifique qui était la sonorité, ou comme l'on disait alors, la *forme du son* (2). Otto de Guericke (1602 à 1686), après avoir inventé la machine pneumatique, constata que le son ne se propageait pas dans le vide, et démontra ainsi expérimentalement sa véritable nature. Cette découverte offrait la base d'une induction qui portait à chercher dans des phénomènes d'ondulation la cause des sensations lumineuses et caloriques. De la Rive, présidant de nouveau la Société helvétique des sciences naturelles, réunie à Genève le 21 août 1865, signala l'influence qu'ont exercée sur la formation de la physique moderne la découverte de Fresnel établissant que la lumière est le résultat d'un mouvement, et la découverte par laquelle Oersted montra la liaison entre l'électricité et le magnétisme. Ce qu'il ne disait pas, mais ce que M. Dumas a rappelé en dernier lieu, (3) c'est qu'il

1. *Questions naturelles.* Livre II. ch. 6.
2. Descartes. *Le monde,* ch. I.
3. *Eloge historique d'Arthur Auguste De la Rive,* lu dans la séance publique de l'Institut, le 28 décembre 1874.

apporta lui-même une contribution importante au même mouvement scientifique par la découverte des antécédents chimiques de la production de l'électricité. Après la mention des travaux de Fresnel et d'Oersted, De la Rive concluait en ces termes : « Ce fut là le double point de départ des nombreux travaux qui, aboutissant de nos jours à la théorie « mécanique de la chaleur, ont fait découvrir entre les différentes forces physiques des rapports multipliés, et substituer dans l'idée qu'on doit se faire de leur nature la « notion de mouvements à celle d'agents distincts. Nous « pouvons même entrevoir déjà le moment où elles arriveront à n'être plus considérées que comme des modifications « d'une force unique, et où un nouveau Laplace pourra, « comme l'auteur de la mécanique céleste l'a fait pour les « phénomènes du ciel, ramener aux lois de la simple mécanique tous les phénomènes de la nature inorganique. »

Ces lignes renferment le programme complet de la physique moderne tel qu'il a été exposé dans notre première étude. Rappelons-en les traits essentiels: Recourir pour l'explication des phénomènes aux propriétés spécifiques de différentes matières, c'est la physique ancienne. Tout expliquer au moyen de la conception des mouvements d'une matière une dans ses propriétés essentielles, c'est la physique moderne. A l'idée fondamentale de la nature mécanique des phénomènes se rattachent deux théories importantes : l'inertie de la matière qui est une force de résistance dans l'espace, mais ne possède aucun pouvoir de modifier son propre mouvement, et la conservation de l'énergie. L'ancienne physique admettait une déperdition de force dans les rapports des corps entre eux. Cette pensée est étrangère à la science actuelle qui estime que, dans les transformations diverses du mouvement, la somme des mouvements actuels ou virtuels demeure la même. Le sauvage réussit à allumer du feu en frottant deux morceaux de bois sec. Au point de vue de la physique ancienne, il y avait là trois éléments distincts : le mouvement, le fluide calorique et le fluide lumineux. Au point de vue de la physique moderne, il n'existe qu'un seul élément, le mouvement, qui est mécanique dans le frottement de deux morceaux de bois l'un contre l'autre, moléculaire dans l'intérieur du bois, éthérique dans les ondulations qui produisent sur nos sens les impressions de la lumière et de la chaleur. Toute la physique revient donc à la mécanique, et toute la mécanique, selon la définition de Carnot, à la science de la communication du mouvement (1).

De la Rive, dans son discours de 1865, fait dater de 1815 la nouvelle direction imprimée à la marche de la science; mais dans son discours de 1845, il avait rappelé que l'idée nouvelle se rattachait, par l'intermédiaire d'Euler et de Huyghens, aux théories de Descartes. En effet la conception de la physique moderne n'est pas nouvelle, mais renouvelée. Le XIXe siècle en fournit peu à peu la confirmation expérimentale, mais la théorie appartient au XVIIe siècle et, dans le XVIIe siècle, elle appartient plus spécialement à Descartes, qui est, non pas d'une manière exclusive, mais par excellence, le fondateur de la physique moderne.

La solidarité des intelligences dans la conquête progressive de la vérité est un fait au-dessus de la discussion. Une découverte a presque toujours des antécédents qui lui enlèvent son caractère de nouveauté subite. Souvent elle est faite par plusieurs esprits à la fois. C'est une erreur dans l'histoire de la science, aussi bien que dans celle des sociétés, que de tout accorder à l'individualité; mais ce n'est pas une erreur moindre que de méconnaître la valeur des individus, et de tout rapporter à je ne sais quelle puissance occulte et impersonnelle qu'on appelle l'esprit du temps, ou

1. *Principes fondamentaux de l'équilibre et du mouvement.*

le courant général de la pensée. Ce courant général existe assurément ; mais si l'on remonte à ses sources et à celles des affluents qui l'alimentent, on arrive toujours et nécessairement à l'émission de pensées personnelles. L'homme qui découvre une idée et en discerne les conséquences mérite le titre d'inventeur, lors même que d'autres ont vu la même chose que lui. L'homme qui répand avec puissance une idée nouvelle, et réussit à en faire la base d'une construction scientifique, reçoit légitimement le titre de fondateur. Après lui, on corrige son œuvre et on la complète, mais l'œuvre reste sienne. Pour la conception générale de l'univers matériel, Descartes est à la fois inventeur et fondateur. Il y a longtemps déjà que, bravant un préjugé répandu, M. Bouillier affirmait, dans son *Histoire de la philosophie cartésienne* (1), que Descartes a mérité le titre de père de la physique. M. Renouvier se prononce dans le même sens dans une étude insérée dans la *Critique philosophique* (2). Les pages qui suivent, si on admet l'exactitude des données qu'elles contiennent, auront pour effet de justifier ces affirmations.

Les découvertes mathématiques et métaphysiques de Descartes ont fait sa principale gloire ; mais lui-même nous informe, à la fin de son *Discours de la méthode*, que le but essentiel de ses travaux était une connaissance des phénomènes naturels qui pût apporter quelque soulagement à l'humanité. « J'ai résolu, dit-il, de n'employer le temps qui me reste à « vivre à autre chose qu'à tâcher d'acquérir quelque con- « naissance de la nature qui soit telle qu'on en puisse tirer « des règles pour la médecine plus assurées que celles qu'on « a eues jusqu'à présent. » Dans son ouvrage des *Principes de la philosophie*, la métaphysique occupe une place importante ; mais elle est destinée à servir de prolégomènes à

1. La première édition est de 1843 ; la troisième de 1868.
2. 5 février et 5 mars 1874.

la physique, et la physique devait être une introduction à la médecine. En physique, Descartes a fait quelques découvertes de détail : la loi de la réfraction de la lumière porte son nom; la découverte des effets de la pesanteur de l'air, attribuée à Toricelli et à Pascal, paraît lui appartenir aussi (1). Il occupe donc une place de quelque importance dans l'histoire de la partie expérimentale de la science; mais ce n'est pas là son grand titre à la reconnaissance de la postérité. C'est dans la théorie générale des phénomènes matériels qu'il a surtout montré son génie. Pour bien comprendre son œuvre sous ce rapport, il faut constater quel était l'état de la physique à son époque.

ÉTAT DE LA PHYSIQUE VERS L'ANNÉE 1600.

J'exposerai la théorie généralement admise vers l'année 1600, en prenant pour base la physique de Scipion Dupleix, ouvrage publié à l'époque où Descartes était encore enfant, et dont il a pu avoir connaissance au temps de ses études (2).

Dupleix, énonçant les opinions enseignées dans l'école, explique tous les phénomènes corporels à l'aide de trois éléments : la matière, la forme et le mouvement.

La matière dont il parle est définie d'après Aristote : « le « premier subject duquel en tant qu'il demeure, toutes choses « naissent de soy principalement et non par le moyen « d'autruy. » L'auteur observe que cette conception doit sembler « obscure aux apprentifs », c'est pourquoi il l'explique. Ses explications reviennent à ceci : la matière primi-

1. Le *Cartésianisme*, par Bordas Demoulin, tome I, pages 308 à 312.
2. *La Physique ou Science des choses naturelles* par M. Scipion Dupleix, conseiller du roi. 1. vol. in-12. L'ouvrage ne porte pas de date, au moins dans mon exemplaire ; mais c'est, je le suppose, une partie du cours de philosophie de Dupleix, publié en 1602, lorsque Descartes avait 6 ans.

tive et unique, dont toutes choses sont faites, est la substance en général, ce qui existe sous les propriétés des choses, c'est-à-dire, puisque toute détermination exprime une propriété, l'être indéterminé et indéterminable.

La matière de toutes choses étant la même, d'où vient la diversité des êtres? De la diversité des formes. Il ne s'agit point ici de la figure ou de la forme au sens géométrique, mais de ce qui fait qu'une chose est ce qu'elle est. Les formes ainsi entendues sont conçues comme des entités qui reçoivent le nom de *formes substantielles* et aussi celui de *qualités réelles*. L'eau et le feu, par exemple, ont la même matière puisque la même matière est l'être de tout ce qui est; leur différence vient de ce que, dans un cas, la matière est spécifiée par la forme du feu et dans l'autre par celle de l'eau. Toutes les diversités des choses sont ainsi rattachées à des principes différents conçus comme l'explication des phénomènes. Le chaud, le froid, la lumière, l'opacité, les couleurs, la saveur, l'odeur, la liquidité, la fluidité existent en vertu de formes substantielles jointes à la matière, et sans lesquelles la matière serait indéterminable. La pesanteur absolue et la pesanteur relative, la légèreté absolue et la légèreté relative sont des qualités réelles qui expliquent les mouvements des corps. L'existence des qualités comme entités distinctes est si pleinement admise qu'elle sert de prémisses à divers raisonnements. Dupleix, par exemple, prend à partie « certains nouveaux docteurs ou doubteurs, destructeurs des « choses divines et humaines, qui révoquent en doute le « nombre des éléments, voire même qui n'en reconnaissent « pas un, contre la doctrine ancienne et approuvée de tous « les grands personnages de tous les siècles passez depuis que « la philosophie est en vogue. » Il veut établir contre eux qu'il existe quatre éléments. La première preuve de sa thèse est la suivante: « Tout ainsi qu'il y a quatre qualitez pre- « mières, le chaud, le froid, le sec et l'humide; de mesme il

« faut qu'elles ayent chacune leur propre subject. Or est-il « qu'elles ne peuvent être plus propres à aucun autre subject « qu'aux quatre corps simples que nous appelons éléments, « à sçavoir le chaud au feu, le froid à l'eau, le sec à la terre, « l'humide à l'air. Il faut donc dire qu'il y a quatre éléments « non plus ny moins. » On voit que la réalité des quatre élé« ments se déduit de la réalité tenue pour incontestable des quatre qualités.

Les faits de la nature inorganique et ceux de la vie étaient enveloppés dans le même système d'explications. Les formes substantielles devenaient des âmes végétatives dans les plantes, et des âmes sensitives dans les animaux, ou plutôt les âmes, en s'amoindrissant, devenaient dans les corps physiques de simples formes substantielles. C'était, à l'inverse de la tentative de quelques modernes qui s'efforcent de constituer une biologie purement physique, la tentative d'expliquer les phénomènes de la matière par des principes biologiques. Il résultait de cette manière de voir qu'on accordait des attributs psychiques aux formes substantielles. Les corps avaient des antipathies et des sympathies, ce qui renouvelait l'ancienne doctrine d'Empédocle. La forme de l'eau était hostile à celle du feu; la forme de l'humide était hostile à celle du sec; un corps mis en mouvement s'arrêtait parce qu'il avait l'amour du repos; l'horreur du vide, ou, ce qui revenait au même, l'amour de la continuité, servait à l'explication des phénomènes. Il ne faudrait pas exagérer la portée de cette mythologie dans laquelle on doit faire la part des formes du langage. L'horreur du vide attribuée à la nature, l'amour du repos attribué aux corps, étaient des formules qui groupaient un grand nombre de faits réels. Le mal était de prendre l'expression figurée d'un groupe de faits pour un principe auquel la recherche s'arrêtait.

Le mouvement était le troisième principe d'explication.

Dupleix le définit avec l'école dans des termes empruntés à Aristote: « Le mouvement est l'acte de la chose qui est par « puissance en tant qu'elle est par puissance. » La définition n'est pas aisée à comprendre, et comme Descartes déclare qu'il ne saurait pas mieux l'entendre en français qu'en latin (1), il est permis sans honte de faire le même aveu. En réalité, on entendait par mouvement, tout changement quelconque: génération, corruption, accroissement, décroissance, altérations de toute nature. Ce que nous appelons maintenant le mouvement paraissait, sous le titre de mouvement *local*, comme une des espèces d'un genre. Ce qui prouve à quel point le sens du mot différait de celui que nous lui attribuons, c'est qu'on admettait un grand nombre de mouvements qui peuvent être accomplis « sans qu'aucun corps change de place » (2). Quant au mouvement local, ou changement de place, on admettait qu'il se divisait en plusieurs espèces inhérentes à diverses matières. Le ciel avait par nature un mouvement circulaire; les corps graves un mouvement rectiligne qui les faisait descendre; les corps légers un mouvement rectiligne qui les faisait monter. Ces trois espèces de mouvements étaient supposées permanentes. Venait ensuite le mouvement violent ou forcé, celui par exemple que la main de l'homme imprime à un corps. On pensait que ce mouvement s'arrêterait immédiatement, en vertu de la tendance au repos, ou de l'inertie active, sans l'influence du milieu. Un corps étant jeté dans l'air, par exemple, on pensait que l'air qu'il déplaçait se repliait derrière lui, comme l'eau derrière la poupe d'un navire, et le poussait en avant, pour quelque temps encore, après le moment où il avait reçu l'impulsion, jusqu'à ce que l'amour du repos l'emportât.

Ces théories étaient obscures et compliquées. Leur compli-

1. *Le monde.* Chapitre VII.
2. Ibid.

cation croissait toujours, à mesure qu'il fallait expliquer des faits nouveaux, de même que les cercles imaginés dans la théorie astronomique de Ptolémée se multipliaient indéfiniment. Nombre d'esprits sentaient le vice d'une science ainsi construite. Ils attendaient des chefs qui les conduisissent résolûment à l'attaque de l'enseignement de l'école. Ils en eurent plusieurs; Descartes fut le principal.

ŒUVRE DE DESCARTES.

Le centre de l'œuvre de Descartes est la destruction des formes substantielles qui, comme il le dit lui-même, « peuvent être plus difficilement connues que toutes les choses « qu'on prétend expliquer par leur moyen (1). » Il distingue les idées ou, comme nous dirions aujourd'hui, les sensations que les choses matérielles nous font éprouver, des causes de ces sensations telles qu'elles existent dans les objets eux-mêmes. Nous recevons l'impression de la chaleur et celle de la lumière. Cette impression est reçue par notre âme; mais nous ne devons pas supposer que les corps lumineux voient, ni que les corps qui nous envoient la chaleur aient chaud. Il y a ici un rapport entre les phénomènes corporels et l'esprit, rapport qui se produit lorsque l'impression sensible venue du monde extérieur a été transmise par les nerfs jusqu'au centre cérébral, qui est le point d'union de l'âme et du corps. Faire de la chaleur, de la lumière, des couleurs, du son, des entités distinctes, c'est prendre pour des êtres de simples rapports. Les formes substantielles, ou les qualités réelles, sont des abstractions réalisées qui n'expliquent rien, mais « qui ont elles-mêmes besoin d'explication (2). » N'attribuons pas aux corps des propriétés dont nous prenons l'idée en nous-mêmes. Pourquoi

1. *Les Principes de la philosophie*, IV, 201.
2. *Le monde*, chapitre V.

le vin ne coule-t-il pas par l'ouverture unique d'un tonneau d'ailleurs hermétiquement fermé? « C'est parler improprement « que de dire que cela se fait crainte du vide. On sait bien « que ce vin n'a point d'esprit pour craindre quelque chose; « et quand il en aurait, je ne sais pour quelle occasion il « pourrait appréhender ce vide, qui n'est, en effet, qu'une « chimère (1). »

Si les qualités diverses des corps tiennent à des causes inconnues et indéterminables, la science n'est pas possible. Si la science est possible, il faut que les qualités diverses des corps résultent de quelque chose qu'il soit possible de déterminer. Or qu'est-ce que nous pouvons déterminer dans la nature des corps? Ce que nous pourrons concevoir clairement, si nous laissons de côté nos préjugés, nos imaginations, nos combinaisons d'idées, qui peuvent être fausses, pour nous mettre en face des lois essentielles de la raison. Nos conceptions claires et distinctes sont vraies. C'est là le principe fondamental de la philosophie de Descartes, principe qui revient à dire que le monde est organisé rationnellement, ou, en d'autres termes, qu'il existe une harmonie entre nos pensées et la réalité. S'il n'en est pas ainsi, la science est impossible; si la science est possible, il en est ainsi. Descartes cherche donc les conceptions claires et distinctes que nous pouvons avoir des phénomènes matériels, isolés de leurs rapports avec les êtres capables de sentir. Il fonde sa physique sur la considération de ces trois éléments: la matière, la forme et le mouvement. Ce sont les mêmes éléments que ceux de la physique de l'école; mais, comme nous allons le voir, les mêmes termes sont pris dans des sens très différents.

Il n'existe qu'une seule matière; mais il ne s'agit plus ici de l'être indéterminé qui peut devenir indifféremment corps

1. *Le monde*, chapitre IV.

ou âme; c'est du corps seulement qu'il s'agit. Nous pouvons, par la pensée, enlever au corps, la chaleur, la couleur, la pesanteur et autres qualités de ce genre, « car si nous examinons quelque corps que ce soit, nous pouvons penser « qu'il n'a en soi aucune de ces qualités, et cependant nous « connaissons clairement et distinctement qu'il a tout ce qui « fait le corps, pourvu qu'il ait de l'extension en longueur, « largeur et profondeur (1). » Occuper l'étendue, telle est donc la propriété essentielle de la matière. Ce n'est plus l'être indéterminé dont on n'a rien à dire, mais une nature déterminée qui peut devenir un principe d'explication. Descartes admet que la matière, une dans ses qualités essentielles, s'est divisée en trois éléments qui forment la base de sa physique. Ce qu'il importe de remarquer, sans entrer dans ces détails, c'est qu'il admet l'existence d'un fluide universellement répandu qu'il compare à « une liqueur la plus subtile et la plus pénétrante qui soit au monde (2), » dans laquelle les autres éléments de la matière sont plongés, et qui joue un rôle important dans les phénomènes du mouvement (3). Il ne veut pas qu'on s'arrête aux pensées de ces hommes « dont la « raison ne s'étend pas plus loin que les doigts, et qui pensent « qu'il n'y a rien au monde que ce qu'ils touchent (4). » Il ne veut pas qu'on doute qu'il y a des corps « si petits qu'ils ne peuvent être aperçus par aucun de nos sens (5). »

La matière étant une dans son essence, d'où vient la diversité des éléments et de tous leurs composés? De la forme et de la grandeur. La forme est prise ici dans son sens purement géométrique; la diversité des choses vient des différentes figures des parties élémentaires de la matière et de leurs divers agrégats.

1. *Principes*, II, 4.
2. *Le monde*, chapitre V.
3. *Principes*, II. 59.
4. *Le monde*, chapitre IV.
5. *Principes*, IV. 201.

Le mouvement est le troisième principe d'explication; mais l'idée du mouvement se précise, comme se sont précisées les idées de la matière et de la forme. Le mouvement est « le « transport d'une partie de la matière ou d'un corps du voi- « sinage de ceux qui le touchent immédiatement, et que nous « considérons comme en repos, dans le voisinage de quel- « ques autres. » (1) On a ici la définition du mouvement, et la mention de son caractère relatif. Nous ne pouvons concevoir le mouvement d'un corps que dans sa relation avec un autre que nous considérons comme immobile à son égard, bien qu'il puisse se mouvoir lui-même à l'égard d'autres corps. Quand un corps se meut, « il passe d'un lieu en un autre, « et occupe successivement tous les espaces qui sont entre « deux. » Cette conception est tellement élémentaire et primitive que les géomètres expliquent « la ligne par le mou- « vement d'un point et la superficie par celui d'une ligne » (2). Ce mouvement local est la véritable origine de tous les autres mouvements admis par l'école; tout phénomène d'accroissement, de dissolution ou de transformation ne peut avoir lieu que par un mouvement de parties corporelles.

Descartes nie la diversité primitive des mouvements, comme il a nié la diversité primitive des propriétés de la matière. Il existe un seul mouvement primitif qui tend toujours à s'accomplir en ligne droite; de ce mouvement primitivement et naturellement droit résultent effectivement des mouvements en lignes courbes, en raison de la résistance des corps et de leurs formes diverses (3). La variété des mouvements résulte ainsi de la diversité des corps, et, d'autre part, tout changement dans la forme des corps a le mouvement pour origine et pour cause.

Les phénomènes physiques, envisagés d'une manière ob-

1. *Principes*, II, 25.
2. *Le monde*, chapitre VII.
3. *Principes*, II, 39.

jective dans les corps eux-mêmes, ne renferment rien de plus que le mouvement. Tout le reste : les couleurs, les odeurs, les sons et toutes les autres qualités sensibles sont des rapports entre les mouvements de la matière et l'esprit. Ces rapports résultent d'une double adaptation : celle des organismes vivants aux mouvements physiques par les appareils des sens, et celle des modifications de l'âme aux mouvements de l'appareil cérébral, dans lequel viennent aboutir, par le moyen des nerfs, les impressions reçues par les sens. C'est ainsi que Descartes en distinguant les deux éléments d'un rapport, la matière et l'esprit, brise les abstractions réalisées dont l'école avait fait toute une mythologie de formes substantielles, de qualités réelles, de vertus, etc. Tout l'univers matériel devient seulement « une machine en laquelle il n'y a rien du tout à considérer que les figures et les mouvements de ses parties » (1).

La portée de cette révolution scientifique était immense. A la place de propriétés inconnues, en nombre indéterminé, intervenant pour chaque ordre de phénomènes, et arrêtant incessamment les recherches devant des causes tenues pour réelles et déclarées occultes, les formes et les mouvements devenaient l'objet unique de la science. Les rapports de l'âme et du centre cérébral demeurent un fait primitif qu'on ne saurait entreprendre d'expliquer ; mais pour les phénomènes physiques en eux-mêmes, toute explication doit se chercher dans des conceptions mécaniques parfaitement claires, puisqu'elles vont finalement se résoudre en des données et des formules mathématiques. Suivons, dans quelques-unes de ses applications, cette thèse fondamentale.

Descartes soutient l'opinion contestée encore à son époque que les sons sont des vibrations de l'atmosphère. C'est une vérité à laquelle il adhère sans en être l'inventeur ; mais voici qui lui appartient en propre. Il affirme que c'est « le mouve-

1. *Principes*, IV, 188.

« ment seul qui, selon les différents effets qu'il produit, s'ap-
« pelle tantôt chaleur et tantôt lumière. » Voici comment il le prouve pour la chaleur : « En se frottant seulement les mains « on les échauffe, et tout autre corps peut aussi être échauffé « sans être mis près du feu, pourvu seulement qu'il soit agité « et ébranlé en telle sorte que plusieurs de ses petites parties « se remuent et puissent remuer avec soi celles de nos « mains (1) ». Les physiciens modernes qui ont établi le rapport exact de la chaleur et du mouvement mécanique ne disent rien de plus précis sur la nature même de la chaleur. La théorie que Descartes donne de la lumière, sans être conforme de tous points à la théorie actuelle des ondulations, en est, non-seulement l'antécédent, mais le germe parfaitement caractérisé. Il insiste souvent sur la pensée que la lumière n'est ni un corps, ni une qualité d'un certain corps mais « une action (2) ». Il considère cette action, dont la sensation de la lumière est le résultat, comme « une force tremblante « qui se redouble et se relâche à diverses petites secousses (3) ». Faisant appel à l'expérience, il montre que le mouvement seul suffit pour exciter en nous la sensation de la lumière : « Si « nous recevons en l'œil quelque coup assez fort, en sorte « que le nerf optique en soit ébranlé, cela nous fait voir mille « étincelles de feu, qui ne sont point toutefois hors de notre « œil, » d'où il conclut à l'inutilité « des qualités réelles et des « formes substantielles que la plupart des philosophes ont « supposées être dans le corps (4) ». De cet ensemble de considérations il conclut enfin, d'une manière générale, que « toutes les variétés qui sont en la matière dépendent du mouvement de ses parties. » C'est le titre de l'article 23 de la seconde partie des *Principes de la philosophie*. Il développe sa

1. *Le monde*, chapitre II
2. *Principes*, III. 77.
3. *Le monde*, chapitre XIII.
4. *Principes*, IV. 198.

pensée en ces termes : « Il n'y a donc qu'une même matière « en tout l'univers, et nous ne la connaissons que par cela « seul qu'elle est étendue ; et toutes les propriétés que nous « apercevons distinctement en elle se rapportent à cela seul « qu'elle peut être divisée et mue selon ses parties, et partant « qu'elle peut recevoir toutes les diverses dispositions que « nous remarquons pouvoir arriver par le mouvement de ses « parties. Car encore que nous puissions feindre par la pensée « des divisions en cette matière, néanmoins il est constant « que notre pensée n'a pas le pouvoir d'y rien changer, et « que toute la diversité des formes qui s'y rencontre dépend « du mouvement local. » Aux dernières pages de son livre il écrit : « Nous n'apercevons en aucune façon que tout ce qui « est dans les objets que nous appelons leur lumière, leurs « couleurs, leurs odeurs, leurs goûts, leurs sons, leur chaleur « ou froideur, et leurs autres qualités qui se sentent par « l'attouchement, et ainsi ce que nous appelons leurs formes « substantielles, soient en eux autre chose que les diverses « figures, situations, grandeurs et mouvements de leurs par- « ties, qui sont tellement disposées qu'elles peuvent mouvoir « nos nerfs en toutes les diverses façons qui sont requises « pour exciter en notre âme tous les divers sentiments qu'ils « y excitent. » (1)

Puisque tous les phénomènes physiques sont des mouvements, le mouvement est universel ; là où nous ne l'apercevons pas, c'est seulement parce que nos sens sont trop faibles. « Je considère qu'il y a une infinité de divers mouvements « qui durent perpétuellement dans le monde ; et après avoir « remarqué les plus grands, qui font les jours, les mois et les « années, je prends garde que les vapeurs de la terre ne « cessent point de monter vers les nuées et d'en descendre, « que l'air est toujours agité par les vents, que la mer n'est

1. *Principes*, IV. 198.

« jamais en repos, que les fontaines et les rivières coulent « sans cesse, que les plus fermes bâtiments tombent enfin en « décadence, que les plantes et les animaux ne font que « croître et se corrompre, bref qu'il n'y a rien en aucun lieu « qui ne se change; d'où je connais évidemment qu'il y a dans « tous les corps quantité de petites parties qui ne cessent point » de se mouvoir, encore qu'à cause de leur petitesse elles ne « puissent être aperçues par aucun de nos sens. » (1)

Tous les phénomènes matériels se réduisent au seul mouvement; et c'est le rapport des divers mouvements avec l'âme capable de sentir qui constitue les propriétés diverses des corps: voilà le principe fondamental de la physique moderne, non pas vaguement entrevu, mais dégagé de tous les nuages et proclamé de la façon la plus nette. Aucun savant, à ma connaissance, ni avant Descartes, ni à l'époque de Descartes, ne l'a affirmé ainsi dans toute sa généralité, dans toute sa précision, et dans toute sa portée.

La physiologie ne rentre pas dans le cadre de mon étude; je ne saurais toutefois la passer tout à fait sous silence. Descartes ramène la physiologie à la physique, c'est-à-dire, selon son principe, à la mécanique pure. Il affirme que tout ce qui se passe dans le corps des animaux et dans celui de l'homme est le résultat des lois générales qui régissent la matière, pourvu que l'on admette la création des corps vivants par Dieu, ouvrier d'une sagesse infinie, et la présence dans le cœur des êtres organisés d'un principe spécial de mouvement analogue à la chaleur. Ces deux points étant admis, toutes les fonctions doivent recevoir une explication mécanique. De même qu'il n'existe pas de formes substantielles dans les phénomènes physiques, il n'existe dans la vie des animaux aucun principe de sensibilité et d'intelligence. Deux choses ici sont à distinguer: la négation de tout élément psychique chez les

1. *Le monde*, chapitre III.

animaux, et l'explication des fonctions de l'organisme, l'organisme une fois donné, par les lois de la physique. Sur le premier point, Descartes n'a été suivi que par son école. On a généralement admis la protestation de La Fontaine qui expose admirablement la doctrine cartésienne, puis termine le récit intitulé : *les deux Rats, le Renard et l'Œuf* par ces vers :

> Qu'on m'aille soutenir, après un tel récit,
> Que les bêtes n'ont point d'esprit (1) !

La science de nos jours est d'accord avec le fabuliste ; les animaux présentent à l'observation des signes incontestables de sensibilité et d'intelligence. Si Descartes n'a pas été suivi dans sa négation d'un élément psychique chez les animaux, sa pensée d'expliquer physiquement les fonctions organiques a exercé une grande influence sur le développement de la physiologie, et dirige la science contemporaine dans ses recherches.

Toute la physique étant ramenée à la mécanique, et toute la mécanique aux lois du mouvement, les lois du mouvement deviennent la base de la science de l'univers matériel. C'est Descartes qui le premier a cherché à formuler ces lois. La première est celle de l'inertie de la matière : « Chaque partie « de la matière continue toujours d'être en un même état « pendant que la rencontre des autres ne la contraint point « de le changer » (2). « Si elle est en repos, elle ne com- « mence point à se mouvoir de soi-même ; mais, lorsqu'elle « a commencé une fois de se mouvoir, nous n'avons aussi au- « cune raison de penser qu'elle doive jamais cesser de se « mouvoir de même force pendant qu'elle ne rencontre rien « qui retarde ou arrête son mouvement ; de façon que si un « corps a commencé une fois de se mouvoir, nous devons « conclure qu'il continue par après de se mouvoir et que ja-

1. Livre X, fable 1.
2. *Le monde*, chapitre VII.

« mais il ne s'arrête de soi-même » (1). Par la connaissance de cette loi « nous sommes exempts de la peine où se trouvent « les doctes quand ils veulent rendre raison de ce qu'une « pierre continue de se mouvoir quelque temps après être « hors de la main de celui qui l'a jetée : car on nous doit plutôt demander pourquoi elle ne continue pas toujours de se mouvoir » (2).

A cette thèse fondamentale que les corps continuent leur mouvement tant qu'une cause étrangère ne les arrête pas, se joint celle que « tout corps qui se meut tend à continuer son « mouvement en ligne droite » (3). Cette affirmation est appuyée sur la considération suivante : « De tous les mouve- « ments il n'y a que le droit qui soit entièrement simple, et « dont toute la nature soit comprise en un instant ; car, pour « le concevoir, il suffit de penser qu'un corps est en action « pour se mouvoir vers un certain côté, ce qui se trouve en « chacun des instants qui peuvent être déterminés pendant le « temps qu'il se meut ; au lieu que pour concevoir le mouve- « ment circulaire, ou quelque autre que ce puisse être, il faut « au moins considérer deux de ces instants, ou plutôt deux « de ses parties et le rapport qui est entre elles » (4). Voilà dans toute sa précision et dans tout son contenu la loi d'inertie telle qu'elle a été transcrite par Newton, Laplace, Poisson et tous les modernes. M. Carpenter a donc commis une erreur historique, lorsqu'il a présenté la loi d'inertie comme ayant été devinée par le génie de Newton (5).

La communication du mouvement a toujours lieu par impulsion et au contact. Descartes niant *a priori* l'existence du vide, comme nous le verrons plus tard, ne pouvait admettre aucune action de la matière à distance.

1. *Principes*, II. 37
2. *Le monde*, chapitre VII.
3. *Principes*, II, 39.
4. *Le monde*, chapitre VII.
5. *Revue scientifique* du 31 août 1872, page 199.

La matière est donc inerte ; sa fonction se borne à recevoir et communiquer le mouvement ; c'est la première base de la mécanique. Voici la seconde.

L'action de la cause motrice universelle est une action constante. Si le mouvement cesse ou diminue ce n'est qu'en apparence ; s'il disparait sous une forme, il reparait sous une autre. « Il est impossible que le mouvement cesse jamais, ou « même qu'il change autrement que de sujet ; c'est-à-dire « que la vertu ou la puissance de mouvement, qui se ren- « contre dans un corps, peut bien passer toute ou partie « dans un autre, et ainsi n'être plus dans le premier, mais « elle ne peut pas n'être plus dans le monde (1). » Il y a donc toujours dans la matière « une égale quantité de mou- « vement (2) ». Il suit de là que, « lorsqu'un corps en fait « mouvoir un autre il perd autant de mouvement qu'il lui « en donne ». Il arrive seulement qu'à des mouvements perceptibles pour nous en succèdent d'autres qui sont insensibles, mais qui n'en sont pas moins réels. Une pierre, par exemple, tombe sur le sol et s'y arrête. Selon les apparences voilà un mouvement qui cesse ; en réalité, « la pierre ébranle la terre, et ainsi lui transfère son mouvement ; mais ce mouvement de la terre est insensible (3) ». Les choses que nous percevons s'expliquent par celles que nous ne percevons pas, mais que la science nous oblige à supposer. La théorie qui réduit la chaleur à un mouvement ouvre la porte à la recherche de l'équivalence du mouvement mécanique apparent, et de cet autre mouvement qui est la chaleur. Il ne faut admettre, en aucun cas, que la puissance de mouvement se perde. « Si deux corps étaient exactement « égaux et se mouvaient d'égale vitesse en ligne droite l'un « vers l'autre, lorsqu'ils viendraient à se rencontrer, ils re-

1. *Le monde*, chapitre III.
2. *Principes*, II. 36.
3. Lettre à M*** Edition Cousin. tome X page 129.

« jailliraient tous deux également et retourneraient chacun « vers le côté d'où il serait venu, sans perdre rien de leur « vitesse (1). »

Descartes le premier s'est posé le problème des lois de la communication du mouvement dans toute sa généralité. De la considération de ces lois universelles appliquées à la matière, une dans ses propriétés fondamentales, il s'élève à la pensée du rapport de toutes choses entre elles qui fait l'unité et l'harmonie du monde. A l'occasion des « erreurs des planètes » qui s'écartent toujours plus ou moins de leur mouvement normal il observe que « le mouvement particu« lier de chaque corps peut être continuellement détourné « tant soit peu en autant de diverses façons qu'il y a d'autres « divers corps qui se meuvent en l'univers (2). » On ne saurait méconnaître ici la base théorique des recherches qui, éclairées par la connaissance de la loi de Newton, ont amené la découverte de la planète Neptune par Le Verrier. D'Alembert, en accordant à Descartes la gloire d'avoir pensé le premier qu'il y a des lois suivant lesquelles les corps se communiquent le mouvement, ajoute : « Ce grand homme n'a « pas tiré d'une idée si belle et si féconde, tout le parti qu'il « aurait pu. Il se trompa sur la plupart de ces lois (3). » Ses erreurs sous ce rapport ont été souvent signalées ; il n'en reste pas moins établi que la conception générale de la science telle qu'il l'a formulée est la conception vraie, et que toutes les recherches subséquentes ont eu lieu dans la direction qu'il avait indiquée. C'est là le caractère de l'œuvre d'un fondateur.

Après avoir établi les lois du mouvement, Descartes s'élève à la conception d'un état primitif de la matière dont l'organisation actuelle de l'univers serait la conséquence. Ce point

1. *Principes*, II. 46.
2. *Principes*, III, 157.
3. *Encyclopédie*. — article PERCUSSION.

de vue, qui est celui des anciens atomistes grecs, avait été renouvelé par Gassendi ; mais, à l'époque de Descartes, on admettait généralement la création immédiate du monde tel qu'il est. Telesio, hardi novateur qui, au XVIe siècle, avait fondé à Naples une académie spécialement destinée à combattre la souveraineté scientifique d'Aristote, s'était occupé de la *constitution* des corps, mais non pas de leur *origine*, parce qu'il admettait conformément à l'opinion commune que « Dieu les a formés tels que nous les voyons (1) ». Descartes émettait donc une pensée nouvelle dans le courant général de la science, lorsqu'il écrivait, en tête d'un article de ses *Principes*, ce titre : « Comment le soleil et les étoiles ont pu se former (2) ». C'est bien à lui qu'il faut attribuer la première origine de l'hypothèse de la nébuleuse. Il déclare qu'il ne s'agit que d'une simple supposition qui peut aider à se rendre compte de la constitution des choses, et non d'une affirmation historique. En effet, il admet la théorie généralement reçue de la création immédiate du monde tel qu'il est. « Si nous considérons, dit-il, la toute puissance de Dieu, « nous devons juger que tout ce qu'il a fait a eu dès le com« mencement toute la perfection qu'il devait avoir (3). » Serait-ce ici une concession apparente, résultat de la prudence de l'auteur, de sa déférence pour les opinions reçues? Les lecteurs de notre époque seront inévitablement portés à comprendre la chose ainsi. Ceux qui ont vécu dans la familiarité de Descartes, par la fréquente lecture de ses ouvrages, admettront sans peine qu'il puisse en être autrement, et qu'il ait cédé dans ce cas à un scrupule de piété, analogue à celui qui a contribué à lui faire soutenir l'automatisme des bêtes. Comme il n'admettait pas divers degrés d'existence spirituelle, il craignait que, si l'on accordait à la bête quelque

1. Bordas Demoulin. *Le Cartésianisme*, tome I page 9.
2. *Principes*, III, 54.
3. *Principes*, III. 45.

chose de la nature humaine, il ne survînt des savants qui, partant de l'idée que la bête a quelque chose de l'homme, concluraient que l'homme n'est qu'un animal supérieur. Il pouvait de même craindre que la théorie de la formation graduelle du monde ne portât des intelligences peu profondes à considérer le caractère successif de ce développement comme enlevant quelque chose à la sagesse divine, ou pouvant même la remplacer. M. Bouillier présente à ce sujet les sages observations que voici : « Descartes nous avertit que « s'il suppose une formation successive du monde, c'est « pour expliquer plus clairement son état actuel, car il ne « pense pas qu'il soit de la dignité de Dieu de créer l'uni- « vers petit à petit, comme s'il eût eu besoin de proportion- « ner à ses forces la grande tâche qu'il s'était imposée; Dieu « n'a eu qu'à vouloir et d'un seul jet le monde a été créé. « Sans doute Dieu a pu créer le monde d'un seul jet ; mais « il ne nous semble pas suivre de sa perfection infinie qu'il « n'ait pu le créer d'une autre manière. Un développement « progressif de la création, conformément à des lois im- « muables, témoigne-t-il moins de la dignité et de la gran- « deur de Dieu que l'univers tout entier créé d'un seul jet? « Faire sortir tous les développements du monde d'un « germe qui dès l'origine les contient tous en puissance, « n'est-il pas aussi grand que créer simultanément toutes les « choses à la fois, à leur plus haut degré de perfection? « Faut-il moins admirer celui qui a créé l'œuf, d'où l'oiseau « sortira, que celui qui d'abord a créé l'oiseau? (1) »

Telle est, dans ses traits principaux, l'œuvre durable de Descartes, en ce qui concerne la science de la nature. Elle se ramène à ces trois affirmations magistrales :

La nature mécanique des phénomènes physiques.

L'inertie de la matière.

1. *Histoire de la philosophie cartésienne*, tome I, chapitre 4.

La conservation de l'énergie.

Ce sont là les trois fondements de la physique moderne. *Chercher l'explication mécanique des phénomènes naturels sous la double loi de l'inertie de la matière et de la constance de la force :* c'est la règle suprême de la physique cartésienne, et c'est le programme de tout ce que la science contemporaine sait, et de tout ce qu'elle cherche. Le jour où cette règle fut posée, l'objet de la science fut déterminé, et le principe directeur de la pensée fut proclamé. A quelle source remontaient des théories si nouvelles et si hardies à l'époque où elles furent conçues ? C'est ce qui sera examiné dans l'étude suivante.

Descartes, après avoir posé les bases de la physique telles qu'elles existent dans la science contemporaine, entreprit l'explication de tous les phénomènes de l'astronomie et de la physique. Il crut, en particulier, avoir rendu compte des mouvements du ciel par son célèbre système des tourbillons. Il n'est pas nécessaire de le suivre dans cette voie où il s'égara souvent et commit nombre d'erreurs ; mais il importe de distinguer avec soin les fondements de la science tels qu'il les a posés et la construction qu'il a élevée sur ces fondements. L'importance de cette distinction ressortira avec évidence de la suite de nos recherches.

ŒUVRE DES PRÉDÉCESSEURS ET DES CONTEMPORAINS DE DESCARTES.

La pensée de Descartes a été très spontanée ; la part de l'individualité est immense dans son œuvre. Aux accusations de plagiat dont il fut l'objet, il a répondu, avec une légitime fierté, qu'il s'en rapportait à ses lecteurs pour reconnaître que ses pensées sont bien à lui. Tous les lecteurs attentifs admettront sans peine la valeur de la réponse. Descartes cependant a été la victime d'une illusion, en se figurant qu'il avait pu laisser de côté tout ce qu'il avait appris, et que son système sortait tout entier de sa pensée individuelle. Il n'a pas été plagiaire assurément, mais il a puisé, sans s'en bien rendre compte, dans le courant général de l'esprit humain, tel qu'il résultait des antécédents de la science, et de l'œuvre de ses contemporains.

De grands faits historiques ont précédé l'époque où il a écrit. La formation des langues nationales, la restauration de la littérature et de la philosophie de l'antiquité, l'invention de l'imprimerie, la découverte de l'Amérique, les grandes commotions religieuses du XVIe siècle, les attaques dirigées contre la physique d'Aristote en même temps que contre sa métaphysique, des essais de philosophie indépendante, ceux de Bruno par exemple et de Campanella ; tous ces faits avaient produit un immense ébranlement dans les esprits, et développé un puissant amour de la nouveauté.

Le désir des aventures, dont le Robinson de Daniel de Foë a été l'expression littéraire la plus célèbre, se faisait vivement sentir dans l'ordre de la science ; là aussi on rêvait la découverte de terres inconnues. La hardiesse d'intelligence dont témoignent les œuvres de Descartes provenait pour une grande partie sans doute de sa nature personnelle, mais provenait aussi de la direction générale des esprits à son époque. Les formes substantielles avaient été attaquées, lorsqu'un édit du Parlement de Louis XIII, portant la date de 1624, défendit à toute personne *sous peine de la vie* « de tenir ou enseigner « aucune maxime contre les anciens auteurs et approuvés. » Un mouvement considérable s'était aussi produit dans le domaine des sciences naturelles, à côté de la lutte contre la scolastique et la souveraineté d'Aristote, qui avait un caractère plus spécialement philosophique. Agricola, mort en 1555, avait étudié avec succès les minéraux et les métaux. Guillaume Gilbert, médecin de la reine Elisabeth, mort en 1603, avait jeté les fondements de la théorie de l'électricité et du magnétisme par des travaux que Liebig signale comme « une longue série des plus admirables expériences » (1). Simon Stévin, médecin du prince d'Orange et ingénieur des digues de Hollande, mort en 1635, deux ans avant la publication du Discours de la méthode de Descartes, s'était signalé par des découvertes mathématiques et mécaniques, et avait entrevu le fait capital de la pesanteur de l'air. L'astronomie enfin, à partir de Kopernik, avait trouvé une base ferme pour l'explication mathématique des phénomènes du ciel. Ainsi se préparaient les éléments de la science de la nature ; mais à l'égard d'une théorie générale des phénomènes physiques c'étaient là des matériaux et non le plan de l'édifice. Les pierres étaient extraites du flanc de la montagne, les bois de construction se préparaient,mais l'architecte n'était pas venu. Cet architecte ne fut pas Bacon. On a souvent désigné le chancelier d'Angleterre comme le véritable fondateur de la science moderne. Il s'est attribué ce rôle, avec une entière conviction, et beaucoup l'ont cru sur parole; mais l'histoire fournit un autre enseignement. Bacon est sans doute un des grands personnages du monde de l'intelligence. Il a réclamé avec plus d'éclat que personne les droits de l'observation, la nécessité de placer l'expérience à la base des investigations de la pensée, et il a fourni par là des pages importantes à la théorie de la méthode dont il a, du reste, méconnu les éléments essentiels. Il a prophétisé, avec un rare bonheur, le développement que prendrait l'industrie par la connaissance exacte des phénomènes naturels. Mais, quant à la théorie générale de la physique, il a méconnu la véritable direction de la science, et l'on retrouve dans ses œuvres la trace de toutes les erreurs du passé. Au-dessus de l'étude des causes physiques, qui sert de base à la mécanique qu'il considère comme une science inférieure, il conçoit une théorie des

1. *Lord Bacon*, par Justus de Liébig, page 83.

formes ou essences qui fera le haut pouvoir de l'humanité, et la base de procédés qu'il designe sous les termes de *magie naturelle.* Ces formes qui doivent servir de base à la magie naturelle ressemblent beaucoup aux formes substantielles et aux vertus de la matière qu'on admettait dans l'école. Il arrive à Bacon de se contenter de causes occultes admises comme des principes d'explication. Il se pose la question : pourquoi la salamandre éteint-elle le feu? et il répond : « Parce qu'il « y a dans le corps de cet animal une force extinctive qui « étouffe le feu (1) ». Il ne dépouille pas la matière d'attributs psychiques : c'est ainsi qu'il admet pour la formation des cristaux de roche l'explication donnée par un ancien, Pline, si je ne me trompe. Les cristaux sont de l'eau gelée qui est restée si longtemps dans cet état qu'elle en a pris l'habitude. Il est si loin de la doctrine de l'inertie qu'il considère la matière comme étant, après Dieu, la cause des causes, (*causa causarum*). Il lui attribue des appétits. « Il est évident « que tout homme qui connaîtrait les passions, les appétits « et les procédés primitifs de la matière aurait par cela seul « une connaissance générale et sommaire des faits passés, « présents et futurs, quoiqu'une telle connaissance ne pût « s'étendre aux faits particuliers et individuels (2). » On pourrait supposer qu'il ne s'agit ici que de figures de langage, si l'on ne rencontrait pas des explications comme celle-ci : « Le mouvement de *fuite* est celui par lequel les corps, en « vertu d'une certaine antipathie, fuient ou mettent en fuite « les substances ennemies, s'en séparent et refusent de se « mêler avec elles !..... On dit que le cinname et les autres « substances odoriférantes, étant placées près des latrines ou « des lieux fétides, retiennent plus obstinément leur odeur, « parce qu'alors elles se refusent à leur émission et à leur

1. Vis extinctiva in corpore illius animalis quæ ignem suffocat. *Sylva Sylvarum* Centurie IX, 860.
2. *De la sagesse des anciens,* XI.

« mélange avec les matières fétides. (1) » Lorsque les corps suivent la ligne droite c'est par un mouvement de hâte. Bacon distingue dix-neuf espèces de mouvements, dont le dernier est le mouvement tendant à l'inertie ou l'horreur pour le mouvement. Lorsqu'on meut les corps, « ils ne « cessent de travailler pour recouvrer leur repos, qui est « leur état naturel, c'est-à-dire qu'ils tendent de toute leur « force à ne plus se mouvoir; et quant à ce dernier point, « pour l'obtenir ils ne manquent pas d'activité : ils tendent à « ce but avec assez de légèreté et de rapidité comme ennuyés « et impatientés de tout délai à cet égard (2) ». Bacon s'est opposé à l'admission de la théorie de Kopernik. Il qualifie de stupide la prétention de chercher dans le seul mouvement des corps l'explication des phénomènes (*Motum corporum tantum stupide intuentes* (3). C'est ici la négation directe du fondement de la physique moderne. M. Liebig affirme qu'il est resté sous ce rapport si en arrière de son siècle qu'il a nié la matérialité du son, dont il voulait faire un certain *mouvement spirituel* (4).

Bacon a rappelé la science à sa condition, en proclamant la nécessité de l'expérience; mais il a totalement méconnu l'objet de la science et la direction à donner aux recherches. Il n'est assurément pas le fondateur principal de la physique moderne. Les attaques dont il a été l'objet de la part du comte de Maistre et de Liebig sont passionnées, et à tout prendre injustes par leur violence, mais elles sont vraies, en tant qu'il s'agit seulement d'enlever à Bacon un titre usurpé. Deux des contemporains de Descartes, Képler et Galilée, ont accompli une œuvre plus sérieuse.

Képler occupe une place considérable dans l'histoire des

1. *Novum Organum*. Livre II. §. 48.
2. *Ibid.*
3. *Thema Cœli.*
4. *Lord Bacon*, page 83.

mathématiques et de l'astronomie. Leibniz (1) lui attribue la connaissance de l'inertie de la matière. Ses travaux supposent certainement l'existence de cette loi, car l'application des mathématiques à l'étude de la nature exclut tout principe de spontanéité dans les corps ; mais il est indubitable que la pensée de Képler oscille entre des conceptions opposées, et qu'il n'a point affirmé l'inertie, comme Descartes l'a fait, avec fermeté et conséquence. Dans l'introduction de son ouvrage *De stella martis* il qualifie de faculté animale (*facultas animalis*) le principe de l'attraction réciproque des corps. Dans le chapitre trente-quatrième du même ouvrage, il admet dans la matière une tendance naturelle au repos et à la privation du mouvement, (*prona ad quietem seu ad privationem motus*), en sorte que les planètes s'arrêteraient par l'effet de leur besoin de repos, sans une force motrice incessamment renouvelée. On sait enfin que, par moments au moins, il admet que les planètes sont gouvernées par une âme qui est instruite du chemin qu'elle doit suivre pour conserver l'ordre de l'univers (2).

En résumé, et sans méconnaître la grande position de Képler dans l'histoire de la science, il est permis de dire qu'il n'a pas posé, d'une manière générale et précise, la base de la théorie de la matière. Cette gloire était réservée à un autre.

Cet autre est-il Galilée ? Galilée jouit d'une réputation aussi incontestable qu'incontestée. L'astronomie le reconnait comme l'un de ses ouvriers les plus utiles. Sa découverte des lois du mouvement uniformément varié, et l'observation du pendule lui assurent une place entre les fondateurs de la mécanique moderne. Enfin, il a donné le premier, non-seulement l'exemple pratique, mais la théorie de la véritable méthode scientifique. Sous ce dernier rapport il est supérieur à Descartes. De tous les fondateurs de la science moderne Galilée

1. *Réponses à Clarke.* — Cinquième réponse, § 39.
2. Bertrand. *Les fondateurs de l'astronomie moderne*, page 150.

est le plus sage, celui dans les œuvres duquel il y a le moins à effacer; mais a-t-il vu, comme Descartes, et proclamé les bases de la vraie physique? A-t-il déterminé l'objet de cette science, le principe directeur de toutes ses recherches, et le but auquel elle doit tendre? A-t-il affirmé que toute la partie objective des phénomènes se réduit au mouvement seul? S'il l'avait fait, il devrait être proclamé fondateur de la physique moderne, au même titre que Descartes; mais il n'occupe pas précisément cette position. Il n'a pas décidément rompu avec la théorie des causes occultes, car il fait intervenir dans ses explications la conception assez étrange d'une force attribuée au vide (1). Dans son écrit intitulé l'Essayeur (*Il saggiatore*) il émet bien l'opinion que la sensation de la chaleur est le résultat d'une action mécanique (2); mais il professe pour la théorie de la chaleur et de la lumière la doctrine de l'émission, c'est-à-dire qu'il admet les propriétés spécifiques de diverses matières. Je ne pense pas, après avoir consulté à ce sujet un homme très compétent, et qui a fait une étude spéciale des écrits de Galilée, qu'on rencontre sous sa plume l'affirmation générale que si l'on isole les phénomènes physiques des impressions reçues par les êtres vivants, ces phénomènes se réduisent à la mécanique. Une généralisation de cette nature était peu conforme à son génie et au mode d'exposition de sa pensée.

Galilée marche au premier rang dans l'étude des lois de la mécanique; mais a-t-il admis complétement et formulé la loi d'inertie? Newton dans ses *Principes de la Philosophie naturelle* et Montucla dans son *Histoire des mathématiques* lui attribuent la connaissance de cette loi. M. Martin cite à l'appui de cette affirmation un assez grand nombre de passages. (3)

1. *Galilée* par Th. Henri Martin, page 319.
2. Edition Alberi, tome IV, page 337.
3. Edition Alberi, I, 166 à 170, XI, 12 à 18, XIII, 159, 160, 221, 222.

De l'examen de ces passages il m'a paru résulter que Galilée combat la doctrine régnante de son temps d'après laquelle la continuation d'un mouvement produit par une cause accidentelle serait l'effet du milieu qui se replie derrière le corps et le pousse en avant. Il substitue nettement à cette manière de voir l'idée de l'inertie, selon laquelle le corps continue indéfiniment à se mouvoir, et n'est arrêté que par les résistances qu'il rencontre ; mais il ne semble pas qu'il ait affirmé la loi d'inertie dans toute son étendue. En effet, dans son *Système cosmique*, l'un de ses derniers écrits, il se range à l'opinion d'Aristote qu'il y a deux mouvements simples, le droit et le circulaire, que le circulaire est parfait et le droit imparfait (1). C'est la négation d'une des parties essentielles de la loi d'inertie telle que Descartes l'a établie, et que la science moderne l'a acceptée.

C'est donc bien Descartes qui a formulé le premier la conception générale de la science de la matière et les bases de la théorie générale du mouvement telles que nous les admettons aujourd'hui. Bacon nie les principes fondamentaux de la science. Képler et Galilée les supposent et les appliquent dans leurs travaux, mais sans les concevoir dans toute leur pureté, et sans leur être invariablement fidèles. Descartes les voit dégagés de tout nuage ; il les voit et les proclame. Il ne s'agit pas de rien ôter à la gloire légitime de ses prédécesseurs et de ses contemporains, ni de voiler les graves erreurs dans lesquelles il est tombé ; mais, si l'on admet que le principal fondateur de la physique moderne est l'homme qui le premier a déterminé avec précision l'objet de cette science et le principe directeur de ses recherches, cet homme est Descartes ; et l'on peut dire que les bases fondamentales de la physique moderne datent de la publication de ses *Principes de la philosophie*, c'est-à-dire de l'année 1644.

1. Bordas-Demoulin, *Le Cartésianisme*, tome II, page 48.

Quand on lui contesterait la priorité de l'invention, il serait impossible de lui contester la primauté d'influence pour l'établissement des idées nouvelles. Le retentissement de son œuvre fut immense, et l'opinion unanime de ses contemporains et de ses successeurs immédiats justifie l'affirmation de Laplace que c'est lui qui détruisit l'empire d'Aristote, c'est-à-dire le règne de la scolastique (1). Le point capital des discussions de l'époque était la question des formes substantielles, et rien ne fait mieux connaitre l'opinion du XVIIe et du XVIIIe siècles sur la destruction de cette ancienne doctrine qu'un petit écrit humoristique, publié, sous le titre d'*Histoire de la conjuration faite à Stokolm contre M. Descartes* (2). Ce philosophe, appelé en Suède par la reine Christine, mourut d'une pleurésie, peu de temps après son arrivée; voici comment sa mort est expliquée dans l'écrit indiqué : « Tandis que M. Descartes vivoit tranquillement à la Cour de Suède, où sa « vertu, son attachement à la vérité, son grand génie pour « les sciences, et la haute réputation qu'il s'étoit acquise, « l'avoient fait appeler par la reine Christine, il se forma « contre lui une des plus dangereuses conspirations dont on « ait peut-être jamais oüi parler.

« Comme il rejettoit de sa Philosophie plusieurs *Qualitez* « et *Accidens*, de l'existence desquels on ne s'étoit pas avisé « de douter; le *Chaud* et le *Sec*, deux des premières Qualitez, « outrez de douleur de ce qu'il les faisoit passer pour des « *Estres* chimériques, résolurent de se venger de cet affront, « et de faire sentir leur pouvoir à ce Philosophe orgueilleux: « (c'est ainsi qu'ils appeloient M. Descartes). Mais avant que « d'exécuter leur dessein, ces *Qualitez* jugèrent à propos de « conférer là-dessus avec tous ceux qui ayant été outragez « par M. Descartes, étoient irritez contre lui.

1. *Exposition du système du monde.* Livre V. chapitre 5.
2. Ce petit écrit se trouve à la fin du *Voyage du monde de Descartes* par le P. G. Daniel, nouvelle édition, Amsterdam 1713.

« Les *Formes substantielles* de toute espèce étant de ce nom-
« bre, de même que les *Accidens* avec les *Vertus* et *Qualitez*
« *occultes*, la *Chaleur* prit soin de leur proposer une confé-
« rence pour y délibérer sur les moyens de réprimer l'audace
« de leur Ennemi ; et pour y prendre de justes mesures sur
« une affaire si importante. Tous promirent de s'y trouver ;
« l'on prit jour, et l'on choisit un lieu commode pour cette
« célèbre Assemblée. De sorte que ce qui n'étoit au commen-
« cement qu'une conspiration de quelques *Qualitez* devint
« une conjuration générale.

« Ils étoient si fort animez contre M. Descartes, que pas
« un ne manqua au rendez-vous. Cependant, comme chacun
« n'avoit pu prendre la place qui lui étoit convenable à cause
« de l'obscurité du lieu, il y eut d'abord une grande confu-
« sion : Et plusieurs *Estres* qui ont de l'antipathie les uns
« pour les autres, s'étant malheureusement rencontrez, com-
« mencèrent un si furieux combat, qu'il sembloit ne devoir
« finir que par l'entière destruction du parti qui se trouve-
« roit le plus faible. Déjà la *forme du Feu*, redoutable ennemi
« des autres *Formes*, en avoit réduit plusieurs aux abois.
« Déjà divers *Accidens* sentoient les effets de sa violence, et il
« n'y avoit que la *forme de l'Eau* qui eût osé s'y opposer. Par
« malheur on avoit tout fermé, de peur que le *Son*, qui n'est
« pas fort secret, ne s'échappât et n'apprît au premier qu'il
« rencontreroit, le résultat de la Conférence. Mais quelqu'un
« ayant ouvert les fenêtres, la *Lumière* entra, qui par son
« aspect agréable, par son brillant éclat réjoüït toute l'As-
« semblée, et fit paroitre ce qu'il y avoit de beau dans ce
« lieu. On sépara les Combattans, et chacun fut mis à la place
« qui lui convenoit.

« Tout le monde n'étoit pas encore rangé, que la *Chaleur*
« représenta à la Compagnie avec beaucoup de véhémence,
« Qu'on ne sçavoit plus à quoi s'en tenir depuis que M. Des-
« cartes avoit publié son *Roman de la Nature*, et qu'il avoit

« osé retrancher des *catégories* presque tous les *Estres* qui « étoient là présens : Que c'étoit une chose honteuse qu'ils « eussent souffert pendant si longtemps qu'un nouveau Philosophe, méprisant toute la sage Antiquité, eût la hardiesse « de traiter de chimérique tout ce qu'on avoit crû jusqu'alors « de leur être et de leurs fonctions ; Qu'il faloit au plûtôt punir ce Téméraire qui avoit juré leur ruine, et lui faire sentir non-seulement qu'ils existoient, mais qu'ils avoient la « force de le faire périr lui-même . . . .

« Les *Qualités occultes* se levèrent à leur tour, et se plaignirent « de ce que cette nouvelle Philosophie leur ôtoit leur principal privilege, qui consistoit à être inconnües aux Sçavants. « Elles dirent qu'elles en avoient toûjours paisiblement joüi « et que de Grands Hommes n'avoient pas osé examiner les « secrets ressorts par lesquels elles produisoient tant de merveilles : Qu'au contraire, ils avoient avoüé leur ignorance « sur ce sujet : Que cependant M. Descartes plus hardi, ou « plûtôt moins sage que ses Maîtres, prétendoit découvrir ce « qui avoit été si longtemps caché ; et vouloit rendre commun « et facile à entendre tout ce qu'il y avoit de plus surprenant « dans les actions de *Qualités occultes* : ce qui étoit proprement les priver de l'admiration qu'elles s'attiroient.

« Comme chacun avoit des raisons pour favoriser les *Qualités occultes*, leur plainte parut juste. Mais celle que fit la « *Lumière*, fut jugée encore plus raisonnable. Qui eût jamais « pensé, dit-elle, qu'un Philosophe osât s'en prendre à moi, « et nier mon existence ; Peut-on ouvrir les yeux sans reconnaitre que j'existe ? Et n'est-il pas étonnant qu'il y ait des « hommes assez ingrats pour travailler à me détruire, pendant qu'ils joüissent de mes bienfaits ? . . . .

« Les *Couleurs*, ces aimables filles de la *Lumière*, qui « empruntent de leur brillante mère tout ce qu'elles ont d'éclat et de beauté, joignirent leurs plaintes aux siennes. « Elles s'emportèrent contre M. Descartes sur ce qu'il pré-

« tendoit les exclure de la société des *Estres*, et tâchant même « de tourner son opinion en ridicule : Il veut, disoient-elles, « que l'herbe des champs ne soit verte que le jour, et que « l'émail des fleurs ne subsiste plus lorsque la nuit est arri- « vée. Il s'imagine que l'éclat de l'or, des diamans et des « autres pierres précieuses, et chaque couleur en particulier « n'est autre chose qu'un certain *sentiment* causé par la *ré-* « *flexion* plus ou moins forte de la *matière* du *second Element;* « et mille autres pareilles chimères que ce grand Philosophe « débite comme autant de véritez qu'il prétend avoir bien « prouvées. C'est ainsi que les *Couleurs* se réjouissoient aux « dépens de M. Descartes ; et c'est aussi par là qu'elles sçeu- « rent prévenir en leur faveur toute l'Assemblée, moins par « leurs raisons que par leur vivacité, et leur agrément.

« La Conférence en étoit là, lorsqu'il s'éleva tout à coup « un bruit confus, qui étourdissoit tout le monde. C'était le « *Son*, qui voulant faire sa plainte, ne faisoit que bourdonner. « On le pria de se faire entendre plus distinctement : Et alors « il dit, tout en colère, que M. Descartes l'avoit perdu de ré- « putation chez les Philosophes ; Que parmi eux on ne par- « loit presque plus du *Son* comme d'un *Accident réel ;* qu'on « attribuoit toutes ses actions à certaines *Ondulations* de l'air, « ou plûtôt au mouvement direct de ses parties, causé par « l'agitation des particules insensibles des Corps résonnans ; « et qu'enfin presque par tout on le mettoit au rang des inu- « tilités de la nature.

« A ces mots, les *Odeurs*, les *Saveurs*, la *Legereté*, la *Pe-* « *santeur*, et plusieurs autres *Vertus*, *Qualitez* et *Accidens* se « levèrent ; Et après avoir approuvé la plainte du *Son*, l'un « d'entre eux parlant au nom de tous les autres, raconta l'af- « front qu'on leur avoit fait en plusieurs Ecoles, dans les- « quelles la nouvelle Philosophie s'étoit introduite, où après « les avoir chassez des *Categories*, on avoit osé s'en vanter « dans des thèses publiques. Il ajoûta que ces entreprises

« continuelles sur leurs droits, tendoient à leur ruine totale; « et qu'une telle rebellion contre les opinions des Anciens « auroit sans doute des suites dangereuses, si elle n'étoit « promptement réprimée. — (Le *mouvement* par lequel Descartes remplaçait les formes substantielles et les qualités occultes prend la parole pour la défense de ce philosophe). — « Les réponses du *Mouvement* déplaisoient fort à l'Assemblée. « On ne pouvoit souffrir le zele avec lequel il défendoit des « opinions qui leur étoient si injurieuses. Mais pour le faire « changer de sentiment, et l'attirer à leur parti, ils lui repré- « sentèrent : Qu'il ne connaissoit point ses véritables interests; « Que M. Descartes ne l'avoit pas plus épargné que les au- « tres ; Qu'il soutenoit que le mouvement n'était pas un *Estre* « distingué de la *Matière*, mais seulement un *Mode* qui lui « est *accidentel ;* Que c'étoit un des principaux points de son « Systême, et qu'il ne changeroit jamais de sentiment là- « dessus.

« Le *Mouvement* embarrassé d'une objection qui le touchoit « de si près, tâcha d'abord de l'éluder ; mais après avoir dis- « puté quelque tems, se voyant vivement pressé, il avoüa « qu'il sentoit bien que la grande réputation de M. Descartes « l'avoit ébloüi : Qu'il n'avoit jamais bien pensé à l'injure « qu'il avoit reçu de ce Philosophe : Qu'il comprenoit enfin « les conséquences de sa doctrine; et qu'il ne prétendoit ni la « soutenir en public, ni l'approuver en particulier. Alors « M. Descartes n'ayant plus de Défenseur, sa perte parut « assurée : Et les voix ayant été recueillies, ce Philosophe « infortuné fut déclaré Novateur et Chef de Secte, Rebelle « aux Loix de l'ancienne et véritable Philosophie; Pertuba- « teur de l'ordre des *Catégories;* Ennemi des *Vertus* et *Fa-* « *cultez occultes;* des *Accidens absolus* et *non absolus ;* des « *Qualités premières* et *secondes ;* des *Formes,* des *Élemens,* « et des *Mixtes ;* des *Ames matérielles,* soit *végétatives* ou « *sensitives;* des *Instincts, Substances incompletes,* et géné-

« ralement de toutes les *Formes* tant *substantielles* qu'*acci-*
« *dentelles* : Et comme tel, condamné à subir la peine que
« l'Assemblée trouverait à propos de lui imposer.

« Ce Jugement ayant été solennellement prononcé, il n'é-
« toit plus question que de choisir le genre de supplice que
« le Criminel devoit souffrir. Les *Formes* des Bêtes les plus
« féroces du païs s'offrirent d'abord de mettre en pièces
« M. Descartes, et de l'aller déchirer jusque dans le Palais de
« la Reine. Mais comme la chose eût trop éclaté, et que l'en-
« treprise pouvoit être fatale aux Conjurez, ils réjeterent cette
« proposition, et resolurent de se venger d'une manière si
« cachée, qu'on ne pût le leur imputer.

« Sur cela, le *Son* dit : Que si la *Lumière* voulait agir de
« concert avec lui, il leur seroit facile d'empêcher que le pré-
« tendu Philosophe ne fût ni vu ni entendu; et qu'ils l'empê-
« cheroient lui-même de voir, et d'entendre.

« Mais la *Chaleur* ne fut pas de cette avis : Et dans l'impa-
« tience où elle étoit de satisfaire sa haine et sa vengeance ;
« si vous voulez me le permettre, dit-elle aux Conjurez, j'a-
« girai dans le corps de M. Descartes avec tant de violence,
« et je mettrai un tel désordre dans ses humeurs par le com-
« bat que j'exciterai entre les *Qualitez* contraires, qu'en peu
« de temps je vous délivrerai de ce redoutable ennemi.

« Cela fut approuvé de toute l'Assemblée ; et il fut arrêté
« qu'on s'en tiendroit à cette proposition. On pria la *Chaleur*
« d'exécuter ce dessein le plûtôt qu'il seroit possible. Après
« quoi chacun sortit selon son rang et avec beaucoup d'ordre
« pour éviter de nouveaux différents.

« La *Chaleur* ne fut que trop diligente. L'on sçût bientôt
« que M. Descartes avait une grosse fièvre avec un transport
« au cerveau ; Et quelques jours après l'on apprit qu'il étoit
« mort, sans que toutes les connaissances qu'il croïoit avoir
« acquis, eussent pû prolonger sa vie.

On voit que la destruction des formes substantielles qui

est le fond, au point de vue négatif, de la physique moderne, est ici entièrement attribuée à Descartes. Son rôle prépondérant dans le grand mouvement de la pensée, à cette époque, est du reste établi par nombre de faits considérables. Treize ans après la mort du philosophe, ses ouvrages furent condamnés par la congrégation de l'index *donec corrigantur*. Cette décision de la congrégation romaine fut, en France, le signal d'une guerre acharnée contre les nouvelles doctrines. L'Université sollicita un arrêt du Parlement contre l'enseignement des théories cartésiennes. Le premier président, Lamoignon, dit à Boileau que le Parlement serait obligé de rendre l'arrêt qu'on lui demandait. Boileau rédigea, en collaboration avec Racine et Bernier, un arrêt burlesque en faveur du maintien de la doctrine d'Aristote. Dans cet écrit, la Faculté de médecine, qui s'opposait à l'introduction du quinquina et autres remèdes inconnus à Aristote et à Hippocrate, n'est pas ménagée. En ce qui concerne notre objet, l'arrêt porte « qu'une inconnue nommée la Raison aurait entrepris d'en« trer par force dans les écoles de l'Université. . . . . , aurait « entrepris de diffamer et de bannir des écoles de philosophie « les formalités, matérialités, entités, virtualités, eccéités, « pétréités, polycarpéités et autres êtres imaginaires, tous « enfants et ayants cause de défunt maître Jean Scot, leur « père ; ce qui porterait un préjudice notable, et causerait la « totale subversion de la philosophie scolastique, dont elles « font tout le mystère, et qui tire d'elles toute sa subsistance, « s'il n'y était par la cour pourvu. . . . . La cour « ayant égard à la dite requête, a maintenu et gardé, main« tient et garde le dit Aristote en la pleine et paisible posses« sion et jouissance des dites écoles. . . . . remet les entités, « identités, virtualités, eccéités et autres pareilles formules « scotistes en leur bonne fame et renommée. . . . . enjoint « à tous régents, maîtres es-arts et professeurs d'enseigner « comme ils ont accoutumé. » Telle est, dans l'arrêt burlesque, la part faite, à côté des médecins et autres savants, « à certains quidams factieux » au nombre desquels sont signalés les Cartésiens. On voit se manifester ici, comme dans la conjuration de Stockholm, l'état général de l'opinion ; le sentiment juste que la question des formes substantielles était la question capitale dans les débats scientifiques de l'époque, et l'appréciation historique, non moins juste, que Descartes était l'un des principaux auteurs de la révolution scientifique qui les avait exclues. L'arrêt burlesque obtint son effet, et Lamoignon sut gré à Boileau de l'avoir empêché, en le faisant rire, de laisser rendre un arrêt qui aurait fait rire les autres (1). Le Parlement garda donc le silence ; mais, à défaut d'un acte du Parlement, un édit du roi défendit expressément aux cartésiens d'enseigner en France. Les professeurs attachés à la doctrine nouvelle n'eurent à choisir qu'entre la rétractation ou l'exil. Le cartésianisme avait une place forte dans la congrégation de l'Oratoire, qui avait produit Malebranche, et qui fut obligée de plier sous l'influence des jésuites devenus les adversaires principaux de la doctrine nouvelle. En 1678, une assemblée générale de cette congrégation dut accepter un concordat avec les jésuites dans lequel on lit : « Dans la physique l'on ne doit point s'éloigner de la « physique ni des principes de la physique d'Aristote, com- « munément reçus dans les collèges, pour s'attacher à la « doctrine nouvelle de Monsieur Descartes, que le Roy a dé- « fendu qu'on enseignât pour de bonnes raisons. L'on doit « enseigner : Qu'en chaque corps naturel il y a une forme « substantielle réellement distinguée de la matière ; Qu'il y a « des accidens réels et absolus inhérens à leurs sujets (2). » C'est le maintien de la physique ancienne par l'autorité d'un

1. Voir pour ce fait, et pour la persécution du Cartésianisme en général, Bouillier, *Histoire de la philosophie Cartésienne*, tome I chapitre XXII.

2. *Recueil de quelques pièces curieuses concernant la philosophie de M. Descartes.* — Amsterdam. 1684, pages 11 et 12.

édit royal ; et l'on voit que la nouvelle doctrine est attribuée entièrement à Descartes.

Après un temps de persécution, le triomphe du cartésianisme fut complet. Les fondements de la physique moderne étaient posés; il restait une œuvre double à accomplir : corriger les erreurs du fondateur, développer les conséquences des vérités qu'il avait découvertes.

LES ERREURS DE DESCARTES.

Une des erreurs considérables de Descartes est relative à la conception de la matière. Il en avait réduit l'idée à l'occupation d'une partie déterminée de l'espace. Le fait d'occuper une partie déterminée de l'espace, et par conséquent de résister aux autres corps qui tendraient à pénétrer dans le même lieu, est la manifestation d'une force. Cette force, Descartes est bien obligé de la supposer. « Le corps, dit-il, occupe « toujours une partie de l'espace tellement proportionnée à « sa grandeur, qu'il n'en saurait remplir une plus grande, « ni se resserrer en une moindre, ni souffrir que pendant « qu'il y demeure, quelque autre y trouve place (1). » On trouve ici, avec l'affirmation de la fixité absolue de l'espace occupé par les éléments de la matière, l'idée nécessaire de leur force de résistance. Mais cette idée de la résistance dans l'espace, qui est la notion vraie du corps, Descartes l'oublie, par l'effet de sa préoccupation exclusive des conceptions mathématiques ; il identifie le corps avec la conception géométrique de l'étendue figurée. Dans son système, le corps est identique à l'étendue et ne renferme rien de plus, en sorte que le vide est impossible et inconcevable. Aussi, à la question : qu'arriverait-il si toute la matière qui est dans un vase en était retirée sans qu'aucune autre y pénétrât ? il répond sans hésiter : « les côtés du vase se toucheraient (2). » Mar-

1. *Le monde*, chapitre VI.
2. *Principes*, II, 18.

guerite Perrier disait : « Feu M. Pascal, quand il voulait « donner l'exemple d'une rêverie qui pouvait être approuvée « par entêtement, proposait d'ordinaire l'opinion de Des- « cartes sur la matière et l'espace (1). » Cette fausse théorie a introduit directement un certain nombre d'erreurs dans la physique de Descartes. C'est ainsi par exemple que, de la négation du vide combinée avec l'idée de la fixité absolue de l'espace occupé par les corps, il conclut que la transmission de la lumière est instantanée. Ce qui a des conséquences plus graves, c'est que la conception purement géométrique de la matière le porte à franchir la ligne de démarcation qui sépare la physique des mathématiques. Il se persuade que la première de ces sciences peut se construire, comme la seconde, par un procédé purement déductif, en appliquant à un certain nombre d'idées *à priori* les lois de l'intelligence. Il en résulte qu'au lieu de considérer les fondements qu'il avait posés comme des principes directeurs pour des hypothèses constamment soumises au contrôle de l'expérience, il les prend pour la base de déductions immédiates. Il croit donc être en mesure de construire un système sans recourir à la voie lente de l'expérience, et il écrit, à la fin de ses *Principes de la philosophie*, cette déclaration hautaine : « Qu'il n'y a aucun « phénomène en la nature qui ne soit compris en ce qui a été « expliqué en ce traité (2). » Il avait marqué le but de la science et il croit l'avoir atteint. Cette conception de la méthode est la source principale de ses erreurs, et ses erreurs sont nombreuses.

Il y avait donc beaucoup à retoucher à l'ensemble de sa doctrine, et ce fut l'œuvre de ses successeurs. Huyghens précise la théorie des ondes lumineuses. Leibniz établit la différence entre la quantité de mouvement exprimée par mv, qui varie, et la force vive, exprimée par mv^2, qui se conserve, et

1. *Pensées de Pascal*, Edition Faugère, tome I, page 369.
2. *Principes*, IV. 199.

il traite ce sujet dans des pages où l'on sent percer un peu d'impatience causée par la servilité avec laquelle les cartésiens suivaient, même dans ses erreurs, le hardi novateur qu'ils avaient choisi pour maître (1). Leibniz corrige donc l'énoncé de Descartes, qui avait affirmé la conservation d'une égale quantité de mouvement; mais il le corrige sans modifier son affirmation fondamentale; car l'affirmation fondamentale de Descartes était la constance de l'action motrice universelle; et la conservation de l'égale quantité de mouvement était une déduction que, selon sa méthode vicieuse, il ne soumettait pas au contrôle de l'expérience. Leibniz corrige encore le maître, dont sous bien des rapports il subit l'influence, sur un point plus fondamental. Il rectifie la conception de la matière identifiée avec l'étendue figurée, pour rétablir la notion indispensable de la force en vertu de laquelle le corps résiste (2). Les monades qui sont, dans l'ordre physique, le seul qui m'occupe ici, des centres de forces, expriment une notion que Descartes avait eu le tort de nier, bien que, ainsi que nous l'avons vu, il fût obligé de la supposer dans toutes ses explications. Rétablir cette notion, c'était ouvrir à la théorie des atomes, entendue dans son sens le plus général, une porte que le cartésianisme tenait fermée.

Newton, placé à un point de vue moins spéculatif que celui de Leibniz, signale comme lui la force de résistance de la matière : *Materiæ vis insita est potentia resistendi* (3). En prenant pour base les observations de Tycho-Brahé et les lois découvertes par Képler, il établit le véritable système des mouvements du ciel en formulant la loi de la gravitation. Il

1. *Brevis demonstratio erroris memorabilis Cartesii.* — Œuvres de Leibniz. Edition Dutens, tome III page 180.
2. *Lettre sur la question si l'essence du corps consiste dans l'étendue*, insérée dans le *Journal des savants*, Juin 1691. — Edition Dutens, tome II, Partie 1, page 234.
3. *Principes*, Définition III.

rectifie ainsi les erreurs contenues dans le système des tourbillons. Enfin, en suivant la voie ouverte par Galilée, et en se rattachant à la partie saine des idées de Bacon, il rédige, en opposition aux tentatives d'explications *à priori*, les règles de la véritable méthode, et il les met en pratique. Les corrections du cartésianisme opérées par Newton sont donc fort importantes; mais il est facile de s'assurer que, pour la conception fondamentale de son œuvre, c'est-à-dire pour le principe de l'explication des phénomènes, il marche dans la voie ouverte par Descartes. « Descartes, dit Laplace, essaya « le premier de ramener à la mécanique les mouvements des « corps célestes (1). » Newton écrit lui-même en tête de la préface de ses *Principes :* « Les anciens, comme nous l'ap- « prend Pappus, firent beaucoup de cas de la mécanique « dans l'interprétation de la nature, et les modernes ont « enfin, depuis quelque temps, rejeté les formes substan- « tielles et les qualités occultes, pour rappeler les phéno- « mènes naturels à des lois mathématiques. On s'est proposé « dans ce traité de contribuer à cet objet, en cultivant les « mathématiques en ce qu'elles ont de rapport avec la philo- « sophie naturelle. » On a reproché à Newton d'avoir omis dans ce passage le nom de Descartes, qui fut incontestablement le principal auteur de la révolution scientifique qui avait rejeté les formes substantielles et les qualités occultes pour ramener l'explication des phénomènes naturels à des considérations mécaniques.

Newton, en suivant Descartes pour le mode d'explication des phénomènes, corrige les vices de la construction de ce philosophe en ce qui concerne l'astronomie. D'autres savants corrigent ses erreurs de mécanique et de physique spéciale. Le catalogue de ces corrections nécessaires serait long; mais cela ne détruit pas le fait que Descartes, plus que tout autre,

1. *Exposition du système du monde,* Livre V chapitre 5.

a fixé l'objet des recherches physiques et la direction de la science. Lorsqu'on a retiré le minerai d'or du sein de la terre, il est souvent nécessaire de l'épurer; mais ce travail d'épuration ne détruit pas le mérite de celui qui a tiré l'or de la mine. M. Joseph Bertrand remarque, à propos de la mécanique spécialement, que Descartes a émis des assertions inexactes, mais, ajoute-t-il, « à ces assertions fausses se mêlent des vérités « grandes et fécondes qui dominent aujourd'hui la science. » (1) Découvrir les idées qui dominent la science, c'est le caractère propre des fondateurs. M. Bertrand dit encore : « Le temps, « on peut en être certain, débarrasse les idées grandes et nou« velles des imperfections qui s'y trouvent associées. » (2) Des esprits de deuxième ordre, se livrant au travail de la réflexion et de l'expérience, suffisent pour corriger les erreurs d'une doctrine; mais rabaisser l'œuvre d'un génie inventeur parce qu'il n'a pas immédiatement porté la science au point où ses successeurs ont pu la conduire, en suivant une impulsion qui procédait de lui, serait une injustice manifeste.

DÉVELOPPEMENT DE LA PHYSIQUE CARTÉSIENNE.

En même temps que les progrès de la science rectifiaient les erreurs de Descartes, ils développaient les vérités découvertes par lui. Ce développement peut être divisé en deux périodes. Dans la première, c'est la mécanique des masses, et spécialement l'astronomie, qui se perfectionne. En passant par Leibniz, Newton et la série des grands géomètres du XVIIIe siècle, on arrive à Laplace qui reconnaît expressément que son œuvre est le couronnement d'un édifice dont Descartes a posé les fondements. Képler et Galilée, bien qu'il n'aient pas affirmé avec une netteté complète le mécanisme des phénomènes et la loi d'inertie dans toute sa généralité, ont, au dé-

1. *Journal des Savants,* Juin 1874, page 413.
2. *Journal des Savants,* Juin 1874, page 418.

but de cette période, et au point de vue spécial de l'astronomie, une importance égale à celle de Descartes.

La seconde période a pour caractère la tentative faite pour ramener aux lois de la mécanique et à l'unité de la matière tous les phénomènes physiques et chimiques, le mouvement des molécules des corps pondérables et ceux de l'éther. Ceci est spécialement et presque exclusivement cartésien. Boyle avait travaillé dans ce sens. Leibniz le loue de ce que « son capital « était d'inculquer que tout se fait mécaniquement dans la phy- « sique », puis il ajoute : « c'est un malheur des hommes de se « dégoûter enfin de la raison même, et de s'ennuyer de la lu- « mière » (1). En effet, la direction imprimée aux recherches par Boyle ne fut pas immédiatement suivie. Il est juste d'observer, pour réduire à sa valeur le blâme prononcé par Leibniz, qu'à cette époque il manquait deux des conditions nécessaires pour que le programme cartésien pût être rempli. L'une de ces conditions était un nombre suffisant d'observations en physique, et l'extension que devaient prendre les données de la chimie expérimentale sous l'impulsion de Lavoisier. L'autre était le calcul infinitésimal, s'il est vrai, comme le dit Biot (2), que « presque « toutes les questions de physique ne sont pour ainsi dire « accessibles que par les considérations tirées des infiniment « petits ». C'est dans la première partie du XIXe siècle que s'ouvre véritablement la seconde période du développement de la physique cartésienne ; c'est alors que l'on entrevoit et que l'on arrive à proclamer, avec une certaine assurance, la possibilité de ramener la physique entière à la mécanique. Ce mouvement est loin de son terme, ainsi que je l'ai indiqué dans ma première étude. Le danger aujourd'hui est de retomber dans l'illusion de Descartes, et de croire que l'on a trouvé ce qu'il faut chercher. Laplace, dont l'œuvre est le couronnement de la première période cartésienne, a indiqué en ces termes,

1. *Réponses à Clarke*, Cinquième réponse, § 114.
2. Article Leibniz dans la *Biographie universelle*.

au début de son *Essai sur les probabilités*, le but des travaux de la seconde période. « Une intelligence qui, pour un ins-
« tant donné, connaîtrait toutes les forces dont la nature est
« animée et la situation respective des êtres qui la composent,
« si d'ailleurs elle était assez vaste pour soumettre ces données
« à l'analyse, embrasserait dans la même formule les mouve-
« ments des plus grands corps de l'univers et ceux du plus
« léger atome : rien ne serait incertain pour elle, et l'avenir,
« comme le passé, serait présent à ses yeux. L'esprit humain
» offre dans la perfection qu'il a su donner à l'astronomie une
« faible esquisse de cette intelligence. » Laplace aborde le même sujet dans son *Exposition du système du monde* (1) :
« En voyant toutes les parties de la matière soumises à l'ac-
« tion des forces attractives dont l'une s'étend indéfiniment
« dans l'espace, tandis que les autres cessent d'être sensibles
« aux plus petites distances perceptibles à nos sens, on peut
« se demander si ces dernières forces ne sont pas les pre-
« mières modifiées par les figures et les distances mutuelles
« des molécules des corps. . . . .
« . . . . Les affinités dépendraient alors de la forme des
« molécules intégrantes et de leurs positions respectives ; et
« l'on pourrait, par la variété de ces formes, expliquer toutes
« les variétés des forces attractives, et ramener ainsi à une
« seule loi générale tous les phénomènes de la physique et
« de l'astronomie. Mais l'impossibilité de connaître les figures
« des molécules et leurs distances mutuelles, rend ces ex-
« plications vagues et inutiles à l'avancement des sciences. »

Depuis l'époque où Laplace traçait ces lignes, on possède, ou on entrevoit des explications moins vagues et plus utiles à l'avancement des sciences. Toutefois M. Helmholtz disait au congrès des naturalistes allemands réuni à Inspruck, en 1869 :
« Tout, dans la nature extérieure, se réduit à un changement

1. Livre IV, chapitre XVIII.

« de forme dans l'agrégat des éléments chimiques éternelle-
« ment invariables, à des différences de composition, de dis-
« tribution, de structure des corps que ces éléments consti-
« tuent. De quelque manière qu'ils se présentent, ils restent
« essentiellement les mêmes. En d'autres termes, il n'y a de
« changement possible dans la nature, que la distribution et
« l'arrangement divers des éléments dans l'espace, ce qui
« revient à un *mouvement*. Et il s'ensuit que, si tous les chan-
« gements sont des mouvements, les forces qui produisent
« ces changements ne peuvent être que des forces méca-
« niques. Mais ce résultat de la chimie ne s'est accompli que
« lentement ; on est loin d'avoir ramené réellement toutes les
« actions naturelles à une action primitive de mouvement. . .
« . . . . La variété et la complication multiple de
« ces actions, l'impossibilité de les observer directement, sont
« autant d'obstacles qui empêchent d'arriver à la forme pre-
« mière du mouvement. C'est une œuvre dont la réalisation
« est réservée à un avenir encore lointain et que la génération
« présente ne verra peut-être pas » (1). M. Marignac se pro-
nonçait dans le même sens, en 1870. En parlant de l'affinité et
des dégagements de chaleur qui accompagnent les combinaisons, il observait qu'il est bien des questions « dont la solu-
« tion nous échappe encore entièrement » (2).

Nous marchons d'un pas ferme et quelquefois rapide vers le but indiqué par Descartes. Tout porte à espérer que la science contemporaine est dans la bonne voie; mais les réserves de la prudence sont utiles à formuler à une époque où l'esprit systématique se réveille avec une extrême énergie, et où des penseurs plus hardis que prudents parlent quelquefois comme si nous avions accompli déjà l'œuvre dont M. Helmholtz a la sagesse de réserver l'achèvement aux générations futures.

1. *Revue des cours scientifiques* du 8 janvier 1870.
2. *Archives des sciences physiques et naturelles* de décembre 1870, page 676.

Les principes fondamentaux de la science acceptés par nos contemporains étant ceux que Descartes a posés, comment se fait-il qu'on fasse si souvent dater la découverte de ces principes du siècle actuel? Un fait historique fournira la réponse à cette question.

OBSCURCISSEMENT DES THÉORIES GÉNÉRALES DE LA PHYSIQUE.

Entre les deux périodes du développement de la physique cartésienne, et tandis que la science faisait des progrès considérables dans l'analyse des phénomènes et dans l'établissement des lois expérimentales, il s'est produit un obscurcissement dans l'idée fondamentale de la théorie de la matière. Cette éclipse a duré un siècle environ : depuis l'année 1720 où Privat de Molière obtenait encore les applaudissements des auditeurs du collége de France en défendant les bases de la doctrine cartésienne, jusqu'à l'année 1820 où la découverte d'Oersted sur les rapports de l'électricité et du magnétisme, succédant aux travaux de Fresnel sur la nature de la lumière, ramenait les esprits à la conception d'un fluide unique dont les mouvements divers produisent la variété des phénomènes. Ce recul de la pensée dans la théorie générale de la nature s'explique par deux causes étroitement unies: les erreurs de Descartes et une méprise du monde savant. Les corrections apportées par Leibniz aux théories cartésiennes ne touchaient aux bases de ces théories que pour les affermir en en rectifiant l'énoncé. L'action exercée par Newton eut un autre caractère. Newton opposait aux explications fausses du système des tourbillons l'explication véritable des mouvements du ciel par la loi de la gravitation. Il opposait à la méthode *a priori* les vrais procédés de la science expérimentale. C'est à l'occasion de ces erreurs corrigées que se forma dans la plupart des intelligences une énorme méprise. Newton avait découvert la loi des phénomènes astronomiques; mais, en établissant la loi de la gravitation, il n'avait point prétendu en indiquer la cause, et il soupçonna que cette cause pouvait se trouver dans l'action d'un fluide éthéré enveloppant la matière pondérable, conception qui pour le fond était celle de Descartes (1). On ne le comprit pas, malgré toutes les précautions qu'il avait prises pour être compris, et les Newtoniens, infidèles à la pensée de leur maître, admirent que l'attraction était une force inhérente à la matière, et qu'en vertu de cette force les corps agissaient les uns sur les autres à travers le vide, idée que Newton avait formellement répudiée (2). On opposa donc, non pas la loi de Newton à quelques-unes des affirmations de Descartes, ce qui était juste, mais la gravitation, conçue comme cause première des phénomènes, à la doctrine de l'action du fluide universel sur les corps pondérables, ce qui n'avait aucune raison d'être. Les derniers cartésiens: Privat de Molière, Fontenelle, Mairan, firent de vains efforts pour montrer que la loi mathématique des mouvements des astres était une vérité d'un autre ordre que les théories relatives aux causes physiques de ces mouvements, et que, la loi étant admise, la recherche des causes pouvait continuer dans le sens indiqué par Descartes (3). On confondit tout ce qu'il fallait distinguer : l'établissement des lois et la théorie des causes; les erreurs de détail de Descartes et les idées essentielles dont les erreurs de détail n'établissaient pas la fausseté; le vice de la méthode *a priori* et la détermination de l'objet de la science qui devait fournir le principe directeur des hypothèses. On avait de bonnes raisons pour rejeter en grande partie la

1. *Optique*. Question XXI.
2. Lettre au docteur Bentley.
3. Bouillier. *Histoire de la philosophie Cartésienne*, tome II, chapitre XXIV.

construction de Descartes, et on rejeta sans raison les *fondements*, que les défauts de la construction n'invalidaient pas. La théorie générale de la matière s'obscurcit. Si l'on admet que la physique moderne est vraie, il faut dire, sans hésiter, que la vérité recula.

Les Newtoniens abritèrent sous le nom de leur maître des erreurs qu'il avait repoussées. Le maître avait pris un véritable luxe de précautions, je viens de le dire, pour qu'on ne lui attribuât pas l'idée de l'action des corps à distance, et la pensée que la pesanteur est une propriété essentielle de la matière. Cependant, dès 1713, et dans la préface même d'une édition des *Principes* de Newton, Côte affirme que la pesanteur est une propriété primitive des corps, aussi bien que leur étendue et leur mobilité (1). Cette affirmation n'est pas soutenable. Il est possible que la gravitation demeure pour la science une donnée première au delà de laquelle elle ne pourra pas remonter; mais sans l'étendue et la mobilité, le corps nous devient inconcevable, ce qui n'est pas le cas pour la pesanteur. L'inhérence de la pesanteur, au lieu de demeurer une théorie discutable, devint, dans la nouvelle école, une affirmation incontestée, et comme un lieu commun.

Newton admet l'existence d'un milieu éthéré, subtil, qu'il appelle éther, comme nous l'appelons aujourd'hui. « Ce milieu, dit-il, n'est-il pas infiniment plus rare et plus subtil « que l'air, et excessivement plus élastique et plus actif? « Ne pénètre-t-il pas facilement tous les corps? et par sa force « élastique ne se répand-il point dans tous les cieux? (2) » Côte veut bannir de l'univers « cette matière subtile qui ne « doit son existence qu'à l'imagination, et la faire rentrer « dans le néant dont on l'avait tirée (3). » L'école suit l'opi-

1. *Principes de Newton* — traduction française. Préface de M. Côte page 29.
2. *Optique*. Question XVIII.
3. Préface aux *Principes* de Newton, page 34.

nion de Côte, et « c'est un des principaux dogmes de la phi-« losophie newtonienne » (en pleine contradiction avec la pensée de Newton) « que l'immensité de l'univers ne ren-« ferme point du tout de matière dans les espaces qui se « trouvent entre les corps célestes (1) ». Quelle est à ce sujet l'opinion actuelle? L'existence de l'éther est à la base de toutes les théories de la physique contemporaine, et M. Lamé, à la fin de ses *Leçons sur l'élasticité* déclare que « l'existence du fluide éthéré est incontestablement démontrée. » Si la science moderne ne fait pas fausse route, les newtoniens ont donc eu tort dans leur polémique contre les cartésiens au sujet du fluide éthéré. En ceci les newtoniens contredisaient Newton; mais il y a trois erreurs qui restent imputables à ce grand homme.

La première de ces erreurs est l'idée que la force se perd. Newton se demande, en excluant l'idée d'une disposition de la matière qui soit cause qu'elle fasse ressort, ce qui arrivera « si deux corps égaux allant directement l'un vers l'autre avec « des vitesses égales se rencontrent dans le vide. » Il répond : « Ils s'arrêteront à l'endroit où ils viendront à se rencontrer, « perdront tout leur mouvement et demeureront en repos.(2) » Descartes, se posant le même problème, l'avait résolu dans un sens directement contraire : « Si deux corps étaient exactement « égaux et se mouvaient d'égale vitesse en ligne droite l'un « vers l'autre, lorsqu'ils viendraient à se rencontrer, ils « rejailliraient tous deux également et retourneraient chacun « vers le côté d'où il serait venu, sans perdre rien de leur « vitesse. (3) » Pour entendre le problème, qui est purement théorique, il faut supposer deux éléments primitifs de la matière, deux atomes, ce qui empêche de chercher l'équivalent du mouvement de translation dans un mouvement moléculai-

1. Euler. *Lettres à une princesse d'Allemagne*. Partie I. Lettre 18.
2. *Optique*. Question XXXI.
3. *Principes*. II, 46

re interne. Si l'on accepte le problème posé dans ces termes, il faut renoncer au principe de la conservation de l'énergie, ou admettre que Descartes avait raison et que c'est Newton qui se trompait. Les deux opinions opposées entrèrent directement en lutte. En 1715 Clarke soutint contre Leibniz l'opinion que deux corps destitués d'élasticité, se rencontrant avec des forces contraires et égales, perdent leur mouvement. Voici la réponse de Leibniz : « On m'objecte que deux corps « mous, ou non élastiques, concourant entr'eux, perdent « leurs forces. Je réponds que non. Il est vrai que les Touts la « perdent par rapport à leur mouvement total ; mais les « parties la reçoivent, étant agitées intérieurement par la « force du concours. Ainsi ce défaut n'arrive qu'en apparence. « Les forces ne sont pas détruites, mais dissipées parmi les « parties menues. Ce n'est pas les perdre, mais c'est faire « comme font ceux qui changent la grosse monnaie en petite. « Je demeure cependant d'accord que la quantité de mouve- « ment ne demeure point la même ; mais j'ai montré ailleurs « qu'il y a de la différence entre la quantité du mouvement « et la quantité de la force. (1) » La comparaison de la grosse monnaie changée en petite est ingénieuse, et un professeur de physique ne dirait pas mieux de nos jours. La correction du système de Descartes, à laquelle Leibniz fait allusion, est la substitution de la formule des forces vives mv^2 à celle de la quantité de mouvement mv. Les Newtoniens ne se rendirent pas ; et voici une page instructive pour l'histoire de la science, page dans laquelle Maclaurin, en exposant les découvertes de Newton, condamne, comme on le fit généralement à la fin du XVIIIe siècle, la base essentielle des théories modernes : la conservation de l'énergie, et l'équivalence des mouvements de l'éther aux mouvements mécaniques.

« Descartes soutenait que la quantité de mouvement était

1. *Réponses à Clarke.* — Cinquième réponse, § 38.

« toujours la même dans l'univers. M. Leibniz fit une « distinction entre la quantité de mouvement et la force « des corps. Il avoue que la première varie, mais il sou- « tient que la quantité de force est toujours la même dans « l'univers. Il n'y a cependant aucune doctrine plus op- « posée à l'expérience et aux observations les plus com- « munes, quand même on mesurerait la force des corps par « les carrés des vitesses, comme il le prétend. Si tous les « corps dans le monde avaient une élasticité parfaite, on « pourrait avoir quelque raison de soutenir ce principe. Mais « on n'en a jusqu'à présent découvert aucun dont l'élasticité « fût parfaite ; et lorsque deux corps se rencontrent avec des « mouvements égaux, ils rejaillissent avec des moindres mou- « vements, et il y a toujours quelque force perdue par le choc. « Si les corps sont mous, ils s'arrêtent tous deux à cause de « l'impénétrabilité de leurs parties ; ou pour parler dans le « style favori de cet auteur, parce qu'il n'y a pas de raison « suffisante, pourquoi l'un d'eux prévaudrait plutôt que « l'autre. Dans ce cas, tout leur mouvement est perdu ; et « le mouvement de l'un étant détruit par le mouvement op- « posé de l'autre, c'est sans fondement, et simplement pour « sauver une hypothèse, qu'on imagine un fluide qui reçoit et « retient la force de ces corps. (1) »

La seconde affirmation de Newton que l'on doit considérer comme une erreur, si l'on admet que la science contemporaine a raison, est que le mouvement des planètes offre certaines irrégularités, qui doivent augmenter, jusqu'à ce que le système du monde ait besoin d'être réformé par une intervention spéciale de la puissance créatrice (2). Leibniz réfute cette opinion par des arguments tout à fait cartésiens. « M. Newton, dit-il, croit que la force de l'univers va en

1. Maclaurin. *Exposition des découvertes philosophiques de M. le Chevalier Newton*, Livre I, chapitre IV, page 88.
2. *Optique*. Question XXXI, vers la fin.

« diminuant, comme celle d'une montre, et a besoin d'être « rétablie par une action particulière de Dieu ; au lieu que je « soutiens que Dieu a fait les choses d'abord, en sorte que la « force ne saurait se perdre. (1) » Maclaurin lui reproche cette opinion avec assez de vivacité (2). Nous considérons cependant la théorie de la stabilité du monde, due aux travaux de Laplace, comme une des conquêtes de l'astronomie moderne. Laplace, à la vérité, ne conteste pas que l'organisation actuelle du monde peut être détruite par des causes naturelles (3), et il ouvre ainsi la porte à l'hypothèse récente de M. Clausius sur les conséquences des lois de la chaleur ; mais la question agitée, à l'époque de Maclaurin, était celle d'un trouble de notre système résultant de l'attraction mutuelle des astres ; et, sur ce point, les calculs de la mécanique céleste ont donné raison à Leibniz.

La troisième erreur de Newton est d'avoir nié la doctrine des ondulations lumineuses établie par Huyghens dans la direction de la pensée de Descartes, et d'avoir adopté la théorie de l'émission qui était celle de Galilée. « Les rayons de lu- « mière, dit-il, ne sont-ce pas de fort petits corpuscules « élancés ou poussés hors des corps lumineux ? (4) » Il est à remarquer que les affirmations du maître, sur ce sujet, sont moins explicites que celles de ses disciples ; et Newton adopta peut-être la théorie de l'émission, moins comme l'expression de la réalité, que comme une hypothèse qui se prêtait facilement au calcul. Quoi qu'il en soit, il est incontestable que la négation de la théorie de l'ondulation fut placée sous l'autorité de son nom, et cette négation, du reste, s'imposait forcément à l'école qui affirmait le vide absolu des espaces contenus entre les corps célestes. Cette doctrine qui

1. *Lettre à M. Bourguet*, Edition Dutens, tome II, page 335.
2. *Exposition des découvertes de Newton*. Livre I, chapitre IV, page 87.
3. *Exposition du système du monde*, à la fin.
4. *Optique*. Question XXIX.

faisait de la lumière un agent spécial, une réalité substantielle, eut une grande importance. Les savants furent conduits par là à l'idée des propriétés spécifiques de diverses espèces de corps, propriétés indéterminables autrement que par les effets qu'elles produisent sur les êtres capables de sentir. C'était renoncer aux explications mécaniques et, au fond, c'était un retour à l'ancienne physique ; car ces propriétés spécifiques indéterminables ont une grande ressemblance avec les formes substantielles et les causes occultes.

En même temps que les erreurs de Newton modifiaient dans un sens fâcheux la direction des recherches, quelques Leibniziens tiraient de la métaphysique de leur maître la négation de la loi d'inertie, en attribuant à la matière une tendance « à changer continuellement son propre état. (1) » Une double fumée sortait ainsi de deux grands foyers de lumière. On peut donc affirmer qu'à la fin du XVIIIe siècle, tandis que le développement mathématique des vérités découvertes par Képler, Galilée et Newton, faisait des progrès considérables, tandis que la partie expérimentale de la science s'enrichissait sans cesse, principalement par l'organisation scientifique de la chimie, les conceptions fondamentales de la physique furent obscurcies. Le triomphe des Newtoniens fut complet, et l'assurance avec laquelle ils affirmaient qu'ils avaient seuls raison, sur des points où nous les jugeons aujourd'hui dans l'erreur, est de nature à nous rendre prudents dans l'emploi que nous faisons souvent de la *science moderne* comme d'une autorité indiscutable.

L'explication mécanique des phénomènes naturels se maintint, au XVIIIe siècle, dans l'école matérialiste. On pouvait lire dans le *Système de la nature* du baron d'Holbach : « L'univers, ce vaste assemblage de tout ce qui existe, ne

1. Euler. *Lettres à une Princesse d'Allemagne*. Partie II., Lettre 5 et 8.

« nous offre partout que de la matière et du mouvement (1) ». Mais, dans cette théorie, on méconnaît la base essentielle des travaux de Descartes : la distinction des phénomènes corporels et des phénomènes spirituels (2). Il faut donc, ou soutenir l'insoutenable paradoxe que les faits psychiques ne sont que des mouvements, ou attribuer à la matière une puissance de produire autre chose qu'elle-même, ce qui est le contraire de la doctrine de l'inertie. Le renouvellement pur et simple des idées de Démocrite et d'Epicure n'était point le prolongement naturel et légitime des grandes théories du XVIIe siècle.

Dans la période de recul de la conception fondamentale de la physique, quelques hommes maintiennent la tradition cartésienne. Daniel Bernouilli développe la théorie de la constance de la force ; Euler défend l'hypothèse de l'éther et la théorie des ondulations ; il s'oppose au retour des causes occultes reparaissant sous la forme de propriétés spécifiques inhérentes à la matière. (3)

Ce ne furent là que des exceptions. Dans la physique généralement admise au commencement de notre siècle, on avait oublié le principe de la conservation de l'énergie ; on attribuait les phénomènes divers à des agents distincts ; on ne cherchait pas à établir de relations directes entre les actions physiques et les affinités chimiques. Des principes fondamentaux établis à l'époque de Descartes, la loi d'inertie était demeurée seule à l'abri de toute contestation, ce qui doit être attribué surtout à la solidité reconnue du système astronomique. Les choses ont changé de face, depuis soixante ans environ.

1. Partie I, chapitre 1.
2. Cette distinction a été rappelée par M. Du Bois-Reymond avec une lucidité digne d'un disciple de Descartes. — Voir la *Revue scientifique* du 10 octobre 1874.
3. *Lettres à une Princesse d'Allemagne.* Partie I. Lettre 68.

RENAISSANCE DE LA PHYSIQUE CARTÉSIENNE.

En 1818, Fresnel rétablit la théorie des ondulations lumineuses. Les découvertes d'Oersted sur les rapports de l'électricité et du magnétisme, découvertes fécondées par le génie d'Ampère, datent de 1820. En 1828, Auguste de la Rive constate les antécédents chimiques de la production de l'électricité voltaïque. En 1842, Robert Mayer, et presque simultanément Joule et d'autres savants, fondent la théorie mécanique de la chaleur. Ces grandes innovations scientifiques ne sont pas sans précédents. En 1798, Rumford avait émis la pensée que la chaleur n'était qu'un mouvement, et l'avait confirmée par quelques expériences. On lit dans l'ouvrage de M. Séguin intitulé *De l'influence des chemins de fer :* « Mongolfier m'a communiqué, lorsque j'étais bien jeune « encore, l'opinion bien arrêtée dans laquelle il était qu'il « existe une véritable identité entre le calorique et la puis- « sance mécanique qu'il sert à développer, et que les deux « effets ne sont que la manifestation apparente à nos sens « d'un seul et même phénomène. (1) » Joseph Mongolfier est mort en 1810, en sorte que la communication de ses idées à M. Séguin, son neveu, date des premières années de notre siècle.

De cet ensemble de découvertes et de travaux sont sorties : la doctrine de la nature purement mécanique des phénomènes matériels ; l'hypothèse de l'éther, fluide unique au moyen duquel s'accomplissent les transformations des mouvements ; enfin la théorie de la conservation de l'énergie ; mais c'est à tort que l'on considère ces grandes idées, dont les travaux contemporains fournissent peu à peu la confirmation, comme appartenant à notre siècle. Pour leurs principes généraux, et

1. *Journal des Savants* de juin 1874, page 416. L'ouvrage de M. Séguin est de 1839.

abstraction faite des erreurs de détail, toutes ces idées sont nettement exposées dans les œuvres de Descartes. L'ambition la plus haute de la physique contemporaine est de réaliser le programme qu'il a tracé d'une main ferme, et qu'il a cru avoir rempli parce qu'il l'avait tracé. Faraday « ne « voyait dans l'univers qu'une seule force obéissant à une seule volonté. (1) » C'est précisément la pensée qui a guidé Descartes dans sa lutte contre les formes substantielles. M. Helmholtz affirme que « ce qu'il nous faut chercher en der- « nier ressort, c'est l'explication des lois du mouvement », et que, au sein des indécisions de la science, il est pourtant une loi qu'on peut affirmer : « la loi de la conservation de la « force (2) » Ce sont là des thèses que Descartes aurait signées, parce qu'il les avait expressément formulées. Si ce philosophe avait pu assister au congrès de l'association française pour l'avancement des sciences, réuni à Lille, en 1874, et entendre M. Würtz, il aurait appris que « c'est dans le « mouvement des atomes et des molécules que l'on cherche « aujourd'hui, non-seulement la source des forces chimiques, « mais la cause des modifications physiques de la matière, « des changements d'état qu'elle peut éprouver, des phéno- « mènes de lumière, de chaleur, d'électricité dont elle est le « support. » Il aurait entendu proclamer, par une bouche des plus autorisées, que la puissance de mouvement passe d'un corps à un autre et se manifeste sous des formes différentes, « mais que jamais nous ne la voyons disparaître ou « faiblir. » (3) Pour tout ce qui est détail, précision, théories spéciales, Descartes sans doute aurait dû s'asseoir comme un humble écolier aux pieds du savant doyen de la faculté de médecine de Paris ; mais pour la direction à donner aux recherches et la conception générale des phénomènes physi-

1. *Eloge historique de Michel Faraday*, par M. Dumas.
2. *Revue des cours scientifiques*, du 8 janvier 1870.
3. *Revue scientifique* du 22 août 1874, pages 174 et 175.

ques, il aurait eu le droit, ses œuvres à la main, de revendiquer comme siennes les grandes pensées qui dominent la science contemporaine. Prenez un papier divisé en deux colonnes. Ecrivez d'un côté les affirmations les plus générales de la physique actuelle, vous pourrez mettre de l'autre côté les mêmes affirmations extraites des œuvres de Descartes et de ses successeurs immédiats. Vous constaterez facilement ainsi que les théories que nous considérons comme nouvelles, sont simplement renouvelées. Le XVIIe siècle les a inventées, le nôtre, aidé des travaux du XVIIIe, les confirme, par des inductions expérimentales fondées sur un riche trésor d'observations. On dit quelquefois : « Ce n'est rien d'avoir une « idée, le tout est de la démontrer. » Cette manière de penser appelle une réflexion bien simple. On peut avoir une idée avant qu'il soit possible de la démontrer ; mais comment démontrer une idée que l'on n'aurait pas ? Avoir une idée fausse n'est rien sans doute ; découvrir une idée vraie est la condition première des progrès de la science. Si Colomb avait péri avant d'aborder aux rivages du Nouveau-Monde, en léguant sa pensée à quelque navigateur plus heureux, en serait-il moins l'auteur de la découverte de l'Amérique ? L'idée une fois émise, un capitaine de vaisseau quelconque pouvait la confirmer ; mais pour la confirmer, il fallait qu'elle fût émise. Les principes fondamentaux de la physique moderne ont été proclamés au XVIIe siècle, et ils n'ont pas été découverts de nouveau, à notre époque, d'une manière indépendante de leur émission première. Les savants nos contemporains, ont subi l'influence de leurs illustres devanciers, les uns sans le savoir, d'autres en s'en rendant compte. Fresnel, par exemple, dans l'introduction de son *Mémoire sur la diffraction de la lumière*, déclare que la théorie qu'il adopte et soutient est, par opposition aux idées de Newton, la doctrine de Descartes, de Hooke, de Huyghens et d'Euler. Notre époque est celle des développements de la science et des applications à l'industrie; mais l'opinion qui fixe au XIXe siècle l'origine des principes généraux de la physique moderne est une erreur comparable à celle d'un géographe qui placerait les sources du Rhône à Bellegarde, au lieu où les eaux du fleuve, momentanément cachées sous la surface du sol, reparaissent à la lumière.

La renommée de Descartes a subi des phases parallèles aux destinées de sa doctrine. Lorsqu'il substitua ses claires explications aux théories obscures des formes substantielles, il excita un véritable enthousiasme. Le monde savant fut doublement ébloui par la vérité de ses idées fondamentales, et par l'audace de son système. Ses erreurs mêmes, comme le remarque Laplace (1), avaient un caractère grandiose qui favorisa leur succès. On crut, comme il l'avait cru lui-même, que l'explication universelle de la nature était découverte, et que la construction de la science était à peu près achevée. Ce ne furent pas seulement des savants qui s'enrôlèrent sous la bannière de la philosophie nouvelle, mais des gens du monde de l'un et de l'autre sexe. La Fontaine se fit l'organe de ce grand courant d'opinion en écrivant:

Descartes, ce mortel dont on eût fait un dieu
Chez les païens, et qui tient le milieu
Entre l'homme et l'esprit, comme entre l'huître et l'homme,
Le tient tel de nos gens, franche bête de somme. (2)

Pascal distingua nettement la part vraie du cartésianisme, c'est-à-dire la détermination de l'objet de la science, et les explications de détail qui s'écartaient de la vérité. « Il faut « dire en gros : cela se fait par figure et mouvement ; car cela « est vrai. Mais de dire quels et composer la machine, cela est « ridicule, car cela est inutile et incertain et pénible (3). » Ce que Pascal distingue ici, avec un accent de mauvaise humeur

1. *Exposition du système du monde*. Livre V, ch. V.
2. Fable I du livre X.
3. *Pensées*, Edition Faugère. Tome. I, page 181.

qui n'est point justifié, c'est précisément ce qu'on allait confondre. On rejeta les principes fondamentaux du cartésianisme, parce que le système des tourbillons se trouvait inexact. Le triomphe des newtoniens amena dans l'opinion une réaction aveugle contre la réputation de Descartes. Maclaurin emploie, en parlant du système cartésien, le terme de *rhapsodie*. (1)

Voltaire, témoin de l'éclipse que subissait une grande gloire, parle

De ce maître René qu'on oublie aujourd'hui. (2)

Il y a dans ce vers comme un accent de mélancolie, et un hommage pour le grand homme oublié; mais l'impitoyable railleur écrit en un autre endroit :

Il a gravement débité
Un tas brillant d'erreurs nouvelles,
Pour mettre à la place de celles
De la bavarde antiquité.

La physique et la métaphysique cartésiennes furent également méprisées, et leur auteur fut considéré comme ayant écrit un double roman, celui de l'âme et celui de la nature. A mesure que la renommée de Decartes s'obscurcissait, celle de Bacon brillait d'un éclat toujours plus vif. Il était devenu à la mode de lui décerner « des éloges en quelque sorte fanatiques, « en tête de chaque préface, dans tout livre de physique, « de physiologie et de philosophie. (3) » On peut fixer le point extrême de ce mouvement de l'opinion à l'époque des écoles normales, lorsque le professeur Garat, pour fermer la bouche à St-Martin, qui lui posait quelques objections, lui jeta à la face, à peu près comme une injure, l'épithète de cartésien (4). Il est juste de remarquer que

1. *Exposition des découvertes de Newton*, page 69.
2. Les Systèmes dans les *Satires*.
3. *Portraits littéraires* par Sainte-Beuve. — Joseph de Maistre.
4. Voir *les Ecoles normales, livre national*. Déba tome III, pages 18 à 23.

Condorcet résista à cet entraînement général et maintint avec beaucoup de fermeté la place de Descartes. Voici comment il s'exprime :

« Se bornant exclusivement aux sciences mathématiques « et physiques, Galilée ne put imprimer aux esprits le « mouvement qu'ils semblaient attendre. Cet honneur « était réservé à Descartes, philosophe ingénieux et hardi. « Doué d'un grand génie pour les sciences, il joignit l'exemple au précepte, en donnant la méthode de trouver, de « reconnaître la vérité. Il en montrait l'application dans la « découverte des lois de la dioptrique, de celle du choc des « corps, enfin d'une nouvelle branche de mathématiques, qui « devait en reculer toutes les bornes. Il voulait étendre sa « méthode à tous les objets de l'intelligence humaine; Dieu, « l'homme, l'univers étaient tour à tour le sujet de ses méditations. Si dans les sciences physiques sa marche est moins « sûre que celle de Galilée, si sa philosophie est moins sage « que celle de Bacon, si on peut lui reprocher de n'avoir pas « assez appris par les leçons de l'un, par l'exemple de l'autre « à se défier de son imagination, à n'interroger la nature que « par des expériences, à ne croire qu'au calcul, à observer « l'univers au lieu de le construire, à étudier l'homme, au « lieu de le deviner; l'audace même de ses erreurs servit aux « progrès de l'espèce humaine. Il agita les esprits que la « sagesse de ses rivaux n'avait pu réveiller (1) ».

Nous avons vu que Laplace attribue expressément à Descartes la conception et l'origine de l'astronomie mécanique dont il devait poser le couronnement. M. Biot lui rapporte, d'une manière plus générale, la conception d'une physique mécanique : « Au milieu de toutes les erreurs de Descartes, il « ne faut pas méconnaître une grande idée qui consiste à avoir

1. *Esquisse d'un tableau historique des progrès de l'esprit humain.* — Huitième époque, à la fin.

« tenté, pour la première fois, de ramener tous les phénomènes « naturels à n'être qu'un simple développement des lois de la « mécanique. (1) » Ce sont là les indices d'une réaction légitime contre l'abaissement injuste d'une grande renommée. Cette réaction a progressé dans la mesure où la science contemporaine, renonçant au vide des Newtoniens, a rétabli la matière subtile, sous le nom d'éther, démontré la théorie des ondulations lumineuses, affirmé que la chaleur n'est qu'un mouvement, et proclamé enfin la conservation de l'énergie. Il suffisait d'ouvrir les œuvres de Descartes pour s'assurer qu'il avait proclamé ces grandes théories de la physique moderne, et que s'il s'était trompé sur la méthode et sur une foule d'affirmations de détail, il avait fixé les principes directeurs des recherches. C'est ce que disait, en termes exprès, M. Pontécoulant, dans l'introduction de sa *Théorie analytique du système du monde*, publiée en 1820 : « Descartes a mérité « la reconnaissance des siècles à venir en ouvrant une carrière « nouvelle aux méditations de l'esprit humain, et en montrant « la route que ses successeurs devaient parcourir avec tant « de gloire ». Montrer la route, c'est bien l'œuvre d'un chef, d'un fondateur. M. Joseph Bertrand a justifié et considérablement accru le retour de l'opinion publique vers une appréciation juste de l'histoire de la science, lorsque, en 1869, il a exposé les bases de la physique actuelle, et qu'il a donné à son travail ce titre qui aurait bien surpris Garat, *Renaissance de la physique cartésienne* (2). Descartes, en effet, a retracé, il y a deux siècles, le programme de tout ce que nous savons, et de tout ce que nous cherchons. Après avoir dressé le catalogue de ses erreurs, force est bien de convenir, en présence des faits, qu'il est, selon une expression que j'emprunte à M.

1. *Biographie universelle*.
2. *Journal des Savants* de novembre 1869.

Renouvier « le grand physicien spéculatif » qui a posé les fondements de la science moderne.

Descartes a marqué le but de la science ; mais son œuvre a dû être complétée et corrigée. Sa gloire ne doit pas rejeter dans l'ombre celle de Galilée, de Képler, et même, toutes réserves faites, ce qui doit subsister de celle de Bacon. Si l'on ne considère pas seulement l'idée-mère, la pensée directrice, mais le développement de la science, d'une manière générale, la physique moderne a eu plusieurs fondateurs. Ces fondateurs ont travaillé sous l'influence de vues philosophiques qui feront l'objet de l'étude suivante.

TROISIÈME ÉTUDE

LA PHILOSOPHIE DES FONDATEURS DE LA PHYSIQUE MODERNE

Il résulte de notre étude précédente que la physique moderne, préparée par le mouvement intellectuel des siècles antérieurs, prend son développement, et revêt ses caractères propres, au commencement du XVIIe siècle. Les voix les plus autorisées indiquent à ce moment une des grandes époques de l'histoire de la science. Humboldt signale « les pas de géants » que l'esprit humain a faits au XVIIe siècle, et il écrit : « L'étude mathématique de la nature est fondée « et appuyée sur des bases solides....... Dès ce moment le « travail se continue sans interruption dans le monde de la « pensée (1). » Herschell parle de même : « La science reçut « alors une immense impulsion. On eût dit que le génie de « l'homme, longtemps contenu, échappait à ses entraves ; « qu'il s'élançait enfin dans l'univers ; qu'il commençait à « défricher un sol vierge, à mettre à nu les trésors enfouis « dans son sein...... Chacun se mit en recherche, et bientôt « s'ouvrit une ère nouvelle pleine d'enthousiasme et de mer- « veilles, à laquelle on ne trouve rien de comparable dans « les annales du genre humain (2) ». Liebig énonce une opi-

1. *Cosmos*, II, 364 et 365.
2. *Discours sur l'étude de la philosophie naturelle.* Deuxième Partie, chapitre III.

nion toute pareille, et désigne le premier quart du XVIIe siècle comme « la période la plus brillante et la plus mémo- « rable dans l'histoire des sciences d'observation (1) ». Désignant la même époque d'une manière un peu plus large, il la caractérise comme « le siècle le plus remarquable de l'ère chrétienne », et il développe ainsi sa pensée : « De grandes « découvertes dans le ciel et sur la terre avaient imprimé un « mouvement puissant à l'esprit des peuples de l'Europe ; « c'était l'époque des Képler, des Galilée, des Stevin, des « Gilbert, des Harriot, c'est-à-dire des fondateurs de ce qui « constitue de nos jours l'astronomie, la physique, la méca- « nique, l'hydrostatique, ainsi que les théories de l'électricité « et du magnétisme (2) ». Voilà donc, selon l'opinion des juges les plus compétents, le moment où la science moderne de la nature a pris son essor ; c'est l'époque des fondateurs. D'où procède l'impulsion extraordinaire que reçut alors l'esprit humain ?

Une opinion assez répandue est que la philosophie n'a eu aucune part à ce mouvement scientifique : « Les savants font « leurs découvertes, leurs théories et leur science sans les « philosophes », dit M. Claude Bernard. Et quelques pages auparavant : « Pour trouver la vérité il suffit que le savant « se mette en face de la nature, et qu'il l'interroge en suivant « la méthode expérimentale et à l'aide de moyens d'investi- « gation de plus en plus parfaits. Je pense que, dans ce cas, « le meilleur système philosophique consiste à ne pas en « avoir (3) ». A cette thèse de méthode, on joint souvent une thèse d'histoire. On affirme que la rupture avec les doctrines philosophiques a été la condition de la naissance des théories expérimentales sérieuses. L'interprète le plus

1. *Lord Bacon*, traduction Tchihatchef, page 234.
2. *Lord Bacon*, pages 3 et 4.
3. *Introduction à l'étude de la médecine expérimentale*. Troisième partie, chapitre IV, § 4.

complet de cette manière de voir est Auguste Comte, qui enseigne qu'il faut rompre complètement avec la métaphysique, pour inaugurer enfin l'ère positive de la pensée. Le caractère de cette période finale de l'esprit humain sera que, en renonçant à tout principe antérieur ou supérieur à l'expérience, on se bornera à la simple « coordination des faits. »

Une opinion qui s'appuie sur l'idée précédente veut que la science de la nature soit contraire aux doctrines spiritualistes, de manière qu'il ne s'agit pas seulement de se séparer de la philosophie, mais de nier toute philosophie qui reconnait à l'univers une cause et une destination. On déclare alors que l'idée de Dieu arrête le progrès de l'esprit humain; on réclame l'athéisme dans l'intérêt de la science, comme certains démagogues contemporains réclament l'abolition de l'idée de Dieu dans l'intérêt du renouvellement de la société.

Ces thèses sont fausses en droit et en fait. La science ne peut se développer que sous l'influence de principes qui dirigent l'observation : c'est la question de droit; nous y viendrons en terminant. Commençons par la question de fait. L'affirmation que la science de la nature est née d'une rupture avec tous les principes *a priori* est une erreur historique. La science moderne est née sous l'influence d'une doctrine déterminée dont les deux thèses essentielles sont la réalité de l'âme et l'existence du Créateur. Pour bien entendre ce paradoxe vrai, il faut prévenir une confusion d'idées; puis faire la part d'une vérité sur la fausse interprétation de laquelle repose une erreur considérable.

Il a existé un rapport historiquement certain entre l'idée du Dieu créateur et la fondation de la science; mais c'est de l'idée de Dieu qu'il s'agit, de la solution du problème philosophique contenu dans la foi religieuse, et non du dogme religieux dans sa totalité. La physique n'appartient à aucune église; elle n'est le produit ni la confirmation d'aucun symbole dogmatique; mais elle est théiste dans ses origines historiques et dans ses principes directeurs. Elle l'est déjà chez les penseurs de la Grèce qui proclament plus ou moins l'unité divine en face des idoles; mais elle l'est alors d'une manière incomplète comme le théisme des philosophes; elle l'est dans le monde moderne, d'une manière complète et décidée. La relation entre la conception du principe de l'univers et la science de la nature est facile à établir; mais faire intervenir dans la question les données traditionnelles de tel culte déterminé serait une confusion d'idées grave qu'il convenait de prévenir.

La vérité à laquelle j'ai fait allusion est que la fondation de la science moderne avait pour condition trois affranchissements nécessaires. L'affranchissement de la théologie: il fallait renoncer à extraire la physique de l'interprétation plus ou moins exacte des livres sacrés, et à conclure que la terre était immobile puisque la théologie enseignait le mouvement du soleil. L'affranchissement de l'autorité d'Aristote: il fallait renoncer à déclarer qu'il ne pouvait y avoir de taches au soleil, parce qu'Aristote avait dit que les cieux sont incorruptibles. L'affranchissement de la méthode *a priori*: il fallait cesser de confondre les procédés de la physique avec ceux des mathématiques, et renoncer à proclamer le cercle la plus parfaite des figures, pour en déduire la forme circulaire des orbites des planètes. Il était indispensable de reconnaître que l'observation et l'expérience sont les bases nécessaires de toute théorie sérieuse, et le seul contrôle légitime des conjectures de l'esprit humain. Cette grande idée de l'affranchissement de la science et de la suprême autorité des faits est particulièrement rattachée au nom et à l'œuvre de Bacon. Il n'est pas vrai, comme Bacon l'a dit bien souvent, et comme ses admirateurs l'ont répété, qu'il ait paru comme une lumière soudaine dans d'épaisses ténèbres. La nécessité de l'expérience avait été comprise et pratiquée par plusieurs de ses contemporains.

Si on veut le comparer à un soleil disait plaisamment Joseph de Maistre, il faut convenir que lorsque ce soleil s'est levé il était au moins dix heures du matin (1). Mais si Bacon n'a pas inventé la nécessité de l'expérience, il a proclamé cette vérité avec un incomparable éclat, et, en la proclamant, il a contribué à la répandre. Il faut interroger la nature et non les textes des anciens auteurs; il faut étudier les faits que l'on veut expliquer et non bâtir des théories sur de pures idées; il faut rompre avec des autorités illégitimes et avec la prétention de construire *a priori* le système de la nature. Voilà ce qu'a dit Bacon, et ce qu'ont fait à son époque Képler et Galilée, entr'autres. La science est née de la rupture avec la méthode qui prenait pour point de départ, soit des textes, soit des conceptions purement rationnelles: voilà le fait vrai. L'erreur qui s'y attache est de croire que la science peut sortir de la seule observation des phénomènes. L'observation seule ne saurait fournir aucune loi ni aucune théorie, parce que les lois et les théories ne sont pas des objets de perception sensible. Il faut interroger le livre de la nature, sans doute, et non pas les textes des anciens; mais la nature n'est pas un livre où les lois soient écrites, tellement qu'il ne faille pour les voir que faire usage de ses yeux. Voltaire l'a dit avec raison:

La nature est muette, on l'interroge en vain (2).

C'est l'esprit qui pose les questions; c'est l'esprit qui essaie les réponses, et qui doit les soumettre au contrôle de l'expérience. Le champ des conjectures est illimité: qu'est-ce qui dirige l'esprit dans ses essais? Des principes déterminés qui sont *a priori*, quant à l'expérience, mais des principes simplement formels qui mettent la pensée dans une certaine direction, sans offrir aucune base à des déductions au moyen

1. *Soirées de St. Pétersbourg.*
2. *Poème sur le désastre de Lisbonne.*

desquelles on puisse construire un système. Il est facile de comprendre la différence d'éléments de systèmes que l'on doit exclure, et de principes que l'on doit conserver, en examinant les deux cas suivants : Partir de l'idée que les planètes se meuvent suivant une forme parfaite, et en déduire que leurs orbites sont circulaires, est une conclusion fausse qui est le résultat d'une méthode erronée. Partir de l'idée que la nature est réglée par des lois générales, pour en conclure qu'il faut toujours chercher à ramener à la règle les exceptions apparentes, est une conclusion juste qui fournit une règle de méthode excellente. Cette conclusion juste ne peut servir de base à aucune affirmation particulière ; elle ne fait que donner une direction aux tentatives de la pensée, tentatives qui doivent rester soumises au contrôle de l'expérience.

C'est par l'influence de principes de cette nature que se manifeste l'action légitime de la philosophie sur la science. Quels principes ont dirigé les recherches des fondateurs de la physique moderne ?

PRINCIPES DIRECTEURS DE LA PHYSIQUE.

Le premier principe directeur de toutes les sciences est la conviction que les phénomènes sont réglés selon les lois de l'intelligence. Notre intelligence ne possède pas en elle-même les sources de la réalité ; nous ne pouvons rien découvrir en combinant de pures idées ; pour connaître la nature, il faut l'observer ; mais l'observation ne donne des résultats scientifiques que parce que le monde est rationnel. Si dans la nature quatre corps et trois corps pouvaient faire huit corps et non pas sept ; si dans la nature le troisième côté d'un triangle ne variait pas, selon les lois de la géométrie, avec la longueur des deux autres côtés, et avec la grandeur de l'angle qui lui est opposé, il est manifeste que la science serait à jamais impossible. La nature est réglée d'une manière conforme aux lois de notre intelligence : tel est donc le principe fondamental qui dirige toutes les recherches de la pensée. Ce principe demeure souvent inaperçu, parce qu'il est instinctif, et disparait sous le voile de la plus profonde des habitudes. Il est supposé en effet par le premier pourquoi de l'enfant, aussi bien que par l'application des plus hautes formules du calcul infinitésimal aux phénomènes physiques. L'enfant qui demande le pourquoi d'un fait, demande qu'on lui *rende raison* de ce fait, c'est-à-dire qu'il admet la conformité des faits et des lois de la raison. C'est le résultat d'un instinct fondamental de la nature intellectuelle, en l'absence duquel aucune recherche ne prendrait naissance. A ce principe fondamental s'en rattachent quatre autres qui y sont contenus, en quelque manière, et que nous allons passer en revue.

1° *Principe de causalité.* Tout ce qui se produit a une raison d'être; tout phénomène suppose un antécédent. Du néant rien ne procède; il faut donc remonter d'une action à une action antérieure qui l'explique. Ce mouvement d'ascension de la pensée a nécessairement un terme. Ce terme dernier, qui deviendra le point de départ de toutes les explications, sera un état de choses considéré comme primitif, d'où tout se déduira et qui ne sera pas déduit. Dans l'étude de la nature physique, le point de départ sera un état de la matière tenu pour primitif, et des lois du mouvement tenues pour primordiales, comme il a été dit dans notre première étude, à l'occasion de l'hypothèse de la nébuleuse. Les recherches qui remonteraient au-delà, et dont le but serait d'atteindre la cause de l'existence même de la matière et des lois de ses mouvements sortiraient des cadres de la physique et entreraient dans le domaine de la philosophie (1). Le principe de causalité est la base fondamentale de la science. M. Helmholtz nous in-

1. Voir la cinquième étude.

forme « qu'il chercha à déterminer toutes les relations qui « peuvent exister entre les actions de la nature, d'après le « principe de l'*impossibilité de créer quelque chose de rien* » (1). Tous les savants font de même lorsque leurs affirmations conservent un caractère sérieux. Admettre l'action du néant, ou, ce qui revient au même, faire intervenir dans l'explication des phénomènes le hasard considéré comme une cause efficiente, c'est couper la racine maîtresse de la pensée humaine.

2° *Principe de constance.* Ce principe s'applique aux êtres; nous admettons que l'univers est composé d'éléments formant différentes classes dont les propriétés sont fixes. Il s'applique aux lois; nous admettons que les mêmes antécédents étant donnés, le même conséquent suivra; c'est là ce qu'on appelle le *déterminisme.* Le principe s'applique à l'espace et au temps; nous admettons que les classes primitives et les lois primitives sont les mêmes partout et toujours. Le problème de la science est d'expliquer la variation des choses par des lois fixes combinées avec des éléments de nature invariable. C'est la base de toutes les inductions et de toutes les déductions. Sans cette base, la science serait impossible. Il est manifeste que si, dans des circonstances supposées absolument identiques, l'eau ne devenait pas glace ou vapeur à la même température; si les lois du mouvement n'étaient pas les mêmes en Europe qu'en Asie, et n'étaient pas aujourd'hui ce qu'elles étaient hier, toute affirmation générale deviendrait impossible.

Le déterminisme absolu s'arrête devant la considération des causes libres, parce que l'idée d'une cause libre est celle d'un antécédent qui renferme la possibilité de divers conséquents. Un naturaliste s'efforcera de rendre compte de l'élévation des montagnes à la surface du globe par les lois

1. *Mémoire sur la conservation de la force.* — Page 23.

fixes de la nature; mais il n'aura pas l'idée de rendre compte de l'élévation du clocher d'une cathédrale sans faire intervenir la volonté humaine dont les déterminations reconnaissent d'autres sources que les phénomènes naturels. Le principe de causalité subsiste dans tous les cas; mais il varie dans son application selon qu'il s'applique à des êtres privés de toute initiative, ou à des êtres qui portent en eux-mêmes une force initiale en vertu de laquelle ils sont, en partie au moins, la raison d'être de leurs actes. La doctrine de l'inertie de la matière étant admise, il en résulte que les phénomènes physiques sont soumis à un déterminisme absolu.

3° *Principe de simplicité.* C'est un principe admis dans les écoles du moyen âge, expressément conservé par Galilée, et inscrit par Newton dans le livre des *Principes*, qu'on doit toujours, dans l'étude de la nature, partir de l'idée que la multitude des effets est produite par un petit nombre de causes, et réduire le nombre de ces causes autant qu'il est possible. C'est en vertu de ce principe, conscient ou inconscient, et en quelque manière instinctif, que nous admettons que la science fait un progrès lorsqu'elle s'élève à des généralisations plus hautes, c'est-à-dire lors qu'elle réussit à réduire le nombre des classes et le nombre des lois dont elle use pour l'explication des phénomènes. C'est aussi une belle application du principe que la théorie de la moindre action, d'après laquelle les effets naturels sont obtenus avec la dépense de forces la plus petite possible, économie merveilleuse dont on trouve des exemples dans les lois qui régissent les phénomènes de la réflexion et de la réfraction des rayons lumineux.

4° *Principe d'harmonie.* L'harmonie, ou le rapport des choses entre elles dans un ordre hiérarchique, est la manifestation de l'unité maintenue dans la multiplicité. Rien n'est isolé; tout agit sur tout, et tout subit l'influence de tout. Les diverses classes d'êtres et les différentes lois qui les régissent sont dans des rapports constants qui, sans permettre de les confondre, ne permettent pas de les séparer. Découvrir des rapports que l'on n'apercevait pas est une des manifestations les plus essentielles du génie scientifique. Ce principe est exprimé dans un mot qui se place souvent sur nos lèvres, sans que nous en comprenions la signification profonde. Le mot *univers*, par lequel nous désignons la totalité des existences, a pour signification étymologique, selon les philologues les plus accrédités, *ce qui est tourné vers l'un*. Concevoir toutes choses comme tournées vers une unité qui les met en rapport les unes avec les autres, est la plus haute expression de l'idée de l'harmonie. Charles Bonnet l'a exprimée en ces termes, au début de sa *Contemplation de la nature*: « Je « contemple l'univers d'un œil philosophique. Je cherche les « rapports qui font de cette chaîne immense un seul « Tout. »

Tels sont les principes qui ont dirigé les recherches des fondateurs de la physique. Le principe de finalité, qui joue un si grand rôle en biologie, et dans la théorie générale du monde, apparait peu dans la physique spéciale, et n'intervient dans cette science que lorsqu'elle s'élève à la hauteur où elle se transforme en philosophie.

A ces principes directeurs s'est ajoutée, pour la fondation de la science moderne, une conception déterminée de l'objet propre de la physique, c'est-à-dire de la matière : l'idée de l'inertie. La matière est une force puisqu'elle occupe l'espace ; mais les éléments de la matière n'ont aucune spontanéité, aucun pouvoir de modifier leur propre mouvement, aucun pouvoir de produire des phénomènes psychiques. Le son, la chaleur, la lumière, les couleurs sont des rapports entre les divers mouvements de la matière et l'âme capable de sentir. C'est ainsi que la distinction de l'âme et du corps, des phénomènes spirituels et des phénomènes corporels, se trouve nécessairement énoncée, dans les conditions de la science moderne, au début de tous les traités de physique.

Les idées que je viens de passer en revue, plus ou moins distinctement énoncées, plus ou moins fidèlement appliquées, ont dirigé les recherches des fondateurs de la physique moderne. Elles n'ont pas été reconnues au même degré par chacun de ces savants illustres; quelques-uns d'entre eux ont méconnu l'un ou l'autre des principes indiqués; mais ces principes ont présidé à la naissance et au développement de la science considérée dans son ensemble. Quel est le caractère de ces idées directrices?

L'idée de l'inertie de la matière a été au début, comme nous le verrons, une conclusion déduite de principes philosophiques; elle est devenue ensuite une hypothèse hautement confirmée. Quant aux quatre principes directeurs, ce ne sont ni des données immédiates de l'expérience, ni des axiomes de la raison. L'expérience a confirmé ces grandes idées, mais l'expérience qui les a confirmées n'a pu naître que de leur application préalable. Rappelons à ce propos des paroles déjà citées dans notre première étude : « La grande « masse des phénomènes, dit M. Helmholz, s'ordonne de « plus en plus sous la main de la science. Les doutes con- « cernant l'existence de lois immuables des phénomènes « disparaissent chaque jour, et l'on découvre des lois tou- « jours plus grandes et plus générales. (1) » Humboldt écrit de son côté : « L'image du Cosmos qui s'est révélée primiti- « vement au sens intérieur comme un vague pressentiment « de l'harmonie et de l'ordre dans l'univers, s'offre aujour- « d'hui à l'esprit comme le fruit de longues et sérieuses ob-

1. *Revue des cours scientifiques*, du 8 janvier 1870.

« servations (1) ». Ces deux passages se complètent, et nous offrent dans leur réunion la vérité totale. L'ordre, l'harmonie de l'univers se sont révélés à l'observation, parce que l'esprit humain les a cherchés en vertu d'un pressentiment confus, mais réel. Sans ce pressentiment, pas de recherche ; et sans la recherche, pas de découvertes. Nous ne pouvons rien dire au sujet du résultat général de la science qui n'ait été prévu par Pythagore, dans l'antiquité, et hautement affirmé, dans les temps modernes, par Descartes et Leibniz. L'expérience démontre des thèses qu'elle ne pose pas. Ces thèses apparaissent d'abord à l'état instinctif et spontané, pour passer ensuite à l'état réfléchi. J'ai rencontré dans un manuscrit de M. le Professeur Thury, que je cite avec l'autorisation de l'auteur, l'application à une science spéciale, la mécanique, de cette vérité générale : « Les lois générales de la mécani-« que ont été déduites de l'observation attentive des faits, et « d'un petit nombre d'expériences très-simples, mais bien « choisies. On doit néanmoins reconnaitre que ces expérien-« ces et ces faits n'établissent d'une manière certaine et suf-« fisamment exacte les lois générales que dans l'hypothèse « de lois très simples ; mais l'idée qu'une telle hypothèse est « nécessairement conforme à la vérité semble avoir été le « sentiment profond des hommes de génie qui fondèrent la « science mécanique, et les travaux subséquents ont prouvé « que ce sentiment les avait bien conduits. » Sans le sentiment qui a dirigé les fondateurs, les travaux subséquents qui ont expérimentalement justifié leurs théories auraient été arrêtés dans leur source.

Si les principes directeurs de la physique ne sont pas des vérités expérimentales, ce qui supposerait que la cause a été le résultat de l'effet, ce ne sont pas non plus des axiomes. Le principe de causalité seul appartient à la classe des vérités

1 *Cosmos*, tome I, page 2.

immédiatement évidentes pour la raison. Les trois autres principes n'ont pas une évidence immédiate; ce qui le démontre c'est qu'ils n'ont pas, comme le principe de causalité, une application universelle. Le principe de la constance ne s'applique aux êtres libres qu'en ce sens que la liberté est pour eux un attribut essentiel et permanent; mais, en raison même de cette liberté, leurs actions ne tombent pas sous la oi d'un déterminisme absolu. Le principe de la simplicité dirige sans doute les études biologiques; mais c'est une question fort controversée que celle de savoir si ce principe n'égare pas les savants qui cherchent à établir l'unité d'origine des êtres vivants, et surtout l'unité de la matière organisée et des corps bruts. Le principe de l'harmonie ne s'applique pas à l'état présent de l'humanité, si l'on croit à la réalité du mal; il ne s'y applique du moins que dans le sens de l'harmonie conditionnelle du bien et du bonheur, du mal et de la souffrance. Lorsque Victor Hugo oppose

Le chant de la nature au cri du genre humain, (1)

il rédige, sous une forme poétique, une observation qu'une philosophie sérieuse ne saurait laisser dans l'oubli. Les trois derniers des principes directeurs sont les *postulats* de la science de la nature. Ils ne sont pas nécessaires; ils ne sont pas susceptibles d'une véritable démonstration expérimentale. « Ce n'est pas une évi« dence, c'est une foi » comme le dit M. Charles Secrétan.(2) L'esprit humain porte en soi le germe de ces principes que l'expérience développe en les confirmant; il marche sous leur impulsion à la rencontre de la nature. Ces principes sont, en quelque sorte, des organes de vision intellectuelle mis en harmonie avec l'ordre réel des phénomènes, comme l'œil est en harmonie avec les ondes lumineuses. Croire que la lumière

1. Ce qu'on entend sur la montagne, dans les *Feuilles d'Automne.*
2. *Précis élémentaire de philosophie.* §. 77.

crée l'œil, et croire que l'expérience crée les principes qui la dirigent sont deux erreurs semblables, qui consistent à ramener faussement à un élément unique les deux termes d'un rapport.

Les principes directeurs existent dans la pensée à l'état virtuel ; ils ne s'actualisent que par l'expérience. Une fois mis en action, ils sont plus ou moins reconnus et discernés par la réflexion, et la réflexion qui les discerne est éclairée ou obscurcie par l'influence de certaines doctrines. Cette considération jette un jour vif sur la ligne de démarcation qui sépare, au point de vue scientifique, l'antiquité des temps modernes.

INFLUENCE DES CROYANCES RELIGIEUSES SUR LES PRINCIPES DIRECTEURS DE LA PHYSIQUE.

Les principes directeurs de la science existaient, en quelque mesure, dans la pensée des anciens philosophes de la Grèce, mais le polythéisme faisait obstacle au développement de ces principes et à leur application générale. Le polythéisme, affirmé par la tradition religieuse, était fortifié par l'esprit poétique qui est partout favorable à la personnification des idées abstraites, et qui l'était en Grèce plus encore qu'ailleurs. Tant que l'opinion commune plaçait une divinité à l'origine de chaque phénomène, elle tenait en échec l'esprit de la science : le besoin rationnel de la causalité était satisfait, mais l'idée de la diversité infinie de causes, non-seulement libres mais capricieuses, arrêtait les recherches. Le sentiment de l'unité éclate avec puissance dans l'école de Pythagore et dans celle de Xénophane. Socrate célèbre « le Dieu suprême, celui « qui a fait et qui dirige le monde, qui maintient les œuvres « de la création dans la fleur de la jeunesse et dans une vi- « gueur toujours nouvelle, qui les force d'obéir à ses ordres « et leur défend de s'égarer (1). » La nature de quelques-unes

1. *Les entretiens mémorable de Socrate*, livre IV, § 10.

des accusations dirigées contre lui, le reproche qu'on lui adressait de remplacer l'action des dieux par l'explication naturelle des phénomènes, signale la lutte de la philosophie contre le polythéisme religieux. Mais, dans la pensée antique, l'idée de l'unité du principe de l'univers ne réussit guères à se dégager du dualisme que pour se formuler dans le sens d'un panthéisme qui s'allie facilement à l'idolâtrie. Les vues justes relatives à la science de la nature sont peu développées et restent le privilège d'un petit nombre d'intelligences.

Pendant cette période de l'histoire, la pleine idée du créateur était affirmée par le peuple d'Israël. L'auteur du psaume CXLVIII invite poétiquement toutes les créatures et spécialement les astres du ciel à louer l'Eternel car, dit-il, « il a com« mandé et ils ont été crées, il les a établis à perpétuité ; il « y a mis un ordre qui ne changera point. (1) » Le psaume CXIX parle aussi de lois établies par le Créateur et « selon « lesquelles tout subsiste. (2) » On trouve ici l'affirmation de l'unité et de la constance de la cause universelle. La science toutefois ne se développa pas chez le peuple d'Israël. La base d'observation manquait ; puis la puissance de l'être souverain attirait seule l'attention générale, et pouvait être considérée comme une explication suffisante des phénomènes ; la notion de la cause absorbait celle des lois. L'idée de la constance de l'acte créateur se manifestant par des lois générales et fixes, bien qu'indiquée comme nous venons de le voir, était reléguée sur un plan reculé de la pensée. Or il était indispensable pour la formation de la science que cette idée fût mise en pleine lumière. Elle devait l'être dans le développement du monothéisme transmis par le peuple d'Israël au monde chrétien. La conception de la nature comme la manifestation d'une seule volonté est exprimée comme suit par un des plus anciens

1. Versets 5 et 6.
2. Verset 91.

Pères de l'Église, Clément de Rome, dans son Epître aux Corinthiens.

« Contemplons par la pensée, considérons des yeux de « l'esprit sa volonté toujours amie de la paix ; voyons comment « cet amour se manifeste dans toutes ses œuvres.

« Les cieux, mis en mouvement par sa main puissante, lui « restent paisiblement soumis.

« Le jour et la nuit fournissent la lumière qu'il leur a pres- « crite, et jamais ne se nuisent l'un à l'autre.

« Le soleil, la lune, les chœurs des astres, décrivent selon « ses ordres, dans une harmonie parfaite, sans la plus légère « déviation, les orbites qui leur furent tracés.

« La terre, toujours féconde, produit dans chaque saison, « d'après sa volonté, une nourriture abondante pour l'homme « et pour tous les animaux, sans résistance de sa part, sans « le moindre changement aux lois qu'elle a reçues.

« Les abîmes qu'on ne peut pénétrer, les profondeurs de « la terre qu'on ne peut dévoiler, respectent également ses « ordres.

« La masse profonde de la mer immense, d'après la dispo- « sition du Créateur, s'enfle, s'élève en montagnes, et ne « franchit point les barrières placées autour d'elle : tel est « l'ordre qu'elle a reçu ; elle l'exécute, car le Seigneur lui a « dit : *Tu viendras seulement jusque-là, et là se brisera l'or- « gueil de tes flots.*

« L'océan d'une profondeur impénétrable, et les mondes « semés au-delà de l'Océan sont gouvernés par les mêmes « lois.

« Les diverses saisons, le printemps, l'été, l'automne et « l'hiver, se succèdent paisiblement l'une à l'autre.

« Les vents tenus en équilibre, s'acquittent de leur devoir « dans leur temps, et ne rencontrent pas le plus léger obstacle.

« Des sources toujours jaillissantes, crées pour l'usage de « la vie et de la santé du corps, ne cessent de présenter à

« l'homme leurs eaux inépuisables et de soutenir son exis-
« tence.

« C'est ainsi que le grand ouvrier, le maître de l'univers, a
« voulu que tout se maintînt, dans la paix et dans l'harmonie. »

Voilà le Dieu suprême de Socrate dégagé de tous les nuages, et devenu le Créateur unique, la cause de l'existence du monde et le principe de sa stabilité et de son harmonie.

Le monothéisme ne réussit à s'établir dans la pensée générale qu'au prix de grands efforts et de luttes prolongées. L'ouvrage d'Irénée, évêque de Lyon, est consacré à combattre le polythéisme, non pas chez les païens seulement, mais chez plusieurs sectes chrétiennes qui altéraient la doctrine nouvelle par le mélange de conceptions anciennes. Pendant le moyen âge, le monothéisme fut affermi dans la pensée générale. Cette période de l'histoire livre à l'observation, au point de vue du développement de l'esprit humain, ces deux faits capitaux : la culture logique de l'intelligence, sous la discipline d'Aristote, et l'établissement définitif de l'idée de l'unité du principe de l'univers. C'était la réunion de deux conditions essentielles de la science jusque-là séparées : le monothéisme des Hébreux et la tendance rationnelle des penseurs grecs. Cette réunion fut l'œuvre longue et laborieuse des quinze premiers siècles de notre ère; mais le moyen âge suivait une méthode vicieuse, et l'absence de liberté arrêtait l'essor de la pensée. Il fallut s'affranchir des autorités scientifiques indues et des prétentions de la méthode *a priori*. Lorsque cet affranchissement fut opéré, la science moderne prit un rapide essor par l'emploi de la raison, fortifiée par la logique, et dirigée par la pensée de l'unité divine. Il n'y a donc pas eu entre les travaux de la scolastique et l'éveil de la science de la nature une absence totale de continuité, comme on l'enseigne à l'ordinaire. Lorsqu'on parle du moyen âge comme d'un temps de nuit absolue auquel on oppose la renaissance subite de la lumière, on se trompe. Ce coup de théâtre n'est point historique, et il serait temps de comprendre que l'époque qui a bâti les cathédrales a accompli une œuvre scientifique digne de respect. L'instrument intellectuel avait été lentement préparé; l'observation et l'expérience devaient lui fournir la matière indispensable; mais la masse des observations et des expériences n'est venue qu'après l'éveil de l'esprit moderne, et a fourni la confirmation et non la base des grandes théories que nous considérons aujourd'hui comme la vérité. Il ne s'agit nullement ici de questions de doctrines théologiques. L'influence exercée sur l'esprit scientifique par la croyance religieuse est un fait à constater. Le fait une fois établi, chacun demeure libre de l'interpréter à sa manière; mais personne n'a le droit de le nier. M. Du Bois-Reymond disait, il y a quelques années, aux naturalistes allemands réunis à Cologne : « Bien que cela sonne « comme un paradoxe, la science moderne doit son origine « au christianisme ». Après avoir opposé au polythéisme du monde ancien le théisme pur et complet que le christianisme a répandu dans le monde, le professeur de Berlin ajouta : « Cette idée de Dieu transmise pendant des siècles, de génération en génération, a fini par réagir sur la science même, « et, en accoutumant l'esprit humain à la conception d'une « raison unique des choses, a enflammé en lui le désir de connaître cette raison » (1).

Les fondateurs de la physique moderne ont tous été placés sous l'influence de leur foi au Dieu créateur, et ils ont rattaché à cette foi les principes directeurs de leurs recherches. On entend souvent affirmer qu'il existe une opposition fondamentale entre la science et les idées religieuses. J'ai toujours été frappé du caractère paradoxal de cette affirmation, en présence du fait incontestable que tous les fondateurs de la science moderne ont été théistes de la manière la plus décidée.

1. *Revue scientifique*, du 19 janvier 1878, page 676.

Il était donc évident pour moi que l'on peut être savant et croyant ; il restait à savoir si ces deux qualités, celle de croyant et celle de savant, étaient simplement juxtaposées chez des hommes tels que Képler, Descartes et Galilée, ou si elles étaient reliées par un rapport logique. Une étude attentive du sujet m'a conduit à reconnaître que, sous la condition de l'observation des faits, la science est née sous l'influence de ces deux idées : la nature immatérielle de l'âme et l'existence de Dieu. Ces idées se détachent du dogme religieux dans son ensemble, et constituent ce que j'appelle la philosophie des fondateurs. Comment ces deux croyances ont-elles agi sur le développement scientifique? Le voici :

L'unité de Dieu étant admise, l'univers est le produit d'une seule volonté réalisant le plan conçu par une intelligence unique : c'est là le fondement solide du principe de l'harmonie. Ce principe n'était certainement pas inconnu à Pythagore, à Platon et à Aristote, mais son plein développement était arrêté dans les productions de la sagesse antique, soit par le polythéisme des religions populaires, soit par un reste de dualisme dont Aristote et Platon lui-même n'ont pas réussi à s'affranchir complètement. L'affirmation précise de l'unité du Créateur offrait une base ferme à l'idée de l'harmonie universelle, et donnait à la raison un motif de confiance en sa propre valeur. C'est le fait que j'avais constaté par mes propres études, et dont j'ai rencontré la confirmation dans les paroles citées de M. Du Bois-Reymond.

L'unité affirmée dans le monde chrétien n'est pas l'unité abstraite du panthéisme oriental et alexandrin ; ce n'est pas une unité qui soit celle de la raison, inconsciente dans la nature et devenant consciente dans l'humanité. Notre pensée est capable de comprendre le monde, dans une certaine mesure; mais nous sommes placés en présence des œuvres d'une puissance libre. Pour connaître les œuvres de cette puissance, il est nécessaire de les observer. C'est ainsi que la nécessité de placer l'expérience à la base de nos théories, et d'y chercher le seul contrôle légitime de nos systèmes, trouve son appui dans l'idée de la liberté du Créateur. C'est là semble-t-il une simple donnée du bon sens; mais l'histoire nous enseigne combien cette donnée du sens commun a eu de peine à obtenir sa place dans la méthode scientifique.

La bonté, attribut essentiel de l'être premier et parfait, nous assure qu'il ne veut pas nous tromper. Lors donc que nous sommes en présence, non pas de nos préjugés, de nos idées factices, des témérités de notre imagination, mais des lois fondamentales de l'intelligence, nous sommes en présence de la vérité. Croire à la raison c'est croire à l'harmonie des réalités et des développements légitimes de notre pensée. Cette croyance naturelle, ébranlée par le scepticisme, se raffermit par la considération de la bonté du principe de l'univers. Pour qui regarde les choses au fond, la formule, « je crois à la raison » et la formule, « je crois à la bonté du Créateur » ont le même contenu.

La considération de la sagesse divine apporta son appui au principe de la constance et au principe de la simplicité. Multiplier les moyens au delà du nécessaire est un manque de sagesse; le superflu dans l'organisation de la nature serait une marque d'imperfection. Tout changement supposé dans l'œuvre immédiate et directe du Créateur dénoterait aussi une imperfection, puisque ce qui est absolument bien fait ne demande pas à être changé. C'est là l'une des bases essentielles de l'étude de la nature, puisque c'est le fondement de l'idée de la généralité et de la permanence des lois. Il importe de remarquer, pour prévenir de graves confusions d'idées, que la pensée de l'immutabilité de l'action divine n'a son application légitime que dans un domaine où on suppose que des actes libres n'interviennent pas. Transporter ce principe, sans en modifier l'application, de la science de la matière aux questions que soulèvent les phénomènes moraux et religieux, c'est confondre ce qu'il est essentiel de distinguer.

La croyance au Dieu créateur est donc un centre auquel les principes directeurs de la pensée ont été rattachés par un lien logique facile à reconnaître. Ce n'est pas ici, je le répète, une affirmation théorique, c'est l'expression d'un fait. C'est la philosophie des fondateurs de la science qui, en dirigeant leurs recherches, a produit la physique moderne. On entendrait mal cette affirmation, et on la défigurerait au point de la rendre ridicule, si on la comprenait en ce sens que les physiciens, les chimistes et les astronomes, ont une vue habituelle et distincte des principes qui les dirigent et de la croyance qui relie ces principes. Un ingénieur, dans l'exercice de sa profession, pense bien rarement aux lois fondamentales de la mécanique qui sont à la base de tous ses travaux; mais il les met continuellement en pratique. De même le savant réalise dans ses recherches des principes qu'il discerne d'autant moins que l'habitude les a rendus pour lui comme instinctifs. Les fondateurs de la science ont reconnu et proclamé les principes plus que leurs successeurs. C'est leur philosophie qui, dans son union avec l'expérience, a enfanté leur physique. Tous, comme je l'ai dit, n'ont pas vu également les principes dans toute leur pureté; il leur est même arrivé de méconnaître quelqu'une des règles qui doivent diriger la pensée. Dans les lignes qui précèdent, j'ai rassemblé en un même foyer les divers rayons de lumière qui les ont éclairés; mais il est incontestable que tous ont puisé dans l'idée du Créateur la confirmation et l'appui des tendances naturelles de la raison. Cette thèse affirmant un fait, sa preuve ne peut être qu'un récit. Je vais fournir cette preuve en passant en revue l'œuvre des hommes que l'opinion unanime des historiens désigne comme les fondateurs de la science moderne (1).

Kopernik.

Alphonse, roi de Castille, était choqué des difficultés croissantes du système astronomique de Ptolémée, et de la nécessité de multiplier indéfiniment les cercles dans lesquels on faisait mouvoir les corps célestes; il disait : « Si Dieu m'avait « appelé à son conseil les choses eussent été dans un meil- « leur ordre. » Kopernik éprouva un sentiment analogue, et donna une expression différente à sa pensée, qui était au fond la même que celle du roi. Il se dit : « La sagesse de Dieu est si grande, que les complications extraordinaires de notre système astronomique en démontrent la fausseté. » C'est sous l'impulsion de cette idée, celle de la sagesse suprême du Créateur, qu'il consulta les anciens auteurs dans lesquels il trouva le germe de son hypothèse. Voici comment il s'explique dans sa lettre au Pape Paul III, lettre qui sert de préface à son ouvrage : *De revolutionibus orbium cœlestium.* « Comme je méditais depuis longtemps « sur l'incertitude des traductions mathématiques relatives au « mouvement des sphères du monde, je commençai à être « peiné de ce que les philosophes qui scrutent parfois si « parfaitement les choses minimes de l'univers, n'avaient pu « établir une explication plus certaine des mouvements de « la machine d'un monde qui a été créé pour nous par le

1. On consultera avec fruit, pour développer les indications rapides contenues dans les pages suivantes, les ouvrages que voici : *Pensées de Descartes sur la religion et la morale*, recueillies par M. Emery. — *Pensées de Bacon, Kepler, Newton et Euler sur la religion et la morale.* — *Pensées de Leibniz sur la religion et la morale*, par M. Emery. (Ces ouvrages ont été réimprimés récemment à Tours). — *Les fondateurs de l'astronomie moderne* par Joseph Bertrand. — *L'histoire de l'astronomie dans ses rapports avec la religion* par Frédéric de Rougemont. Paris 1865.

« plus parfait et le plus régulier des ouvriers (*ab optimo et* « *regularissimo omnium opifice*). C'est pourquoi je pris la « résolution de relire tous les livres des philosophes que « je pouvais avoir à ma disposition, pour rechercher si au- « cun d'eux n'avait pensé que les mouvements des sphères « sont autres que ceux qu'enseignent nos professeurs de « mathématiques. J'ai découvert d'abord dans Cicéron que « Nicetas avait cru que c'est la terre qui se meut. J'ai trouvé « ensuite dans Plutarque que quelques autres avaient eu la « même opinion...... A cette occasion j'ai commencé à ré- « fléchir, moi aussi, sur la mobilité de la terre. » Kopernik fut un prêtre pieux et charitable, et un savant de premier ordre. On voit, par sa propre déclaration, que la pensée de la Sagesse du Créateur a été le principe directeur de son travail scientifique. La même remarque s'applique à la plupart des défenseurs de sa doctrine. La lutte soulevée par la théorie du mouvement de la terre fut longue et vive. Croire que cette doctrine triompha par le seul fait qu'elle rendait compte des données de l'expérience mieux que le système de Ptolémée serait une erreur considérable. Tycho-Brahé, observateur éminent, laissa la terre au centre du monde. Le sentiment qui soutint les partisans de Kopernik, et leur prépara une victoire que l'observation des phénomènes devait confirmer, fut celui de la simplicité de la théorie nouvelle, dans son opposition à l'astronomie ancienne. Il est facile de s'en assurer en consultant les écrits de l'époque. La simplicité par elle-même plaît à la raison; mais, chez tous les fondateurs de l'astronomie, l'instinct de la raison fut fortifié par la foi à la sagesse du Créateur.

Képler.

Képler écrit : « Je n'admets pour vrai que ce qui est vrai « physiquement; ce procédé fait mon plaisir; et il est ma

« gloire qui me survivra. » Voilà le programme d'une science très positive dans le bon sens du terme ; mais quelle est l'impulsion de la pensée de Képler dans la recherche de la vérité physique ? Sa piété est bien connue ; la même plume qui a tracé la glorification de la vérité physique écrit : « Heureux « ceux à qui il a été donné de s'élever vers les cieux. Ils ap- « prennent à estimer peu ce qui leur paraissait excellent, à « mettre par dessus toutes choses les œuvres de Dieu, et à « trouver dans leur contemplation un vrai délassement et « une joie réelle.... Je te rends grâce, Seigneur, de ce que « tu m'as permis de me réjouir et de m'extasier dans la « contemplation des œuvres de tes mains..... Il est grand « notre Seigneur ! Ciel, soleil, lune et planètes, proclamez sa « gloire, n'importe quelle est la langue par laquelle vous « pouvez exprimer vos impressions ! Proclamez sa gloire, « harmonies célestes..... Et toi, mon âme, chante la gloire de « l'Eternel pendant toute la durée de mon existence. » Voilà la foi de Képler ; voici les rapports de sa foi avec sa science. Connaître la vérité, pour lui, c'est « repenser les pensées « du Créateur, » et il pose la maxime suivante : « puisque « Dieu est une intelligence unique, le caractère des lois « qu'il a données au monde doit être l'unité et l'univer- « salité. » (1) Sa surprise aurait été grande s'il avait entendu dire que la condition d'une science sérieuse est de rompre avec toute idée relative au monde divin. Sa croyance dans l'unité et la sagesse infinie du Créateur le poussait à la recherche de l'harmonie du monde. D'autre part, il considérait les faits comme des caractères tracés par la main divine, en sorte qu'il n'hésitait pas à sacrifier ses théories les plus séduisantes, dès que l'expérience ne les confirmait pas. L'histoire de ses travaux offre, à cet égard, des détails du plus haut

1. Voir pour Képler : Rougemont, *Histoire de l'Astronomie*, en particulier les pages 88 à 89.

intérêt (1). L'idée de Dieu était donc à la fois le principe de l'élan de sa pensée et la source de sa juste humilité. Il offre ainsi la réunion, dans la pleine influence du monothéisme, de deux tendances que Bacon et Descartes devaient se partager.

Bacon.

Il y a deux hommes en Bacon, et deux hommes qui souvent se contredisent. Les pages de ce grand écrivain sont pleines de l'expression, assurément sincère, des sentiments les plus élevés, et il a été entraîné par faiblesse et par vanité à des actes fort répréhensibles. De même, dans l'ordre de la science, ses œuvres renferment des doctrines d'un caractère spiritualiste fort prononcé, et des germes dont le développement devait produire le matérialisme de Hobbes. La même diversité se remarque dans sa renommée. Il a été l'idole des savants les plus irréligieux du XVIIIe siècle, et on a composé un volume de ses pensées pieuses. A la vérité, pour faire de ses écrits une arme aux mains des ennemis de la religion, il a fallu les mutiler. M. Lassale a publié, de 1800 à 1803, sous les auspices du gouvernement français de cette époque, une traduction en quinze volumes des œuvres de Bacon. Il s'est permis de biffer dans le texte les passages où se montraient des sentiments chrétiens. Cette édition est devenue introuvable, parce que les héritiers de l'éditeur ont mis l'ouvrage au pilon, s'imposant ainsi un sacrifice pécuniaire considérable pour ne pas laisser en circulation un ouvrage falsifié (2). Malgré toutes ses inconséquences, Bacon est un esprit foncièrement religieux, et il est fort loin de séparer sa science de sa foi. Qu'on en juge par ces lignes extraites de la préface de son principal ouvrage :

1. Voir la *Logique de l'hypothèse*, page 30.
2. *Notice sur M. Frantin* par M. Foisset. Dijon 1864 page 10.

« Comme le succès de notre entreprise ne dépend nullement de notre volonté, nous adressons à Dieu en trois « personnes nos très humbles et très ardentes supplications, afin qu'abaissant ses regards sur les misères du « genre humain, et sur le pélerinage de cette vie, où nos « jours sont courts et mauvais, il daigne dispenser par nos « mains de nouveaux bienfaits à la famille humaine. Daigne « donc, ô Père de toute sagesse, qui as fait la lumière visible « pour être les prémices de la création, et qui, mettant la dernière main à tes œuvres, fis briller sur la face humaine la « lumière intellectuelle, daigne favoriser et diriger cet ouvrage, qui, étant parti de ta bonté, doit retourner à ta propre gloire ! Toi, lorsque tu tournas tes regards vers l'œuvre que tes mains avaient opérée, tu vis que tout était bon; « mais l'homme, lorsqu'il se tourne vers l'œuvre de ses « mains, voit que tout n'est que vanité et tourment d'esprit, « et ne trouve aucun repos. Si donc nous arrosons de nos « sueurs l'œuvre de ta main, tu daigneras nous rendre participants de ta vision et de ton sabbat. Daigne fixer dans « nos cœurs ces sentiments si dignes de toi, et dispenser à la « famille humaine de nouvelles aumônes, par nos mains et « par les mains de ceux à qui tu auras inspiré d'aussi saintes « intentions » (1). Ailleurs il écrit : « Il est vrai qu'un peu « de philosophie naturelle incline les hommes vers l'athéisme ; mais une philosophie plus profonde les ramène à la « religion. En effet l'intelligence humaine, tant qu'elle envisage les causes secondes dans leur isolement, peut s'y « arrêter et ne pas aller au delà ; mais lorsqu'elle s'élève à « la contemplation du lien étroit qui les rassemble et les réunit, « il lui est nécessaire de recourir à l'idée de la Providence « divine. » (2)

1. *Instauratio magna.* — Distribution de l'ouvrage.
2. Verum est, parum philosophiæ naturalis homines inclinare in atheismum; at altiorem scientiam eos ad religionem circumagere. Etc.

La foi religieuse de Bacon est incontestable ; quelle a été l'action de cette foi sur le travail du savant ? La science est à ses yeux un riche trésor consacré à l'adoucissement de la condition humaine et à la gloire de l'auteur de toutes choses : « Les trois degrés par lesquels la science s'élève à l'unité « sont quelque chose de semblable à cette triple acclamation : « *sanctus, sanctus, sanctus,* car Dieu est saint dans la mul- « titude de ses œuvres, saint dans l'ordre qu'il y a mis, et « saint dans leur harmonie (1) ». Ce passage manifeste une disposition d'esprit semblable à celle qui anima habituellement Képler. Pour Bacon ce n'est qu'une lueur passagère ; il lui arrive même, en ce qui concerne l'idée de l'ordre et de l'harmonie, de s'exprimer dans un sens contraire aux paroles qu'on vient de lire ; mais quelle a été son œuvre essentielle ? Il a proclamé, contre l'esprit de système, la nécessité de l'observation ; il l'a fait avec un éclat extraordinaire qui constitue la part la plus solide de sa gloire. Or voici comment il s'exprime à ce sujet. Je cite l'avertissement placé en tête de son *Histoire naturelle et expérimentale :*

« On ne saurait assez recommander aux hommes et les sup- « plier dans leur propre intérêt, de subordonner leur esprit à « l'observation attentive des choses... Une foule de systèmes « et de sectes peuvent apparaître dans tous les siècles, et « l'exubérance de ces sortes de productions est vraiment iné- « puisable. Telle fantaisie s'empare de celui-ci, telle autre « sourit à celui-là ; un jour pur et serein ne s'est pas encore « levé sur les choses. Chacun regardant l'univers du fond de « sa cervelle, comme du fond de l'antre de Platon, bâtit son

nim intellectus humanus, dum causas secundas intuetur sparsas, interdum iis acquiescere possit, nec alterius penetrare ; verum quum tandem catenam earum, connexarum inter se, et confœderatarum, contemplari pergat, necesse habet confugere ad providentiam et deitatem. — *Sermones fideles* XVI. Bacon a aussi résumé sa pensée dans cette phrase souvent citée : « Philosophia obiter libata a Deo abducit, pleniter hausta ad Deum reducit ».

1. *De dignitate et augmentis scientiarum.* Livre III, chapitre IV.

« système.... Ne dirait-on pas que nous expions le péché de « nos premiers parents, sans que pour cela nous soyons « corrigés de la tentation d'y tomber nous-mêmes? Ceux-ci « tentèrent de s'égaler à Dieu; leurs descendants prétendent « davantage, car nous créons des mondes, nous comman-« dons à la nature, nous la dominons; nous voulons que tout « soit selon les vues mesquines de notre présomption, non « suivant la sagesse divine, suivant les lois de la nature « même des choses. Je ne sais ce que nous torturons le plus « des choses ou des esprits ; mais, sans nous enquérir aucu-« nement des signes qui peuvent nous révéler le sceau de « Dieu, nous imprimons d'emblée celui de notre image à ses « créatures et à ses œuvres. Ce n'est donc pas sans sujet que « nous perdons de notre empire sur les créatures, et, bien qu'a-« près la chute de l'homme il lui ait été laissé quelque pouvoir « sur les créatures indociles pour les soumettre et les con-« duire par des moyens vrais et solides, notre insolence nous « fait perdre cette faculté, parce que nous voulons nous « élever au rang de Dieu et nous abandonner aux errements « de notre propre raison.

« Si nous nous sentons quelque humilité devant le Créateur; « si nous éprouvons ce sentiment de vénération qui proclame « en nous la gloire de ses œuvres ; s'il reste en nos cœurs « quelque amour pour nos semblables, assez de dévouement « au soulagement des besoins et des misères de l'humanité; « si nous sommes assez possédés de l'amour de la vérité pour « pénétrer le sens des choses ; si notre esprit n'a pas moins « horreur des ténèbres, et que nous soyons animés du désir « d'épurer l'entendement humain, il faut incessamment re-« commander aux hommes de rejeter en partie ou du moins « d'écarter ces systèmes frivoles et à rebours du droit sens, « qui ont formulé hardiment des thèses, là où il n'y avait lieu « qu'à des hypothèses, qui ont enchaîné l'expérience et se « sont insolemment posés au-dessus des œuvres de Dieu. C'est

« humblement, avec un sentiment de crainte révérentielle,
« et après s'être en quelque sorte purifiés de toute idée pré-
« conçue, que les hommes doivent aborder le grand livre de
« la création et en dérouler les pages, le contempler longue-
« ment, le méditer et s'en pénétrer religieusement. »

Le sens de ces paroles est clair. La puissance du créateur étant une puissance libre, nous ne saurions trouver dans notre raison l'origine nécessaire des choses. Lorsque nous substituons à l'observation des faits des systèmes enfantés par notre intelligence, nous méconnaissons la nature de l'œuvre divine. Observer c'est adorer; prétendre construire un monde de fantaisie, au lieu de constater l'œuvre réelle de la puissance infinie, c'est la folie de l'orgueil; l'humilité en présence de Dieu est la clé de la science. Tout le monde sait que Bacon a été le grand apôtre des droits de l'observation et de l'expérience; peu de gens savent que c'est dans la contemplation de la puissance du Créateur, opposée aux prétentions de l'esprit systématique, qu'il a puisé sa grande règle de méthode, en affermissant par l'influence de sa foi la direction naturelle du bon sens humain. Son erreur capitale a été de croire que l'expérience seule pouvait nous révéler la vérité, et de confondre les systèmes préconçus, dont il faut se défaire, avec les principes directeurs sans lesquels la pensée demeurerait stationnaire. Venons-en maintenant au principal fondateur de la physique moderne, à l'homme qui a déterminé le véritable objet de la science méconnu par Bacon. A quelle source Descartes a-t-il puisé ses pensées?

Descartes.

Descartes était un génie essentiellement mathématique; toutefois, lorsqu'il forma définitivement le projet de consacrer sa vie à la réforme de la science, il le fit dans un sentiment pieux, et pour répondre à un appel intérieur qu'il considéra comme une manifestation de la volonté divine (1). Sa vie n'offre aucun de ces contrastes qui jettent une ombre sur la mémoire de Bacon. Les honneurs du monde, les plaisirs de la société, le soin de sa fortune, les joies même de la famille, il sacrifia tout aux exigences d'une étude austère et continue. Le sentiment religieux qui l'avait animé pendant sa vie se manifesta d'une manière frappante au moment de sa mort. Il fut atteint d'une sorte particulière de délire qui lui ôta le sentiment des choses présentes, sans apporter aucun trouble dans l'exercice de ses facultés intellectuelles. Pendant tout ce temps, dit son biographe, « ceux qui l'approchaient, remarquèrent une singularité « assez particulière pour un homme que plusieurs croyaient « n'avoir eu la tête remplie toute sa vie que de philosophie et « de mathématiques ; c'est que toutes ses rêveries ne tendaient « qu'à la piété, et ne regardaient que la grandeur de Dieu « et les misères de l'homme (2) ». Les sentiments religieux de Descartes, de même que ceux de Bacon, se manifestent dans ses écrits scientifiques. Il vient d'établir dans sa troisième *Méditation* la preuve de l'existence de l'être parfait, et il s'arrête dans la série de ses déductions pour tracer les lignes suivantes : « Mais auparavant que j'examine cela plus soigneu- « sement, et que je passe à la considération des autres vérités « que l'on en peut recueillir, il me semble très à propos de « m'arrêter quelque temps à la contemplation de ce Dieu tout « parfait, de peser tout à loisir ses merveilleux attributs, de « considérer, d'admirer et d'adorer l'incomparable beauté de « cette immense lumière, au moins autant que la force de « mon esprit, qui en demeure en quelque sorte ébloui, me le « pourra permettre. Car, comme la foi nous apprend que la « souveraine félicité de l'autre vie ne consiste que dans cette « contemplation de la majesté divine, ainsi expérimentons-

1 Voir Baillet. *La vie de M. Descartes*, tome I. page 81, et suivantes, et page 120.
2. Baillet, tome II, page 119.

« nous dès maintenant qu'une semblable méditation, quoique
« incomparablement moins parfaite, nous fait jouir du plus
« grand contentement que nous soyons capables de ressentir
« en cette vie. »

Descartes a commis des erreurs graves et nombreuses dans la construction de son système. Ces erreurs dérivent presque toutes de ce qu'il a méconnu la nécessité de l'observation proclamée par Bacon. Le fait est extraordinaire puisqu'il avait affirmé, sans réserves ni limites, le dogme de la liberté divine. Ce manque d'accord entre sa théorie métaphysique et sa méthode est une question d'histoire de la philosophie que nous n'avons pas à aborder ici. Au dessous des erreurs de sa construction systématique, il a posé, nous l'avons vu dans l'étude précédente, les fondements de la physique moderne, tels qu'ils subsistent aujourd'hui. Dans les chaînes qui réunissent les pensées humaines, il n'est pas d'anneau plus serré que celui qui rattache ses grandes découvertes à sa foi en Dieu. Les preuves surabondent, et je dois me borner à en choisir quelques-unes.

Descartes a affirmé, autant et plus que personne, le caractère rationnel du monde, c'est-à-dire l'accord des lois de la nature avec les lois de notre pensée. Son erreur, d'où procède le vice de méthode qui vient d'être indiqué, est d'avoir méconnu la nature hypothétique de nos théories, et le contrôle de l'expérience auquel elles doivent être soumises. De l'idée que la nature nous est intelligible, il a passé à l'idée fort différente que la raison seule peut construire le système de l'univers. Mais sur quel fondement repose sa conviction que le monde nous est intelligible? La raison a une confiance naturelle en elle-même, et croire à la raison c'est croire à l'accord de la pensée et de la réalité; mais cette confiance naturelle peut être ébranlée : le scepticisme est la manifestation historique de cet ébranlement. Descartes a présenté les arguments du scepticisme dans toute leur force. Sur quelle base replace-t-il l'intelligence pour la préserver des atteintes du doute? Sur la base de la foi en la véracité divine. « Il me « semble, dit-il, que je découvre un chemin qui nous con- « duira de la contemplation du vrai Dieu, dans lequel tous « les trésors de la science et de la sagesse sont renfermés, à « la connaissance des autres choses de l'univers. Car premiè- « rement je reconnais qu'il est impossible que jamais il me « trompe, puisqu'en toute fraude et tromperie il se rencontre « quelque sorte d'imperfection, et quoiqu'il semble que pou- « voir tromper soit une marque de subtilité ou de puissance, « toutefois vouloir tromper témoigne sans doute de la fai- « blesse ou de la malice, et partant cela ne peut se rencontrer « en Dieu. Ensuite, je connais par ma propre expérience qu'il « y a en moi une certaine faculté de juger, ou de discerner « le vrai d'avec le faux, laquelle sans doute j'ai reçue de Dieu, « aussi bien que tout le reste des choses qui sont en moi et « que je possède; et puisqu'il est impossible qu'il veuille me « tromper, il est certain aussi qu'il ne me l'a pas donnée « telle que je puisse jamais faillir lorsque j'en userai comme « il faut (1). » Lorsque notre esprit s'attache, non à nos préjugés, à nos imaginations vaines, à nos combinaisons d'idées qui peuvent toujours être fausses, mais aux éléments primitifs de l'intelligence, nous sommes en présence de l'œuvre de Dieu; d'où cette cette grande règle cartésienne que *nos conceptions claires et distinctes sont vraies.* Bacon faisait reposer la nécessité de l'observation sur l'idée de la puissance divine, en présence de laquelle nous devons nous humilier; Descartes fait reposer la confiance en notre raison sur l'idée de la bonté divine en laquelle nous devons nous confier. C'est un des points de doctrine sur lesquels il s'explique avec la plus entière lucidité. « Cela même que j'ai pris pour règle, « à savoir que les choses que nous concevons très clairement

1. *Méditation quatrième.*

« et très distinctement sont toutes vraies, n'est assuré qu'à « cause que Dieu est, et qu'il est un être parfait, et que tout « ce qui est en nous vient de lui.... Si nous ne savions point « que tout ce qui est en nous de réel et de vrai vient d'un « être parfait et infini, pour claires et distinctes que fussent « nos idées nous n'aurions aucune raison qui nous assurât « qu'elles eussent la perfection d'être vraies (1). » Et ailleurs : « La certitude et la vérité de toute science dépend de « la seule connaissance du vrai Dieu (2). » La foi est l'appui de la raison, et la raison, forte de cette appui, peut essayer de comprendre la nature.

Ce monde qui est réglé par des lois conformes à celles de notre intelligence est un, puisqu'il est l'œuvre d'un seul créateur, et cette unité est le principe de son harmonie.

Quelle est la nature des phénomènes du monde physique? Si l'on sépare les phénomènes matériels des sensations qu'ils nous font éprouver, ils se réduisent à un pur mécanisme. Cette pensée, aujourd'hui vulgaire, était à l'origine une conception d'une hardiesse extrême, qui n'a pu s'établir dans le domaine de la science que par une lutte ardente et prolongée. Quelle était, dans l'esprit de Descartes, la base d'une théorie aussi nouvelle et aussi hardie? C'est d'abord la distinction nettement établie entre les phénomènes extérieurs qui nous sont révélés par les sens corporels et les phénomènes psychiques qui ne se manifestent qu'au sens intérieur. Nous ne devons attribuer au corps, objet de nos perceptions sensibles, aucune des propriétés de l'âme. Or, si l'on enlève de notre conception du corps toutes les propriétés qui supposent un rapport entre les faits matériels et l'esprit, telles que sont les sensations de la lumière, de la chaleur, de la couleur, du son, rien ne reste concevable pour nous dans la matière que

1. *Discours de la méthode*, IVe partie.
2. *Méditation cinquième*, à la fin.

le mécanisme. Si donc l'univers matériel nous est intelligible, l'explication de ces phénomènes doit se rencontrer dans ce que nous pouvons concevoir. Mais qui est-ce qui nous garantit que le monde nous soit intelligible, ou que la science soit possible? La foi en Dieu, qui justifie et affermit notre confiance naturelle dans la raison. Tel est l'enchainement des pensées de Descartes ; c'est pourquoi son ouvrage des *Principes de la philosophie*, dont la physique est le but, s'ouvre par des prolégomènes exclusivement consacrés à établir la distinction de l'âme et du corps et l'existence de Dieu. Ces prolégomènes sont dans un rapport immédiat avec la réforme de la science dont Descartes a été le principal agent ; nos physiciens actuels, dès qu'ils s'élèvent à des théories un peu générales, les supposent toujours, souvent sans s'en rendre compte.

Toutes les explications de la physique devant être cherchées dans la mécanique, les lois du mouvement deviennent la base fondamentale de la science. Descartes en établit deux principales : la loi d'inertie qu'on lit dans les traités contemporains de mécanique dans les termes mêmes où il l'a formulée, et la loi de la constance de la force qui a dû être modifiée dans son expression, mais qui, quant à son fond essentiel, est restée telle qu'il l'avait établie. Ce sont là des vérités deux fois séculaires, qu'on prend à tort pour des découvertes modernes parce qu'elles ont momentanément disparu du grand courant de la science, pour y reparaître de nos jours avec un nouvel éclat.

La loi d'inertie, en tant qu'elle affirme qu'un corps inanimé ne passe pas par lui-même de l'état de repos à l'état de mouvement, est conforme aux apparences, et il n'y a pas de question à poser au sujet de son origine ; mais l'affirmation qu'un corps une fois en mouvement continuerait à se mouvoir indéfiniment avec la même vitesse est une affirmation très-audacieuse, fort contraire aux données immédiates de l'expérience.

Quelle a été son origine dans la pensée de Descartes? le voici: Dieu est la première cause du mouvement, et Dieu, en vertu de sa perfection, agit d'une façon qui ne change pas, en sorte que nous devons admettre que la puissance motrice universelle qui est l'expression de sa volonté demeure constante (1). C'est sur la même pensée que s'appuie l'affirmation que tout corps qui se meut tend à continuer son mouvement en ligne droite. « Cette règle, comme la précédente, dépend de ce que Dieu est « immuable, et qu'il conserve le mouvement en la matière par « une opération très-simple : car il ne le conserve pas comme « il a pu être quelque temps auparavant, mais comme il est « précisément au même instant qu'il le conserve » (2). Or « de tous les mouvements, il n'y a que le droit qui soit en-« tièrement simple ; et dont toute la nature soit comprise en « un instant » (3). Descartes ne se dissimule point que ces règles semblent contraires à l'expérience sensible; il se croit obligé toutefois de les poser: « car quel fondement plus « ferme et plus solide pourrait-on trouver pour établir une « vérité, que de prendre la fermeté même et l'immuabilité « qui est en Dieu » (4)? On voit ici, avec une entière évidence, le lien qui rattache les bases de la physique aux conceptions religieuses; c'est pourquoi Descarte estime que « les athées « sont pour l'ordinaire plus arrogants que doctes et judicieux», et il attribue la maladie intellectuelle dont ils souffrent à ce que « beaucoup, se voulant acquérir la réputation d'esprits « forts, ne s'étudient à autre chose qu'à combattre avec arro-« gance les vérités les plus apparentes » (5). Il est impossible de nier que les grandes théories de Descartes, dans leurs parties vraies et durables, ont été, dans son esprit, la conséquence immédiate de sa foi en Dieu; vouloir les faire dériver d'une

1. *Principes*, Partie II, § 36.
2. *Principes*, Partie II, § 39.
3. *Le monde*, chapitre VII.
4. *Ibid.*
5. Epitre en tête des *Méditations*.

autre source serait une tentative condamnée par l'abondance et la précision des textes dans lesquels il a exposé sa manière de voir (1). En constatant ce fait, on lui a parfois reproché l'intervention de la pensée religieuse dans la construction d'une science qui doit reposer sur la seule base de l'observation. Le reproche paraît bizarre lorsqu'on a reconnu que les observations qui ont validé les bases de la physique moderne sont la confirmation expérimentale de théories qui ne pouvaient pas naître de l'expérience. Si la pensée de Descartes, celle de Kopernik et celle de Newton avaient été purgées de cet élément religieux que blâment quelques-uns de nos contemporains, nous en serions peut-être encore au système de Ptolémée en astronomie, et à la doctrine des formes substantielles en physique.

Galilée.

Descartes a été le plus puissant des initiateurs de la science moderne; mais l'audace même de sa pensée et le vice de sa méthode l'ont jeté dans de grandes erreurs. Galilée a été plus sage. Il a tracé les règles de la véritable méthode pour l'étude des phénomènes naturels, en montrant que nous découvrons les lois au moyen d'hypothèses qui doivent être continuellement subordonnées au contrôle de l'expérience. Quel est le principe qui doit diriger la pensée dans le choix des hypothèses? Voici la réponse de Galilée: « Les lois de la nature « sont les plus simples qui se puissent.... Élevons donc notre « pensée jusqu'à la règle *la plus parfaite* et *la plus simple*, « nous formerons la plus vraisemblable des hypothèses. Sui- « vons en curieusement les conséquences; que les mathéma-

1. Il me semble que M. Liard dans son très estimable travail sur Descartes (1 vol. in-8, 1882) n'a pas distingué, comme il convient de le faire, la construction métaphysique de ce philosophe et son idée de Dieu, idée qui est le fond commun de sa méthode, de sa physique et de toute sa philosophie.

« tiques les transforment sans scrupule en théorèmes élé-
« gants; nous ne risquons rien. La géométrie a étudié déjà
« bien des courbes inconnues à la nature, et dont les pro-
« priétés ne sont pas moins admirables; c'est à elle seule
« qu'appartiendront nos résultats si l'expérience ne les con-
« firme pas » (1). C'est l'argument de la simplicité des lois de la nature qui fait accepter à Galilée la doctrine de Kopernik, doctrine qui devait jouer un si grand rôle dans ses destinées. Un des interlocuteurs du *Dialogue sur les systèmes du monde* exprime la pensée de l'auteur en faisant remarquer que « la
« multiplicité et la confusion des moyens à l'aide desquels
« les résultats seraient produits dans le système de Ptolémée,
« conduiraient à la nécessité de rejeter bon nombre d'axiomes
« généralement admis dans la science philosophique: par
« exemple, que la nature ne multiplie pas les choses sans né-
« cessité, et qu'elle se sert des moyens les plus faciles et les
« plus simples pour produire ses effets; qu'elle ne fait rien
« en vain, et d'autres semblables. Il regarde les explications
« si simples et si faciles du système de Kopernik comme la
« plus merveilleuse spéculation de l'intelligence humaine » (2).

Que faut-il entendre par cette nature qui se sert des moyens les plus simples? Aucun doute à cet égard n'est possible. Pour Galilée, cette nature, dont l'intelligence est merveilleuse, c'est le Créateur sage et puissant. Il a le sentiment que ses adversaires, ceux qui condamnaient ses doctrines comme impies, opposaient les décrets d'une théologie égarée aux conséquences naturelles d'une foi sérieuse en Dieu. Il écrit dans sa défense adressée à la grande duchesse Christine :

« Interdire toute science astronomique, que serait-ce, sinon
« condamner cent passages de l'Écriture Sainte qui nous en-
« seignent comment la gloire et la grandeur du Dieu tout puis-

1. Galilée et ses travaux, dans les *Fondateurs de l'astronomie moderne*, par Joseph Bertrand.
2. *Galilée*, par le docteur Max Parchappe, page 383.

« sant se révèlent merveilleusement dans toute la création, et
« se lisent divinement dans le livre ouvert du ciel? Et qu'on ne
« croie pas que la lecture des grandes pensées écrites sur ces
« pages s'arrête à la contemplation de la splendeur du soleil et
« des étoiles, de leur lever et de leur coucher; c'est le terme
« au-delà duquel ne peuvent pénétrer les regards des animaux
« et du vulgaire. Il y a là des mystères si profonds, des con-
« ceptions si sublimes, que les veilles et les travaux des plus
« subtils génies par centaines, n'ont pu encore parvenir à les
« pénétrer entièrement, malgré des investigations continuées
« pendant des milliers d'années. Il faut que les ignorants
« l'apprennent. De même que ce que les yeux embrassent dans
« l'aspect extérieur du corps humain est bien peu de chose, en
« comparaison des admirables artifices que savent y découvrir
« un habile anatomiste et un philosophe quand ils s'enquièrent
« de l'usage de tant de muscles, de tendons, de nerfs et d'os,
« quand ils examinent l'action du cœur et des autres organes
« principaux, quand ils recherchent le siège des facultés vi-
« tales, observent la merveilleuse structure des organes des
« sens, et contemplent, sans se lasser d'admirer et d'interro-
« ger, le réceptacle de l'imagination, de la mémoire, de l'in-
« telligence; de même ce qui tombe purement sous le sens de
« la vue n'est rien pour ainsi dire en proportion des pro-
« fondes merveilles qu'au prix de longues et soigneuses ob-
« servations, le génie de ceux qui savent peut découvrir
« dans le ciel. (1) »

Galilée, hardi novateur, conserve à la base de ses travaux la pensée religieuse sagement interprétée, et l'on voit, dans le passage qui précède, qu'il estime que les progrès de l'astronomie sont de nature à accroître le sentiment de l'adoration du Créateur des mondes. C'est la même pensée qu'exprime Charles Bonnet dans sa *Contem-*

1. Parchappe, page 137.

plation de la nature (1) lorsqu'il écrit : « Les cieux *racontent* « *la gloire du Créateur ; et l'étendue fait connaître l'ouvrage* « *de ses mains.* Le génie sublime, qui s'énonçait avec tant « de noblesse, ignorait cependant que les astres qu'il con- « templait fussent des soleils. Il devançait les temps, et en- « tamait le premier hymne majestueux, que les siècles fu- « turs, plus éclairés, devaient chanter après lui à la louange « du Maître des mondes. » Si le nom de Galilée rappelle un des principaux conflits de la science avec la théologie, il doit rappeler aussi à ceux qui ont étudié ses œuvres, l'influence exercée sur les progrès de l'astronomie par la foi en la sagesse du Créateur. La confusion établie entre les doctrines de la théologie et les vérités fondamentales de la religion vicie gravement les polémiques où elle s'introduit.

Newton.

Newton a un double rôle dans l'histoire de la science : il a fait accomplir d'immenses progrès à l'astronomie et à certaines parties de la physique ; d'autre part, un peu par sa faute, et plus encore par le fait de l'inintelligence de ses disciples, en substituant la théorie de l'émission à celle des ondulations lumineuses, et en niant le principe cartésien de la constance de la force, il a amené un recul dans la science générale de la nature. Ce fait a été constaté dans notre précédente étude ; nous avons à envisager spécialement ici la grande découverte qui a le plus illustré son nom, celle de la gravitation universelle. Cette découverte excita un enthousiasme immense, et semble avoir produit une impression religieuse, même sur l'âme de Voltaire. Voici quelques vers extraits de sa *Lettre à Émilie sur la physique de Newton :*

1. Partie I, chapitre

« Dieu parle, et le chaos se dissipe à sa voix.
« Vers un centre commun tout gravite à la fois.
« Ce ressort si puissant, l'âme de la nature,
« Était enseveli dans une nuit obscure.
« Le compas de Newton, mesurant l'univers
« Lève enfin ce grand voile, et les cieux sont ouverts.

. . . .

« Que ces objets sont beaux ! Que notre âme épurée
« Vole à ces vérités dont elle est éclairée !
« Oui, dans le sein de Dieu, loin de ce corps mortel,
« L'esprit semble écouter la voix de l'Éternel.

Quant à Newton lui-même, il éprouva le besoin de rendre témoignage de sa foi non-seulement comme homme dans les relations privées de la vie, mais comme savant et dans les ouvrages qui ont fondé sa renommée. En terminant le livre des *Principes mathématiques de la philosophie naturelle*, dans lequel il a établi le vrai système des mouvements célestes, il s'exprime ainsi (1) : « Le maître des cieux régit toutes « choses, non comme étant l'âme du monde, mais comme « étant le souverain de l'univers. C'est à cause de sa souve- « raineté que nous l'appelons le Dieu souverain. Il régit « toutes choses, celles qui sont et celles qui peuvent être. Il « est le Dieu un, et le même Dieu partout et toujours. Nous « l'admirons à cause de ses perfections, nous le vénérons et « l'adorons à cause de sa souveraineté. Un Dieu sans sou- « veraineté, sans providence et sans but dans ses œuvres, ne « serait que le destin ou la nature. Or, d'une nécessité méta- « physique aveugle, qui est partout et toujours la même, « nulle variation ne saurait naître. Toute cette diversité des « choses créées selon les lieux et les temps (qui constitue « l'ordre et la vie de l'univers) n'a pu être produite que « par la pensée et la volonté d'un être qui soit l'être par « lui-même et nécessairement. »

La science de Newton confirma donc sa foi ; il a pris soin de le dire assez haut pour qu'il ne soit permis à personne de

1. Extrait du *Scholie général* qui termine l'ouvrage.

l'ignorer; mais cette science qui confirma sa foi était née sous l'impulsion de cette foi même. Il a réalisé un grand progrès en expliquant par une loi unique les trois lois astronomiques découvertes par Képler. C'était faire un pas important dans la voie de l'unité et de la simplicité. Pourquoi chercha-t-il l'unité et la simplicité? Pour observer les « règles « qu'il faut suivre dans l'étude de la physique (1) ». Newton, en effet, marchant sur les pas de Galilée, et conciliant dans une heureuse harmonie les vues divergentes de Bacon et de Descartes au sujet de la méthode, veut que toutes nos théories soient soumises au contrôle de l'expérience; mais il sait que des règles *a priori* doivent présider au choix des hypothèses à contrôler. La première de ces règles est le principe de simplicité. D'où la reçoit-il? D'une tendance naturelle à la raison, sans doute, mais d'une tendance entretenue et fortifiée par la pensée du Dieu unique et souverainement sage; c'est lui-même qui nous en informe. « N'est-ce pas, « disait-il, une preuve que nous approchons de Dieu, à me- « sure que nous arrivons à des lois plus simples et plus gé- « nérales (2) ».

Leibniz.

Leibniz, dont le génie encyclopédique a marqué sa trace dans tant de directions diverses, a été en physique le plus

1. Ces règles sont exposées au début du Livre III des *Principes*.
2. *Isaac Newton*, par J. L. M. page 24. — Un professeur de New-York, M. Draper, a publié en 1875, un volume sur *les conflits de la science et de la religion*. On peut y lire les affirmations suivantes: « Newton démontre que le système solaire est gouverné par la nécessité mathématique. » (page 164)— « La théorie de Newton prouve que le soleil, non-seulement est, mais doit être le centre de notre système; que les lois de Képler ne sont pas seulement un fait, mais le produit de la nécessité mathématique, et qu'il est impossible qu'elles soient autres qu'elles ne sont » (page 171). — M. Draper estime donc que Newton a démontré des thèses qui sont directement le contraire de ce que Newton a affirmé en termes précis.

grand des cartésiens; il a continué Descartes en le corrigeant. Son nom ne demeure pas attaché à des découvertes de détail bien saillantes, mais il a exercé une influence considérable sur la marche de la science par ses idées générales et par ses découvertes mathématiques. Sa croyance religieuse est incontestable. L'on a fait jadis deux volumes des fragments de ses œuvres, dans lesquels il réfute l'athéisme, et posé les bases non-seulement du théisme mais des croyances chrétiennes, et l'on a publié, depuis cette époque, plusieurs de ses ouvrages demeurés inédits qui offrent de nouveaux documents pour une collection de cette nature (1). Dans son œuvre, comme dans celle de Descartes, le rapport des principes directeurs avec leur centre commun, la pensée de Dieu, est très manifeste. Il dit que son idée du calcul différentiel a été puisée « à la source philosophique la plus profonde (2) ». On a donc le droit de supposer qu'il existe un rapport direct entre sa conception de la nature divine (la source philosophique la plus profonde ne peut pas s'entendre autrement) et sa grande découverte mathématique. C'est du reste un point d'histoire sur lequel je ne me sens pas le droit d'avoir une opinion, d'autant plus qu'il faudrait, avant de prononcer, étudier comparativement la découverte du calcul infinitésimal par Newton. En ce qui concerne la physique, le centre de la pensée de Leibniz est l'harmonie établie par Dieu entre tous les éléments de l'univers. Il conçoit l'organisation du monde tel qu'il est maintenant, comme le résultat d'un développement continu et progressif du plan créateur, développement effectué par la réalisation de la virtualité propre des choses créées. Cette conception agit directement sur ses

1. En particulier : *Système religieux de Leibniz*, un vol. in-12. Paris 1846.

2. *Fortasse non inutile erit ut nonnihil in præfatione operis tui attingas de nostrâ hâc analysi infiniti, ex intimo philosophiæ fonte derivatâ* — Lettre à Fardella, publiée par Foucher de Careil dans les *Nouvelles lettres et opuscules inédits de Leibnitz*, page 327.

théories scientifiques. Il s'en sert, en particulier pour établir le principe de la conservation de la force. On peut le constater, soit dans ses lettres à Bourguet (1), soit dans le passage suivant de son traité des *Principes de la nature et de la grâce*: « La sagesse suprême de Dieu lui a fait choisir sur« tout les lois du mouvement les mieux ajustées, et les plus « convenables aux raisons abstraites ou métaphysiques. Il « s'y conserve la même quantité de force totale et absolue, « ou de l'action; la même quantité de force respective, ou « de la réaction; la même quantité enfin de la force direc« trice. De plus l'action est toujours égale à la réaction, et « l'effet entier est toujours équivalent à sa cause pleine. Il « est surprenant, de ce que par la seule considération des « causes efficientes, ou de la matière, on ne saurait rendre « raison de ces lois du mouvement découvertes de notre « temps, et dont une partie a été découverte par moi-même. « Car j'ai trouvé qu'il y faut recourir aux causes finales, et « que ces lois ne dépendent point du principe de la néces« sité, comme les vérités logiques, arithmétiques et géomé« triques, mais du principe de la convenance, c'est-à-dire « du choix de la sagesse. Et c'est une des plus efficaces et « des plus sensibles preuves de l'existence de Dieu, pour « ceux qui peuvent approfondir ces choses (2) ». La preuve de l'existence de Dieu indiquée dans ces paroles est le résultat d'un cercle qui se referme; la pensée arrive, par l'intermédiaire de la science, à confirmer l'idée de la sagesse suprême qui a été son point de départ.

Le côté faible de Leibniz est sa théorie de la liberté. On voit, en même temps, dans sa *Théodicée*, la tendance générale de sa pensée et la grave lacune qu'elle renferme. Il n'a pas conçu l'harmonie conditionnelle de l'ordre moral; il a

1. Edition Dutens. Tome II, partie I, page 335.
2. Edition Erdmann, page 716.

voulu étendre à l'univers entier la conception de l'harmonie fixe de la nature ; aussi fait-il de vains efforts pour donner place dans son système au fait de la responsabilité humaine. C'est là du reste le caractère général de la philosophie du xviie siècle, dont l'œuvre essentielle, au point de vue scientifique, s'est accomplie dans le domaine des sciences mathématiques et physiques. Dans ce domaine, tout le travail de la pensée est pénétré et dirigé par la croyance à l'unité de Dieu, du Dieu souverainement sage, cette grande conquête que le moyen-âge, héritier de la prédication chrétienne, avait léguée au monde moderne. Je n'ai fourni à cet égard que des indications rapides ; mais il sera facile à ceux qui voudront en prendre la peine de recueillir, par la lecture des écrits des fondateurs de la science, des preuves abondantes à l'appui de mon affirmation.

Nous sommes arrivés, avec Leibniz et Newton, à la fin de la période qui est proprement celle des fondateurs. Tous, sans exception, ont trouvé dans leur croyance au Dieu un, puissant et sage, la confirmation et le développement des tendances naturelles de la raison. Il est donc permis de dire, sans méconnaître à aucun degré la nécessité de l'observation et de l'expérience, conditions indispensables des théories vraies, que leur science s'est produite sous l'influence de leur foi.

Laplace.

En approchant de l'époque contemporaine on rencontre un nom illustre, que l'on pourrait opposer semble-t-il à l'application générale des considérations qui précèdent. Ce nom est celui de Laplace. A considérer la science en général, Laplace occupe une situation au-dessus de laquelle il y en a peu ou point ; mais ce n'est pas un initiateur, un fondateur dans le vrai sens du terme. Le but que je poursuis pouvant me rendre suspect de quelque partialité, je laisserai la parole sur ce sujet à des hommes qu'un tel soupçon ne saurait atteindre. Dans ses *Eloges historiques*, Fourier, secrétaire perpétuel de l'Académie des sciences, a caractérisé le génie de Laplace en ces termes : « On ne peut pas affirmer qu'il lui eût été « donné de créer une science entièrement nouvelle, comme « l'ont fait Archimède et Galilée, de donner aux doctrines « mathématiques des principes originaux et d'une étendue « immense, comme Descartes et Leibniz, ou, comme Newton, « de transporter le premier dans les cieux et d'étendre à tout « l'univers la dynamique terrestre de Galilée. Mais Laplace « était né pour tout perfectionner, pour tout approfondir, « pour reculer toutes les limites, pour résoudre ce qu'on « aurait pu croire insoluble. Il aurait achevé la science du « ciel si cette science pouvait être achevée. »

M. Barthélemy St.-Hilaire reproduit et confirme ce jugement. « Laplace est venu accomplir ce que Newton avait « commencé. La *mécanique céleste* est un développement « systématique et régulier des principes newtoniens ; mais « elle ne fait qu'exposer, avec toutes les ressources de l'ana- « lyse la plus étendue et la plus exacte, les lois qu'un autre « avait révélées sur le véritable système du monde. C'est un « prodigieux ouvrage ; mais l'invention consiste dans les « formules et les démonstrations plutôt que dans le fond « même des choses. C'est la loi de la pesanteur universelle « poursuivie sous toutes ses faces dans les corps innombra- « bles qui peuplent l'espace, et dont les principaux sont ac- « cessibles à notre observation et soumis à nos calculs. La- « place lui-même ne s'est pas flatté de faire davantage ; mais « il y a porté une telle puissance et une telle fécondité d'ana- « lyse qu'en y démontrant tout, il a semblé tout produire, « bien qu'il se bornât à tout organiser et à mettre tout en « ordre (1) ».

1. Préface à la *Physique d'Aristote*, page CLVI.

Laplace n'est donc pas un initiateur, l'auteur d'une direction nouvelle de la pensée. Dans sa *Mécanique céleste*, il est le continuateur de Newton ; dans son hypothèse de la nébuleuse primitive, il développe un germe créé par le génie de Descartes. Il suit l'impulsion qui vient de ses devanciers ; il applique leurs principes tels qu'il les a reçus. Il admet en particulier, et proclame, à plus d'une reprise, le principe de la simplicité, qu'il cite à l'appui du système de Kopernik, et qu'il donne pour base à la loi d'inertie. Si la croyance à l'existence du Créateur puissant et sage n'est pas exprimée dans ses œuvres, elle y est présente toutefois, d'une manière médiate mais très réelle, par l'influence qu'elle y exerce à travers l'œuvre de ses prédécesseurs qu'il continue en la développant.

La position de Laplace à l'égard de l'idée religieuse offre du reste la matière d'une étude intéressante. « Il semble, dit-« il, que la nature ait tout disposé dans le ciel pour assurer « la durée du système planétaire, par des vues semblables à « celles qu'elle nous paraît suivre si admirablement sur la « terre pour la conservation des individus et pour la perpé-« tuité des espèces. » (1) Voilà la nature intelligente, qui se propose un but et qui le poursuit au moyen de vues admirables. L'auteur continue : « Cette considération seule expli-« querait la disposition de ce système, si le géomètre ne « devait pas étendre plus loin sa vue, et chercher dans les « lois primordiales de la nature, la cause des phénomènes « les plus indiqués par l'ordre de l'univers.... Newton affir-« me que *l'admirable arrangement du soleil, des planètes et* « *des comètes, ne peut être que l'ouvrage d'un être intelligent* « *et tout puissant*.... Mais cet arrangement ne peut-il pas « être lui-même un effet des lois du mouvement ; et la su-

1. *Exposition du système du monde*, à la fin, page 442 de la 4e édition — Cette fin de l'ouvrage à été remaniée dans l'édition suivante, l'hypothèse de la nébuleuse ayant passé du texte dans une note.

« prême intelligence que Newton fait intervenir, ne peut-elle « pas l'avoir fait dépendre d'un phénomène plus général ? « Tel est, suivant nous, celui d'une matière nébuleuse éparse « en amas divers dans l'immensité des cieux. »

Ces lignes sont du plus haut intérêt. La pensée de l'auteur est que l'ordre actuel de l'univers peut résulter de l'application des lois physiques à la nébuleuse primitive, et il remarque que, dans ce cas, l'ordre présent des choses résulterait de lois générales et de la diversité primordiale des amas de la matière. Dans cette supposition, l'œuvre de la suprême intelligence serait aussi manifeste dans la disposition primitive de la matière, et dans les lois qui la régissent, que dans l'état présent des choses, puisque cet état présent serait virtuellement contenu dans l'état supposé primitif. L'antécédent physique des phénomènes ne remplace point en effet la cause qui les a produits et l'intelligence qui les a disposés. Laplace semble donc reconnaître cette vérité trop souvent méconnue que les causes efficientes sont d'un autre ordre que les causes finales, et qu'en dernier résultat Leibniz a raison, quand il cherche dans les causes finales, c'est-à-dire dans les intentions du Créateur, la raison d'être des causes efficientes. Mais cette vue si claire de la vérité parait se troubler, lorsque l'auteur écrit à la page « suivante : « Parcourons l'histoire de l'esprit humain et de « ses erreurs : nous y verrons les causes finales reculées « constamment aux bornes de ses connaissances... Elles ne « sont aux yeux du philosophe que l'expression de l'igno- « rance où nous sommes des véritables causes. » Laplace semble bien tomber ici dans l'erreur même dont il venait de se préserver, et croire que l'étude des causes physiques peut détruire la considération des causes finales. Pour en revenir à mon objet direct, ce savant a bien pu négliger dans ses travaux la pensée de la sagesse du Créateur, mais il a suivi les principes directeurs dont cette pensée avait été la source pour Kopernik, Képler, Galilée et Newton. On peut dire figurément que si le soleil est absent de son œuvre, son œuvre toutefois est visiblement éclairée par les rayons de l'astre du jour.

Passons à des temps plus modernes. A côté des hommes qui développent et cultivent les germes du passé, nous rencontrons des esprits particulièrement doués du génie des découvertes, des initiateurs. Ces hommes sont placés sous l'influence des mêmes convictions qui animèrent les fondateurs, et ces convictions leur fournissent les mêmes principes.

Ampère.

Ampère est un des meilleurs types du génie scientifique. Ses lois si belles et si simples de l'électro-magnétisme qui seront, dans l'opinion de M. Littré (1), le fondement de sa gloire la plus durable, ne sont qu'une partie de ses vastes travaux. Sa foi religieuse, ardente dans sa jeunesse, puis ébranlée pendant quelques années, redevint ferme et sereine à l'époque de sa maturité. « Nous l'avons toujours vu, dit Ste-Beuve, allier et con« cilier sans effort, de manière à frapper d'étonnement et de res« pect, la foi et la science (2) ». Les grandes vérités de l'ordre spirituel n'étaient pas seulement pour lui des objets de foi, mais de certitude scientifique. «L'existence de l'âme et de Dieu, disait« il, est une hypothèse, mais c'est une hypothèse démontrée, « aussi certaine que celles de Kopernik et de Newton. Or, il « n'y a point, dans tout ce qui n'est pas d'intuition immédiate, « de plus grande certitude que celle qui repose sur l'évidence « d'une hypothèse démontrée (3) ». Cette pensée est facile à entendre. Un ordre particulier de phénomènes confirme une

1. Notice placée en tête du 2e volume (posthume) de l'*Essai sur la philosophie des sciences* de André-Marie Ampère.
2. *Portraits littéraires*, tome I.
3. *La philosophie des deux Ampère*, publiée par Barthélemy St.-Hilaire, page 155.

théorie spéciale ; tous les phénomènes spirituels justifient la thèse de l'existence de l'âme ; et la science dans sa totalité, qui n'est que la connaissance progressive de l'ordre de l'univers, témoigne en faveur de l'existence de l'ordonnateur suprême. Laplace dans ses travaux s'est borné à suivre le courant de la science établi par ses devanciers, Ampère remonte à la source, comme avaient fait Descartes, Newton et Leibniz. A sa foi religieuse il unissait un ardent amour pour les recherches méthaphysiques, amour satisfait et entretenu par ses relations d'amitié avec Maine de Biran. La tendance religieuse et philosophique de ses pensées fut le principe directeur de ses travaux comme de sa vie.

Liebig.

Liebig appelle des réflexions de même nature que celles qui concernent Ampère. M. Moleschott, qui combat ses doctrines en leur opposant un matérialisme sans voiles, le considère comme « le plus grand chimiste de l'Allemagne ». Pour le contredire, il est obligé de reconnaître que le plus grand chimiste de l'Allemagne était dominé par une conviction qui lui faisait écrire des lignes comme celles-ci : « La simple con-
« naissance expérimentale de la nature nous impose, avec
« une force irrésistible, la conviction que ce quelque chose
« (l'esprit humain) n'est pas la limite en dehors de laquelle il
« n'existe plus rien qui lui ressemble ou qui soit plus parfait
« que lui. Notre perception n'atteint que les degrés inférieurs.
« Cette vérité, comme toutes les autres dans les sciences physi-
« ques, établit l'existence d'un être supérieur, dont nos sens ne
« peuvent donner l'idée ni la connaissance, que le perfection-
« nement des instruments de notre esprit peut seul nous faire
« concevoir dans sa grandeur et sa sublimité (1) ».

1. Liebig. Lettres sur la chimie, (en allemand) p. 31. — Moleschott. *La circulation de la vie.* Lettre 1.

Liebig ne considère pas sa croyance religieuse et ses travaux scientifiques comme deux faits simplement juxtaposés; il estime que la pensée religieuse guide la science dans la voie de la vérité, et la préserve des faux pas. Il met cette pensée en évidence dans une confession personnelle. Il croyait avoir découvert une application de la chimie à l'agriculture, dont les effets devaient être de remédier à l'épuisement du sol. Sa découverte se trouva fausse; et une étude plus attentive de son objet l'amena à constater que le but qu'il poursuivait se trouvait réalisé, par une voie dont il ne s'était pas douté. Voici comment il s'exprime dans des pages datées de 1862. « Après avoir soumis tous les faits à un examen nouveau et « approfondi, j'ai découvert la cause de mon erreur. J'avais « péché contre la sagesse du Créateur, et j'avais reçu ma juste « punition. Je voulais perfectionner son œuvre, et, dans mon « aveuglement, je croyais que dans l'admirable chaîne des « lois qui président à la vie sur la surface de la terre, et la « maintiennent toujours dans sa fraicheur, il manquait un « anneau, que moi, le faible et impuissant vermisseau, je « devais remplacer. Il y avait été pourvu, mais d'une manière « si merveilleuse que la possibilité d'une pareille loi n'avait « pas même abordé l'intelligence humaine (1) ». C'est dire en termes clairs que, dans l'opinion du plus grand chimiste de l'Allemagne, le doute sur la sagesse du créateur peut être cause qu'on se trompe, même dans une étude de chimie agricole.

Fresnel.

Les travaux de Fresnel sur la nature de la lumière ayant été l'un des points de départ de la rénovation contemporaine de la physique, il est intéressant de savoir sous quelles influ-

1. *Chimie appliquée à l'agriculture et à la physiologie* (en allemand) VIIe édition. Introduction, page 69.

ences il est parvenu à la théorie qui a illustré son nom. Son *Mémoire sur la diffraction de la lumière*, présenté à l'Institut en 1818, débute par une introduction dans laquelle il rend compte de la marche de sa pensée. Il indique l'existence de deux systèmes sur la nature de la lumière : celui de l'émission appuyé sur la grande autorité de Newton, et celui des vibrations d'un fluide, qui se rattache, par l'intermédiaire d'Euler, de Huyghens et de Hooke, aux travaux de Descartes. Fresnel adopte le deuxième système. Pourquoi ? Parce que la nature s'est proposé de faire beaucoup avec peu, de produire le maximum d'effets avec le minimum de causes, et que le système des ondulations fournit des explications plus simples que celui de l'émission. Il développe longuement cette thèse, et il ajoute, mais seulement à titre d'argument secondaire, que le système des ondulations explique certains phénomènes de la diffraction de la lumière, que le système de l'émission n'explique pas. Chacun peut s'assurer en consultant le texte de Fresnel que c'est le principe de la simplicité qui a dirigé sa pensée et qui a été l'origine de sa théorie (1). Mais qu'entendait-il par cette nature qui s'est proposé de faire beaucoup avec peu ? Sa pensée à cet égard n'est pas douteuse. Verdet nous fournit à cet égard les renseignements que voici : Fresnel fut élevé par une mère janséniste, et nourri des écrivains de Port-Royal. Ses opinions religieuses furent modifiées par le milieu au sein duquel il était placé, et par sa culture scientifique. Sa foi en une révélation surnaturelle fut ébranlée, mais (et c'est tout ce qui importe à l'objet de mon étude) « l'existence de Dieu, la « Providence, la liberté et l'immortalité de l'âme humaine, « les grandes doctrines spiritualistes d'où ces précieuses vé« rités lui paraissaient dépendre, étaient devenues la préoccu« pation constante de sa pensée, et il avait espéré qu'à force « de travail et de méditation il donnerait à ses convictions

1. Voir *La Logique de l'hypothèse*, pages 152 à 155.

« cette rigueur qui commande l'assentiment universel (1) ». Voilà la croyance de Fresnel. Cette croyance valide pour lui le principe de la simplicité, et la recherche de la simplicité des lois de la nature est le facteur essentiel de sa découverte.

Faraday.

Faraday était un chrétien fervent, membre d'une communauté religieuse séparée de l'Église anglicane. Il fut ancien de son Église, et ne renonça à la prédication qu'au moment où il dut abandonner l'enseignement scientifique. « Le nom « de Faraday doit donc être ajouté à la liste de ceux qui ont « été aussi sincères dans leur foi que profonds dans leur « science. (2) » Comme l'a fait remarquer M. Dumas, son génie fécond en hypothèses lui a fait découvrir nombre de vérités. Quel principe le dirigeait dans le choix de ses hypothèses? Il considérait le monde physique comme n'offrant qu'un seul phénomène : le mouvement, dirigé par une seule volonté (3). La conception d'une volonté unique, dont la nature entière est la manifestation, forme le lien de la croyance religieuse de Faraday avec ses travaux scientifiques. La pensée de l'unité divine le poussait à la recherche de l'harmonie des phénomènes ; et il fut ainsi préservé de l'influence de l'empirisme, qui avait conduit les disciples de Newton, souvent infidèles à la pensée de leur maître, à troubler le cours de la science. Voyant se manifester de plus en plus l'unité des forces physiques, par le résultat d'une série de travaux dans lesquels son œuvre propre occupe une place importante, il conçut l'espoir de découvrir les rapports de l'attraction avec les phénomènes de la physique

1. *Notice sur Verdet*, par A. De la Rive, page 16.
2. *Eloge historique de Michel Faraday.*
3. Voir l'*Eloge* par M. Dumas, et *Faraday inventeur*, par John Tyndall.

générale. Il écrit : « Le magnétisme n'était encore, il y a « quelques années, qu'une force occulte affectant seulement « un très petit nombre de corps ; l'on sait aujourd'hui qu'il « influence tous les corps, et qu'il a les rapports les plus « intimes avec l'électricité, la chaleur, l'action chimique, la « cristallisation, et, par la cristallisation, avec toutes les « forces mises en jeu dans la cohésion. Dans cet état actuel « des choses, nous nous sentons vivement pressés de conti- « nuer nos recherches, encouragés par l'espoir de découvrir « le lien qui rattache le magnétisme à la pesanteur (1). »

Robert Mayer.

Les travaux de Robert Mayer relatifs à la conservation de l'énergie ont exercé une influence considérable sur la reconstitution des bases de la physique. Robert Mayer a exposé ses vues générales sur la théorie de la chaleur, au congrès scientifique d'Insbruck, en 1869. Il s'est appliqué à tracer la ligne de démarcation qui sépare les phénomènes spirituels des actions physiques, dans des paroles citées dans ma première étude, puis il a remarqué que la possibilité de la science a pour condition l'accord entre les lois de la raison et les phénomènes. « Sans cette harmonie éternelle, établie par Dieu « entre le monde subjectif et le monde objectif, toutes nos « pensées seraient stériles (2). » Appuyé sur ce principe, il admet comme une loi primitive le caractère indestructible de la force, principe qui est visiblement pour lui le résultat de l'action constante du moteur universel. Les trois bases sur lesquelles s'élève la pensée de ce savant sont donc : l'immatérialité de l'âme, le caractère rationnel des phénomènes, et l'unité suprême qui fait l'harmonie de la nature, et l'harmonie

1. *Faraday inventeur*, par John Tyndall, page 85.
2. *Revue des cours scientifiques* du 22 janvier 1870.

de la nature et de l'esprit humain. Ce sont là les bases de la pensée des fondateurs de la science au XVIIe siècle, et très spécialement de Descartes. Nous les retrouvons, sans variation aucune, chez un des principaux initiateurs de la science contemporaine. Robert Mayer a moins établi la constance de la force comme une induction tirée de l'expérience qu'il n'a cherché dans l'expérience les preuves de sa théorie. On lit dans la préface du volume consacré par M. Cazin à la théorie de la chaleur (1). « La forme de raisonnement adopté par « plusieurs auteurs qui ont écrit sur la théorie mécanique de « la chaleur pourrait conduire à penser qu'ils appartiennent « à quelque école philosophique, et qu'ils ont puisé dans cer- « taines doctrines métaphysiques les principes dont ils se « servent; or, rien n'est moins exact qu'une telle opinion. « En disant que les phénomènes de la chaleur sont dûs à « certains mouvements de la matière, les physiciens expriment « simplement un fait d'expérience sur lequel il ne saurait y « avoir le moindre doute, et ils n'ont pas du tout la prétention « de tirer de la corrélation qu'ils observent entre la chaleur « et le mouvement sensible ou atomique des corps aucune « conséquence relative à la constitution de l'univers. » L'auteur de ces lignes me paraît confondre deux choses distinctes : ce que feraient les physiciens s'ils observaient rigoureusement la méthode de l'empirisme, et ce qu'ont fait en réalité quelques-uns des savants qui ont fondé la théorie mécanique de la chaleur, et spécialement Robert Mayer. Non-seulement les doctrines de la conservation de la force et de la transformation des mouvements sont riches en conséquences pour la théorie de la constitution de l'univers, mais elles ont été produites historiquement par une conception déterminée du principe de l'univers, conception qui a dirigé la pensée

1. *La chaleur*, par Achille Cazin, professeur de physique au Lycée de Versailles, 1 vol. in-12, Paris, 1867.

dans le choix d'hypothèses que l'expérience a confirmées.

En citant les noms qui précèdent, je n'ai point fait, dans l'intérêt de ma cause, un choix arbitraire entre les savants. Il est facile de s'assurer que ceux que j'ai pris pour exemples sont, dans l'opinion générale, les fondateurs de la science moderne, et les principaux initiateurs de son développement contemporain. Je suis loin d'ailleurs d'avoir usé de toutes les ressources que m'offrait l'histoire, puisque, sans parler de plusieurs autres, je n'ai mentionné, ni sir David Brewster, ni Volta, qui ont uni des convictions religieuses positives à une haute valeur scientifique.

La preuve directe de ma thèse est achevée. Dans la fondation et le développement de la physique, des principes déterminés ont présidé aux recherches expérimentales, et la croyance en Dieu a offert à ces principes un point d'appui solide. Cette croyance a fortifié et affermi les tendances de la raison qui la portent à la recherche de l'unité, de l'harmonie et de la simplicité. Les hypothèses scientifiques, bien que conçues sous l'influence de principes vrais, n'ont toutefois de valeur qu'en tant qu'elles sont confirmées par l'expérience; car l'esprit humain est sujet à s'égarer, même lors qu'il prend la vérité pour point de départ. Dans la locomotive intellectuelle, l'expérience est le combustible, et la croyance, centre des principes directeurs, est le feu. C'est ce que Kant a reconnu et proclamé, lorsqu'il a écrit : « A l'unité que la raison me donne pour fil « conducteur dans l'investigation de la nature, je ne connais « pas d'autre condition que de supposer qu'une intelligence « suprême a tout ordonné suivant les fins les plus sages. « Supposer un sage auteur du monde est donc une condition « d'un but qui, à la vérité, est contingent, mais qui n'est « cependant pas sans importance, celui d'avoir un fil conduc- « teur dans l'investigation de la nature (1). »

1. *Critique de la raison pure*, tome II, page 384 de la traduction Barni.

Action des principes sur les recherches expérimentales ; action de l'idée de Dieu sur les principes : tel est le fait historique.

Il existe un certain nombre de savants faisant profession de doctrines dont la tendance est positivement athée ; mais, au point de vue des découvertes scientifiques, ce ne sont pas des génies de premier ordre, ce ne sont ni des fondateurs ni des initiateurs. On peut constater une différence marquée entre les esprits qui dominent leur science, et ceux qui en sont dominés. Un mathématicien, par exemple, qui sait bien ses formules, mais qui n'a jamais réfléchi sur leur origine, peut se perdre dans un matérialisme mécanique ; mais les inventeurs tels que Descartes, Leibniz et Newton, contemplent dans les sciences mathématiques les lois pures de l'intelligence, et ils voient dans ces lois le rayonnement de l'intelligence suprême. Un physiologiste totalement absorbé par les opérations du scalpel et du microscope peut méconnaître la réalité des faits psychiques ; un naturaliste, plongé dans la contemplation exclusive de la série animale, risque d'oublier les éléments distinctifs de la nature humaine ; mais un homme de la force de Linné ou de la taille de Haller ne se laissera pas préoccuper par un seul des éléments de l'univers, au point d'oublier les autres. Quant aux sciences physiques, qui ont fait l'objet spécial de mon étude, il n'est pas un seul de leurs fondateurs ou de leurs grands initiateurs qui n'ait été placé sous l'influence de l'idée d'un Créateur puissant et sage, et qui n'ait reçu de cette haute contemplation les rayons de la lumière qui ont dirigé ses pas. Il ne faut jamais engager témérairement l'avenir ; mais tel a été le fait jusqu'à aujourd'hui.

Ce fait serait-il accidentel ? La réunion de la foi et de la science chez les hommes que j'ai passés en revue n'était-elle qu'une juxtaposition fortuite ? Assurément pas. Il est parfaitement établi que l'œuvre des fondateurs a été placée sous l'influence directe des éléments philosophiques contenus dans leur croyance religieuse. Cette croyance n'aurait-elle eu qu'une valeur provisoire? Peut-elle être comparée à un échafaudage utile pour commencer la construction d'un édifice, mais qui devient ensuite sans emploi? Non. Nous allons le reconnaître en suivant les conséquences de la négation, ou de la suppression de l'idée de Dieu. Ce sera la contre-épreuve, ou la preuve indirecte de ma thèse.

CONSÉQUENCES DE L'ATHÉISME SCIENTIFIQUE.

J'appelle athéisme *scientifique* la suppression de l'idée du Créateur dans l'étude de la nature. Cette suppression ne permet point de conclure à l'athéisme du savant, qui peut avoir, comme individu, des croyances personnelles. L'athéisme scientifique suivi dans ses conséquences est un principe destructeur de la science. C'est là ce que j'ai appelé en commençant la question de droit, dont l'étude se place naturellement après celle de la question de fait.

Pour bien entendre les considérations suivantes, il faut distinguer trois classes de savants : La première renferme ceux qui ont une croyance ferme dans l'unité, la puissance et la sagesse du Créateur, croyance qui affermit leur raison dans l'application des principes directeurs des recherches. On peut dire d'eux tous ce que M. Tyndall dit de Faraday : « Une « veine de philosophie pure circule dans leurs écrits. (1) » Tous les fondateurs et les grands initiateurs, sans exception, appartiennent à cette catégorie. La seconde classe se compose d'hommes qui suivent le courant de la science tel qu'il existe, sans remonter aux principes directeurs, ou du moins sans avoir une vue claire du lien qui les rattache à une conception suprême. Ces hommes sont très-nombreux ; ils forment le

1. *Faraday, inventeur*, page 63.

peuple des savants ; ils ne sont pas placés sous l'influence immédiate et constante des principes, mais ils subissent toutefois cette influence, d'une manière réelle, par l'impulsion qu'ils ont reçue de leurs devanciers, et par les habitudes qu'a contractées leur esprit. C'est ainsi par exemple que tous nos physiciens admettent la constance des classes et des lois, et considèrent la généralisation comme un progrès, sans remonter à la pensée de la sagesse suprême qui était pour Descartes et Leibniz la garantie de ces idées. Les savants de la troisième classe nient les principes qui ont fondé la science ; et c'est leur œuvre qui doit fournir la matière de ma démonstration.

Les uns, faisant profession d'athéisme, nient l'existence du Créateur unique, puissant et sage. D'autres, qui peuvent avoir, comme je l'ai dit, une croyance religieuse en leur qualité d'hommes, pensent qu'il faut éliminer de la science l'idée de Dieu. L'application de cette fausse règle de méthode, si elle était sincère et complète, nous ferait descendre au-dessous des penseurs de la Grèce antique qu'éclairait, sinon la lumière pleine de la vérité, du moins son pressentiment. Cette erreur capitale se présente sous deux formes : l'idéalisme, qui considère le monde comme le développement de lois nécessaires, comme la manifestation d'un principe sans conscience et sans liberté, et l'empirisme, qui ne veut aucune direction dans les recherches scientifiques, nie la valeur des principes, et aboutit presque toujours au matérialisme.

L'idéalisme admet l'ordre de l'univers ; mais il nie la puissance libre de son auteur, et il conduit à considérer la raison comme le principe universel, principe inconscient dans la nature et qui devient conscient dans l'humanité. Il résulte de cette manière de penser que l'homme peut trouver en lui-même les lois nécessaires du monde. De là l'emploi de la méthode de construction, ou *a priori*, méthode qui se présente chez Descartes en pleine contradiction avec la doctrine philosophique de cet auteur, mais qui sort de plein droit, et comme une conséquence nécessaire, de la théorie idéaliste. Qu'une telle méthode soit de nature à égarer la recherche scientifique, c'est ce que l'histoire de l'Allemagne moderne établit d'une manière positive. L'idéalisme, qui a atteint son apogée dans les constructions de Hégel, a été l'occasion d'une grande perte de temps chez les naturalistes soumis à son influence. Il a été plus funeste encore en rejetant les savants, par une réaction violente, dans un empirisme excessif qui est un danger plus actuel que le précédent, et qui doit fixer plus longuement l'attention.

La prétention de tirer tout le savoir humain de l'expérience seule, et le rejet de tous les principes, ont été l'occasion du recul dans la théorie générale de la nature qui caractérise la fin du XVIIIe siècle et le commencement du XIXe. Les preuves de cette affirmation sont contenues dans notre précédente étude. Leibniz a signalé la fausse direction que prenait la pensée, mais il n'a pas été compris. Pendant que les matériaux de la science s'amassaient, que la chimie se constituait, et que l'application du calcul mathématique développait les découvertes de Newton, les grandes doctrines du XVIIe siècle, qui ont reparu de nos jours sous le titre de physique moderne, s'obscurcirent. Cet obscurcissement fut le résultat de la prévalence de l'empirisme, et de l'erreur qui plaça sous le patronage de Newton les tendances philosophiques de Bacon et de Locke. Pendant cette période, un petit nombre de savants maintinrent, contre l'opinion générale, les bases de la physique que nous tenons pour vraie. Pour n'en citer qu'un seul, Euler continua à soutenir, non-seulement la théorie des ondulations lumineuses, mais presque tous les grands principes de la physique cartésienne. Euler fait exception sous ce rapport; il fait exception aussi par sa profession des grandes croyances religieuses, à une époque où elles étaient violemment attaquées. Passons à une époque plus moderne.

L'athéisme reparaît, depuis une trentaine d'années, et se manifeste dans la philosophie, dans l'étude des questions sociales, dans l'histoire naturelle. C'est son action sur la science de la matière que nous avons à constater. Le résultat de l'enquête est simple ; le foyer de la lumière étant détruit, les rayons s'éteignent. La négation des principes se montre chez des hommes qui les appliquent nécessairement, dès qu'ils font de la science, mais qui cesseraient de faire de la science véritable s'ils suivaient dans leur conséquences les théories qu'ils professent. Voici les preuves de cette affirmation.

Négation du principe de simplicité.

On nie le principe de la simplicité. Cette négation a eu, il y a quelques années, pour cause secondaire et accidentelle le fait que voici: Boyle, en Angleterre, et plus récemment Mariotte en France avaient établi une loi relative aux rapports des volumes des gaz avec la pression qu'ils supportent. On a cru pendant un certain temps que la loi était absolue ; M. Regnault a constaté qu'elle n'a pas ce caractère ; et que, si elle suffit aux besoins de la pratique, tellement que la mécanique peut en user sans erreur préjudiciable, elle n'a pas une exactitude complète. La seule conséquence à tirer de ce fait et des faits analogues, c'est que nous parvenons souvent à des lois qui ne sont pas universelles, parce qu'elles sont la manifestation de l'action combinée et par suite variable des lois vraiment primitives. Cet incident toutefois a troublé un certain nombre de savants qui se sont demandé, à cette occasion, si la nature est aussi simple dans ses procédés qu'on le pense à l'ordinaire. C'est là un ébranlement momentané, dont la cause disparaîtra par le seul fait des progrès ultérieurs de la science ; voici qui est plus grave. Des savants placés sous une influence philosophique hostile à la conception de l'ordre universel, nient d'une manière absolue le principe de la simplicité. Ils ne disent pas : « défiez-vous des systèmes étroits qui n'embrassent pas l'ensemble des faits » ; mais : « défiez-vous de la recherche de la simplicité et de l'ordre dans la nature ». Bacon est tombé dans cette erreur qui contredit directement sa belle théorie de l'échelle des lois de plus en plus générales, il écrit : « L'entendement hu-« main, en vertu de sa constitution naturelle, n'est que trop « porté à supposer dans les choses plus d'uniformité, d'ordre « et de régularité qu'il ne s'y en trouve en effet ; et quoiqu'il « y ait dans la nature une infinité de choses extrêmement « différentes de toutes les autres et uniques en leur espèce, « il ne laisse pas d'imaginer un parallélisme, des analogies, « des correspondances et des relations qui n'ont aucune « réalité (1) ». Ceci est, chez Bacon, le résultat d'une réaction aveugle contre l'abus de l'esprit systématique, et c'est, je le répète, la contradiction directe de la meilleure partie de sa doctrine. Mais ce qui est accidentel, dans ce cas, va devenir la règle de la science, si nous devons éliminer tout principe directeur, pour rester en face des faits. Écoutons M. Moleschott : « On a dit que la nature préférait toujours les voies « les plus courtes ; et l'on a répété sans cesse le mot favori « de Boerhaave : *la simplicité est le signe du vrai*. Cette ma-« nière de voir était intimement liée à l'hypothèse que la « nature était sagement réglée ; on faisait comme les paysans « dont parle Riehl qui ne voyant rien de plus précieux en « fait d'habits de gala que leurs blouses, en revêtaient les « images de leurs saints à certains jours de fête (2) ». Le principe favori de Boerhaave, (M. Moleschott l'ignore-t-il?) est aussi celui de Kopernik, de Fresnel, de Galilée et de Newton ; Laplace l'inscrit en toutes lettres dans ses œuvres ; c'est le principe directeur de toutes les recherches de la phy-

1. *Novum organum*, Livre I, § 45.
2. *La Circulation de la vie*, Lettre 17.

sique moderne. Pesons les paroles de M. Moleschott. Il désigne comme une erreur « l'hypothèse que la nature est sagement réglée ». Mais qu'est donc la science entière, sinon la recherche de cette sagesse? L'ordre de la nature rend témoignage au suprême ordonnateur ; on comprend donc que, pour nier Dieu, il convienne de nier le principe de la science. Nous avons affaire ici à une garnison assiégée, qui fait sauter la place plutôt que de se rendre.

Négation du principe d'harmonie.

La négation de l'harmonie de l'univers se joint à celle de la simplicité de son ordonnance. L'expérience nous révèle partout la multiplicité des êtres et la diversité des phénomènes; l'étude des rapports qui font l'harmonie des choses est le résultat de l'instinct rationnel qui nous porte à la recherche de l'unité, car l'harmonie est précisément l'unité maintenue dans la diversité. Il n'est donc pas surprenant que la valeur de la recherche de l'harmonie soit contestée dans la mesure où prévaut l'empirisme. Cette négation retarde la marche de la science, et dissipe une partie des forces qui devraient être employée à son service. M. Sainte-Claire Deville, par exemple, veut étudier les rapports qui existent entre l'affinité chimique et les lois générales de la physique, c'est-à-dire qu'il recherche l'harmonie de deux ordres de phénomènes. L'un des rédacteurs de la *Philosophie positive*, M. Naquet, le censure avec assez de vivacité. Il s'élève, au nom de l'expérience immédiate, contre la recherche des rapports indiqués, et veut qu'on s'arrête aux propriétés spéciales qui portent les corps à s'unir, sans prétendre aller plus loin (1). Newton cherchait à rattacher le phénomène de la gravitation aux mouvements du fluide éthéré, et nous avons vu Faraday

1. *La Philosophie positive*, revue dirigée par MM. Littré et Wyrouboff, voir le n° de septembre — octobre 1867, page 319.

indiquer une recherche analogue en parlant des rapports du magnétisme et de la pesanteur. Auguste Comte s'oppose vivement à ces recherches dirigées vers la découverte de l'harmonie universelle. « Nous ne pouvons évidemment savoir, « dit-il, ce que sont au fond cette union mutuelle des astres, « et cette pesanteur des corps terrestres : une tentative « quelconque à cet égard serait, de toute nécessité, profon- « dément illusoire aussi bien que parfaitement oiseuse ; les « esprits entièrement étrangers aux études scientifiques « peuvent seuls s'en occuper aujourd'hui....... Pour le « géomètre, qu'une longue et habituelle méditation a profon- « dément familiarisé avec le vrai mécanisme des mouve- « ments célestes, la pesanteur terrestre est expliquée, quand « il la conçoit comme un cas particulier de la gravitation « générale. Au contraire, c'est la pesanteur qui fait com- « prendre la gravitation céleste au physicien proprement « dit, ainsi qu'au vulgaire, la notion lui en étant suffisam- « ment familière. Nous ne pouvons jamais aller réellement « au delà de semblables rapprochements (1) ». L'école de Comte a suivi le maître, et a traduit le fait que tous les corps à nous connus sont pesants par l'idée que la pesanteur est inhérente à la matière. Il est possible, sans doute, que la gravitation demeure toujours pour nous un phénomène sans antécédent connu, un point de départ; mais proscrire *a priori* la recherche des rapports possibles entre la pesanteur et les mouvements de l'éther, c'est fermer une voie dans laquelle la science fera peut-être de grandes découvertes.

Négation du principe de constance.

Le principe de la constance des lois et des classes est nié par l'empirisme contemporain, comme les principes de la

1. *Cours de philosophie positive*, Leçon 24e, tome II, pages 246 et 247 de la première édition.

simplicité et de l'harmonie. M. Littré dit que les lois expérimentales ne sont pas des lois *nécessaires*, ce qui assurément est juste, et renferme la négation légitime des théories idéalistes; mais il va plus loin, et il nie que l'idée de la fixité des lois soit une des bases de la science. « Depuis Newton et ses « successeurs, date bien récente, nous ne pouvons concevoir « la matière sans gravitation. Les astronomes modernes ont « entrepris des observations de longue durée sur les étoiles « doubles qui tournent l'une autour de l'autre. Si dans ce « mouvement elles obéissent aux lois de la gravitation, il « sera établi que dans notre nébuleuse et parmi nos millions « d'étoiles la pesanteur exerce son empire; mais témérité et « outrecuidance ce serait d'affirmer que, hors de notre né« buleuse, d'autres conditions ne régissent pas une autre « matière (1) ». On ne doit pas contester à l'auteur qu'il peut exister des mondes dont les lois ne sont pas celles de celui que nous pouvons observer; mais chacune de nos découvertes justifie l'affirmation qu'il existe une harmonie entre notre pensée et la réalité, parce que Dieu a voulu nous rendre intelligible le monde dans lequel nous sommes placés. M. Littré veut faire de la fixité des lois dans notre nébuleuse une affirmation purement expérimentale dans ses origines; mais il est facile de comprendre que cela ne se peut pas. Les observations sur les étoiles doubles, dont parle ce savant, se font au moyen de la lumière, mais ces observations ne valent que parce que nous admettons que les lois de la propagation de la lumière sont les mêmes dans la région des étoiles fixes que dans notre système. Si l'on admettait que la lumière se propageât autrement dans une partie de l'espace qu'elle ne le fait près de nous, l'astronomie serait impossible. L'astronomie ne peut donc établir expérimentalement la fixité des lois qu'en supposant qu'elles sont fixes.

1. *Journal des Débats* du 6 février 1866.

Négation du principe de causalité.

Nous venons de rencontrer la négation du principe de la simplicité, du principe de l'harmonie, du principe de la constance; reste à trouver la négation du principe de causalité. La voici en termes formels: « Je suis convaincu que si un « homme habitué à l'abstraction et à l'analyse exerçait loya- « lement ses facultés à cet effet, il ne trouverait point dedifficulté, quand son imagination aurait pris le pli, à concevoir « qu'en certains endroits, par exemple dans un des firma- « ments dont l'astronomie sidérale compose à présent l'uni- « vers, les événements puissent se succéder au hasard, sans « aucune loi fixe; et rien, ni dans notre expérience, ni dans « notre constitution mentale, ne nous fournit une raison suffi- « sante ni même une raison quelconque pour croire que cela « n'a lieu nulle part. » (1) Telle est la pensée de Stuart Mill. Ainsi que le remarque M. Taine, en suivant cette pensée « on « arriverait à considérer le monde comme un simple monceau « de faits. Nulle nécessité intérieure ne produirait leur liai- « son ni leur existence. Ils seraient de pures données, c'est- « à-dire des accidents. Quelquefois, comme dans notre sys- « tème, ils se trouveraient assemblés de façon à amener des « retours réguliers; quelquefois ils seraient assemblés de « manière à n'en pas amener du tout. Le hasard, comme chez « Démocrite, serait au cœur des choses. Les lois en dérive- « raient, et n'en dériveraient que çà et là » (2). M. Littré émet pour son compte des pensées de même ordre: « Nous « ne pouvons concevoir que rien vienne de rien et que « rien retourne à rien; mais au fond qu'en savons-nous? « Tout ce qu'il nous est permis de dire ne se borne-t-il pas à

1. Stuart Mill. Voir *le Positivisme anglais*, par H. Taine, pages 102 et 103.
2. *Ibid.*, page 103.

« affirmer que, dans la mesure de notre expérience, rien ne « vient de rien et ne retourne à rien, et à donner à cette no- « tion toute l'induction que comportent les vastes étendues « de durée et d'espace ouvertes derrière nous et devant « nous » (1). C'est bien ici l'arrêt de mort de la science. Le principe de causalité est la base essentielle de la raison. Supposez la possibilité que rien vienne de rien, et toute recherche finit. On voit ici, avec une évidence entière, comment l'absence de la foi en Dieu, cause universelle, ruine la pensée dans ses fondements.

La négation du principe de causalité a d'ailleurs une source spéciale dans une fausse interprétation de l'idée du progrès. Le progrès est une loi, c'est l'expression d'un ordre dans la succession des faits. L'idée du progrès, lorsqu'on emploie le mot dans un sens favorable (il y a un progrès dans le mal), suppose la conception du bien comme le but auquel tendent les choses, et la conception d'une cause qui dirige les choses vers ce but, et dont le progrès manifeste le mode d'action. Mais il arrive qu'on prend le progrès pour une cause, c'est-à-dire qu'on supprime la cause ; c'est le résultat de l'empirisme, de l'oubli des lois de la raison. Nous voyons par exemple une plante sortir de terre, et la succession du développement de sa tige, de ses rameaux, de ses fleurs et de ses fruits, nous présente un développement, un accroissement d'être, un progrès. Les lois de la raison exigent que l'on assigne à ce développement une cause efficiente dans le germe dont la plante est sortie. Si on l'oublie, on se fait à l'idée que les choses se produisent d'elles-mêmes, et que, en vertu de ce qu'on appelle le progrès, le plus peut sortir du moins. Ce plus qui sortirait du moins procéderait effectivement du néant ; c'est donc ici la négation directe du principe de causalité. C'est aussi le renversement des fondements de la science ; car l'homme qui aura appris à

1. *Journal des Débats* du 6 février 1866.

se passer des causes dans l'explication des phénomènes, s'il reste fidèle à sa pensée, ne fera certainement aucune découverte.

Négation de l'inertie de la matière.

Après la négation des principes directeurs de la science, nous rencontrons la négation de l'inertie de la matière. C'est un spectacle curieux que celui qu'offrent des écrivains qui, à une époque où le caractère mécanique des phénomènes physiques est la thèse fondamentale de la science, nient la loi d'inertie qui est l'une des bases essentielles de la mécanique. Ainsi que l'a remarqué M. Renouvier (1), la physique moderne, née du mouvement dont Descartes est le principal auteur, offre deux caractères principaux : la fixation de l'objet de la science dans la mécanique, et la séparation précise du domaine de la physique de celui de la psychologie. La seconde de ces affirmations était la condition de la première : pour réduire les phénomènes matériels au mécanisme d'une matière inerte, il fallait en enlever toute idée de propriétés actives, d'attributs psychiques d'une nature quelconque. Le principe de l'inertie de la matière ne manqua pas de contradicteurs ; mais, ainsi que le remarque Euler, il a été justifié par ses conséquences, puisqu'on le trouve à la base de toutes les découvertes modernes. Il se produit toutefois, de nos jours, une réaction prononcée contre cette doctrine.

Cette réaction a des sources secondaires, et en particulier les deux que je vais indiquer. Les progrès de la physiologie ont été une des occasions de l'erreur. Le recours à la force vitale, employée d'une manière indéterminée et vague pour l'explication des phénomènes, a nui longtemps aux progrès de l'étude des corps organisés. La science, en avançant, a

1. *La Critique philosophique* du 5 mars 1874.

montré que l'on pouvait produire artificiellement dans un laboratoire des matières que l'on avait crues le produit exclusif des êtres vivants; elle a démontré de plus l'analogie, et souvent l'identité, des fonctions de l'organisme avec les phénomènes physiques. A l'occasion de ces découvertes réelles se sont produites deux confusions d'idées : la première est celle des produits organiques, dont quelques-uns peuvent être composés artificiellement, et de la matière organisée, dont aucun élément n'est jamais sorti d'un laboratoire. M. Naquet, dans son *Traité de chimie,* a signalé cette erreur avec une grande netteté. En second lieu, on a confondu l'explication des phénomènes physiologiques, l'organisme une fois donné, avec l'origine de l'organisme lui-même, confusion qui n'existait pas dans l'esprit de Descartes. Descartes, en effet, dans sa doctrine de l'automatisme des bêtes, a toujours admis que les animaux étaient des machines construites par la sagesse infinie du Créateur. La théorie du transformisme mal interprêtée est venue se verser comme un affluent dans le courant de l'erreur. Du fait certain que les êtres vivants sont modifiés par les causes physiques, des esprits inattentifs ont passé à l'idée absolument différente que les êtres vivants pouvaient n'être qu'une simple modification de la matière inorganique. On est ainsi arrivé, en renouvelant le matérialisme grec, à l'idée d'une matière qui serait l'origine unique de toutes choses, et à réduire théoriquement à l'unité la physique et la physiologie. Cependant il est très difficile de méconnaître dans les êtres vivants un principe spontané de mouvement, en sorte que pour ramener à l'unité la physique et la physiologie, on éprouve une tentation puissante de nier l'inertie de la matière, c'est-à-dire au fond que, sous l'apparence de ramener la physiologie à la physique, on ramène plutôt la physique à la physiologie.

On est arrivé par une seconde voie au même résultat, c'est-à-dire à la négation de l'inertie. Dans une lecture faite à l'Académie des sciences de Vienne, le 30 mai 1870, M. Ewald Hering distingue, avec une parfaite précision, le point de vue du physiologiste, pour lequel l'homme et les animaux ne sont que des agrégats matériels auxquels s'appliquent les lois physiques, et le point de vue du psychologue qui prend en considération les phénomènes de la sensation, de l'intelligence et de la volonté, phénomènes qui ne nous sont connus que par la conscience, ou le sens intime. Il fait observer que la réunion de ces deux points de vue est indispensable pour l'étude totale de l'homme, et que le physiologiste, renfermé dans la seule étude des faits objectifs et matériels, n'a aucun moyen de comprendre l'existence humaine. Après ces prolégomènes qui rappellent ceux de Descartes, l'auteur expose la corrélation étroite des phénomènes physiques et des phénomènes psychiques, et il dirige particulièrement son attention sur l'étude de la mémoire. La mémoire, fait de sens intime, a pour condition organique une certaine disposition des molécules cérébrales. Après s'être ainsi expliqué, l'auteur désigne la mémoire comme « une faculté de la substance cérébrale. » Il dit que « la substance nerveuse garde fidèlement le souvenir des fonctions qu'elle a souvent exercées »; et son travail est intitulé *Sur la mémoire comme fonction générale de la matière organisée.* L'auteur a pris ses précautions pour qu'on réduisît ses paroles à leur véritable sens, c'est-à-dire à la relation intime qui réunit des phénomènes dissemblables; mais les expressions qu'il emploie sont pleines de péril, et grosses de confusions d'idées. Les lecteurs placés sous certaines influences philosophiques risquent d'oublier les prolégomènes de M. Hering, et d'entendre que la mémoire est une fonction de la matière. Dès lors l'inertie de la matière serait niée par l'attribution au corps, non-seulement d'un principe spontané de mouvement, mais de phénomènes proprement spirituels. J'ai insisté sur cet exemple parce que le passage abusif de la vérité certaine des conditions organiques de la pensée à l'erreur de l'identification des phénomènes spirituels et des phénomènes matériels semble se produire, de nos jours, dans l'esprit de plus d'un naturaliste. La biologie est une science plus complexe que la physique; il n'est pas surprenant qu'elle soit relativement en retard, de même que la physique a été si longtemps en retard par rapport à la science plus simple des mathématiques. Elle est, de nos jours, l'occasion de bien des confusions d'idées, qui projettent leur ombre sur la physique, et qui ne cesseront que lorsque les conceptions biologiques auront atteint un degré de clarté qui leur fait encore défaut.

Telles sont les sources accidentelles auxquelles s'alimente la négation de l'inertie de la matière. Cette négation, lorsqu'elle s'affirme sérieusement et d'une manière réfléchie, a pour cause essentielle la doctrine qui exclut de la science l'idée de la volonté suprême, cause du mouvement universel, et force ainsi à placer dans la matière même le principe de son mouvement. Enregistrons quelques-uns des exemples de cette négation.

M. Tyndall pose la question de l'origine de la vie, et il dit, en remontant à l'idée de la nébuleuse primitive: « Deux hypothèses se présentent; ou bien la « vie était virtuellement dans la matière à l'état nébuleux, « dont elle est sortie par un développement naturel; ou bien « la vie est une propriété qui a été conférée à la matière à « une époque postérieure (1) ». Ces deux hypothèses sont contraires l'une et l'autre à l'idée de la matière qui a fondé la physique moderne. Un développement naturel de la matière ne peut produire que des phénomènes mécaniques. Si la vie est un mécanisme pur, elle n'existait pas virtuellement dans les éléments de la nébuleuse, elle y existait actuellement, sinon

1. *Sur l'usage scientifique de l'imagination.* (en anglais) Brochure in-8. Londres 1870.

dans ses manifestations diverses et successives, du moins dans son principe. La vie n'existerait virtuellement dans la matière, à titre de réalité distincte du mouvement, que si la matière avait le pouvoir de produire autre chose qu'elle-même, ce qui est la négation de son inertie. Quant à la seconde hypothèse, la vie ne peut pas être considérée comme une propriété conférée à la matière. S'il n'y a pas ici de faute dans la pensée, il y en a du moins dans l'expression. La matière soumise à l'action de la vie est la seule idée compatible avec les notions de la physique moderne, la *matière vivante* est une expression impropre qui, lorsqu'on la prend à la lettre, devient une erreur. Voici qui est plus grave.

Dans un discours prononcé, en 1874, à l'Association britannique pour l'avancement des sciences, M. Tyndall a suggéré à ses auditeurs l'idée de renoncer « aux définitions de la « matière données dans nos livres classiques, qui avaient « pour but de couvrir ses propriétés purement physiques et « mécaniques (1). » Il estime donc qu'il faut reconnaître que la matière a des propriétés autres que les propriétés physiques et mécaniques, et il en donne cette définition, dans laquelle tout au monde peut entrer: « l'aurore et la puissance de « toutes les formes et de toutes les qualités de la vie. » Une telle affirmation émise, en 1874, dans un congrès scientifique est un fait bien digne de fixer l'attention. Notre science a été fondée en enlevant à la conception de la matière toute *puissance* autre que celle de résister dans les parties de l'espace qu'elle occupe, de communiquer le mouvement, et de le modifier par l'effet de cette résistance. De là cette réduction des phénomènes corporels à la mécanique, affirmée par Descarte et rappelée par Newton. Faire entrer dans la définition de la matière « la puissance des qualités de la vie », c'est la négation directe de l'inertie; c'est une réaction positive

1. *Revue scientifique* du 19 septembre 1874.

contre les bases de la physique; c'est enfin la restauration de la théorie des formes substantielles et des causes occultes. M. Tyndall adopte une histoire de la philosophie qui reproduit des vues émises par Bacon. Il abaisse le rôle de Socrate, de Platon et d'Aristote, dans le développement de la pensée humaine, pour glorifier Démocrite, Epicure et Lucrèce. Cette manière de comprendre l'histoire de la science ne concorde pas avec les vues de l'auteur. La matière « aurore et puissance des qualités de la vie » ressemble beaucoup plus à l'eau-principe de Thalès, et à l'air intelligent d'Anaximène, qu'à l'atomisme de Démocrite. Le discours de M. Tyndall roule sur *l'évolution historique des idées scientifiques*. Il est surprenant que, à une époque où la physique mathématique est développée avec tant d'éclat, l'auteur ne semble pas apercevoir l'importance de l'école de Pythagore, et qu'en signalant la doctrine de la conservation de l'énergie comme un caractère important de la science contemporaine, il passe entièrement sous silence la naissance de cette théorie dans la pensée de Descartes et son développement dans les travaux de Leibniz.

Dans la citation empruntée à M. Tyndall, il n'a été question que de la vie, dans laquelle au reste l'auteur semble faire rentrer les phénomènes psychiques (1). M. Du Bois-Reymond est plus explicite à cet égard. Dans un discours adressé à l'association des naturalistes et des médecins allemands réunie à Leipzig, il commence par établir, avec une netteté qu'il serait difficile de surpasser, l'abîme infranchissable pour notre pensée qui sépare les faits matériels des phénomènes spirituels de l'âme (2). Il observe ensuite qu'il ne suit pas de là que les phénomènes spirituels ne soient pas le résultat de leurs conditions matérielles, et il éclaircit sa pensée par l'exemple que

1. Voir la cinquième étude.
2. Voir le texte de M. Du Bois-Reymond cité dans la cinquième étude.

voici : « Qu'on s'imagine que tous les atomes qui constituaient « César à un instant donné, au Rubicon, par exemple, soient « à l'aide d'un artifice mécanique mis chacun à sa « place, et que la vitesse requise leur soit imprimée dans « la direction convenable : d'après nous, alors, César serait rétabli corps et âme (1). » L'auteur renonce donc à savoir *comment* les atomes produisent la pensée ; mais il sait, il affirme qu'ils ont le pouvoir de la produire. Voici une thèse analogue à celle du professeur berlinois, exprimée par un écrivain français : « Dans certaines conditions, la matière « produit la lumière, la chaleur ; dans d'autres conditions, « elle vit ; dans d'autres conditions encore, elle sent, veut et « agit ; dans d'autres conditions enfin, au degré supérieur, « elle se manifeste comme pensée, elle acquiert la cons- « cience, elle arrive à la vie spirituelle (2). » Il est presque superflu de rappeler que la matière qui veut et agit est une conception soigneusement éliminée dans les prolégomènes de tous nos traités de mécanique.

Il ne reste plus, pour compléter ma preuve, qu'à trouver la négation de la loi d'inertie exprimée dans les termes mêmes où on a l'habitude de poser la loi. Cette négation, la voici, sous la plume de M. Moleschott : « Un des caractères les plus géné- « raux de la matière est de pouvoir, dans des circonstances « propices, se mettre elle-même en mouvement (3). » Quelles sont les *circonstances propices* qui permettent à la matière de se mettre elle-même en mouvement ? J'ignore quelle est, à ce sujet, la doctrine de l'auteur.

La démonstration annoncée est maintenant complète. Négation de l'idée fondamentale des corps ; négation des principes directeurs des recherches ; négation de toutes

1. *Revue scientifique* du 10 octobre 1874.
2. Edmond Scherer. *Mélanges d'histoire religieuse*, Paris, Michel Lévy 1865, page 184.
3. *La Circulation de la vie*, Lettre 17.

les bases de la physique moderne : nous avons trouvé ce que nous cherchions. Cette insurrection contre les fondements de la science peut avoir des causes accidentelles et secondaires ; mais sa cause principale est que le foyer des principes est éteint, par le fait que l'idée de Dieu est, ou niée, ou éliminée du domaine de la science. Il se produit alors une sorte d'aveuglement intellectuel : le besoin d'unité, qui est le fond de la raison, ne trouvant pas sa satisfaction légitime dans la pensée de la cause suprême qui établit le rapport des corps et des esprits, se rejette sur un seul des éléments de ce rapport, et cherche à faire tout sortir de la matière. M. Dumas, nous dit : « Douter des vérités divines, c'est livrer « sa vie au hasard ; y croire, c'est lui donner son lest : telles « étaient la conviction et la règle de Faraday (1). » Les considérations qui précèdent permettent de traduire ainsi cette affirmation : « Douter des vérités divines, c'est livrer la science au hasard ; y croire, c'est lui donner son lest : tel est l'enseignement de l'histoire. »

Il ne faut point sans doute concevoir de trop vives inquiétudes sur l'avenir de la science. Affermie sur les grandes bases de la raison humaine, confirmée par trois siècles de découvertes, elle a acquis un tempérament assez robuste pour rejeter les principes morbides qu'une mauvaise philosophie tend à introduire dans son sein. D'ailleurs, les écrivains qui nient ses bases essentielles ne sauraient faire aucun travail scientifique sans justifier, en les employant, les principes qu'ils rejettent en théorie. M. Littré, s'il avait fait de la chimie, ne se serait jamais rendu compte des résultats d'une analyse par la supposition que quelque chose est provenu de rien. M. Moleschott, placé dans un laboratoire de physique, n'entreprendrait jamais d'expliquer un phénomène par l'idée que la matière s'est mise elle-même en mouvement. Jamais M. Tyndall ne dé-

1. *Eloge historique de Michel Faraday.*

duira l'explication d'un fait biologique de la formule que la matière est l'aurore et la puissance des qualités de la vie. C'est la haute prérogative de la vérité (et ceci est vrai dans tous les ordres) de s'imposer à ceux qui la nient, et qui ne peuvent la nier qu'en se mettant en contradiction avec eux-mêmes.

Il reste donc établi que les deux idées de l'immatérialité de l'âme et de l'existence de Dieu se trouvent au fondement de la physique moderne, et que la négation de ces vérités tarirait les sources de la science. Les succès éclatants de la physique, telle qu'elle a été conçue par les fondateurs du XVIIe siècle, confirment les principes qui ont dirigé leurs recherches, et la croyance qui est le centre et le point d'appui de ces principes. L'idée de la séparation absolue, ou de l'opposition de l'idée religieuse, dans sa généralité philosophique, et de la science expérimentale est doublement fausse : Elle est fausse en droit, la raison le démontre ; elle est fausse en fait, l'histoire le prouve.

Protestations de quelques savants contemporains.

On a dit et répété, d'une manière si bruyante, que la science conduit aux négations religieuses, que des voix autorisées ont éprouvé le besoin de répondre à ces affirmations, et ces voix se multiplient de nos jours. Je me bornerai à joindre quelques nouveaux exemples aux paroles déjà citées de Robert Mayer (1).

Voici la conclusion de l'ouvrage du docteur Oswald Heer sur le *Monde primitif de la Suisse*. « Quelque grand que soit « l'édifice de la création, il ne peut être apprécié dans sa ma- « gnificence que par les intelligences aptes à le juger. Un « exemple rendra ceci plus clair. Prenons une symphonie de « Beethoven : l'artiste musical en comprendra seul le sens ; « pour lui chaque note aura sa signification, et de ces diverses « notes liées ensemble il jaillira une harmonie incomparable.

1. Voir la première étude. — Pages 47 à 50.

« Telle est aussi la nature. Les phénomènes pris isolément « n'apparaissent dans leur vrai sens, comme les notes dé-« tachées, que lorsqu'on sait les réunir et apprécier leur en-« semble. Ce n'est que par le rapprochement des faits isolés « que nous nous formons une idée de la grandeur de la créa-« tion. C'est par ce rapprochement que notre âme entrevoit « l'harmonie de la nature, harmonie qui, de même que sa « sœur dans le domaine des sons, nous élève au-dessus du « monde physique, et produit dans notre âme le pressentiment « d'une intelligence divine qui dirige tout ce qui est, comme « elle a dirigé tout ce qui a été. Chacun prendrait sans doute « pour un idiot celui qui prétendrait que les notes d'une sym-« phonie ne sont que des points jetés par hasard sur le papier. « Mais il me semble que ceux-là ne sont pas moins insensés « qui ne voient qu'un jeu du hasard dans l'harmonie bien « plus merveilleuse de la création. Plus nous avançons dans « la connaissance de la nature, plus aussi est profonde notre « conviction que la croyance en un Créateur tout-puissant et « en une sagesse divine qui a créé le ciel et la terre selon un « plan éternel et préconçu, peut seule résoudre les énigmes « de la nature, comme celles de la vie humaine. Ce n'est pas « le cœur humain seul qui atteste l'existence de Dieu, c'est « aussi la nature » (1).

En 1860, M. Auguste De La Rive terminait un cours de physique en disant : « Si j'ai appris quelque chose dans les « longues années d'une étude qui a fait l'un des charmes de « de ma vie, c'est que Dieu agit continuellement ; c'est que sa « main qui a tout créé, veille sur tout dans l'univers. Et cette « même Providence qui tient en équilibre les forces de la « nature, qui dirige les astres dans leurs orbites, a l'œil aussi « sur chacun de nous. Rien ne nous arrive sans la volonté « spéciale de Celui qui nous garde. Dans cette conviction

1. *Le monde primitif de la Suisse*, traduction Isaac Demole, 1872.

« profonde, l'âme chrétienne se repose avec paix » (1).

Voici maintenant les déclarations de deux des premiers chimistes de notre époque. Dans l'automne de 1874, M. Chevreul a dit à l'Académie des sciences de Paris : « Je me suis « demandé si, à une époque où plus d'une fois on a dit que « la science moderne mène au *matérialisme*, ce n'était point « un devoir pour un homme qui a passé sa vie au milieu de « ses livres et dans un laboratoire de chimie, à la recherche « de la vérité, de protester contre une opinion diamétrale- « ment opposée à la sienne. . . . .
« . . . . . J'ai la conviction de l'existence d'un Être « divin, créateur d'une double harmonie : l'harmonie qui « régit le monde inanimé, et que révèle d'abord la science de « la mécanique céleste et la science des phénomènes molé- « culaires, puis l'harmonie qui régit le monde organisé « vivant. Je n'ai donc jamais été matérialiste, à aucune époque « de ma vie, mon esprit n'ayant pu concevoir que cette « double harmonie, ainsi que la pensée humaine, ait été le « produit du hasard. »

M. Wurtz, doyen de la Faculté de médecine de Paris, a exposé la théorie des atomes à l'association française pour l'avancement des sciences, réunie à Lille, au mois d'août 1874. Voici la conclusion de son discours. « Tel est l'ordre de la « nature ; et à mesure que la science y pénètre davantage, « elle met au jour, en même temps que la simplicité des « moyens mis en œuvre, la diversité infinie des résultats. « Ainsi, à travers ce coin du voile qu'elle nous permet de « soulever, elle nous laisse entrevoir tout ensemble l'harmo- « nie et la profondeur du plan de l'univers. Quant aux causes « premières, elles demeurent inaccessibles. Là commence un « autre domaine que l'esprit humain sera toujours empressé « d'aborder et de parcourir. Il est ainsi fait et vous ne le

1. Le cours de M. De la Rive a été fait à Genève, et la conclusion a été publiée dans un journal de cette ville.

« changerez pas. C'est en vain que la science lui aura révélé « la structure du monde et l'ordre de tous les phénomènes : « il veut remonter plus haut, et dans la conviction instinctive « que les choses n'ont pas en elles-mêmes leur raison d'être, « leur support et leur origine, il est conduit à les subor- « donner à une cause première unique, universelle, Dieu » (1).

Messieurs De La Rive, Heer, Chevreul et Wurtz sont des hommes dont personne n'oserait contester la valeur scientifique. Je termine en observant que lorsque la science reconnaît et proclame « l'harmonie et la profondeur du plan de « l'univers, » elle ne fait que confirmer les principes que l'on trouve à son point de départ. La raison, fécondée par l'expérience, justifie les pressentiments qui ont dirigé la pensée dans ses tentatives pour expliquer les phénomènes.

1. *Revue scientifique* du 22 août 1874.

QUATRIÈME ÉTUDE

LA PHYSIQUE ET LA MORALE

La marche de la science contemporaine a établi des rapports toujours plus étroits, d'une part entre la physique et la physiologie, et d'autre part entre la physiologie et la psychologie. En suivant dans ses conséquences cette direction de la pensée, on arrive facilement à croire que l'ordre spirituel est menacé dans ses bases par l'étude des phénomènes de la matière, et qu'il existe en particulier un conflit menaçant entre la physique et la morale. Montrer que les pensées de cet ordre contiennent une erreur grave : tel est le but de cette quatrième étude.

DISTINCTION DES PHÉNOMÈNES PHYSIQUES ET DES PHÉNOMÈNES PSYCHIQUES.

Les phénomènes du son, de la chaleur, de la lumière, lorsqu'on les envisage à la fois dans leur nature propre et dans la connaissance que l'homme en acquiert supposent : 1° la matière en mouvement ; 2° la présence d'êtres capables de sentir et de percevoir ; 3° l'harmonie selon des lois fixes des faits matériels et des faits spirituels. Le mouvement une fois dégagé des impressions qui lui correspondent, on voit éclater la diversité absolue des faits matériels perçus par les sens et des faits psychiques perçus par la conscience. On ne peut plus, comme on le pouvait jadis, concevoir les propriétés physiques des corps comme une transition entre le mécanisme pur et les phénomènes spirituels. Enlevez les êtres sensibles, l'état mécanique demeure seul et à jamais.

Dire que « la pensée est un mouvement de la matière » (1) c'est soutenir une thèse absolument désespérée. En effet, il s'agit de faire entrer la pensée comme espèce dans le mouvement considéré comme genre. Or, le mouvement ne se spécifie que par sa vitesse et sa direction. On aurait beau retourner ces deux idées dans tous les sens, on n'en fera jamais sortir quelque chose qui soit, je ne dirai pas identique, mais le plus lointainement analogue à la pensée, ou à un fait de conscience quelconque. Des travaux récents risquent de créer à cet égard une illusion facile à prévenir. Des savants contemporains calculent la vitesse et la direction des mouvements corporels qui répondent aux phénomènes psychiques. On pourra peut-être déterminer avec exactitude le temps nécessaire pour qu'une impression externe soit perçue au moyen du travail centripète du système nerveux, et pour qu'un sentiment ou une volonté se traduisent au dehors au moyen du travail centrifuge du même système. Ces recherches sont intéressantes; mais il faut se rendre compte de leur résultat possible. Elles donneront une précision nouvelle à la théorie des rapports du physique et du moral, mais sans atténuer en rien la distinction de ces deux éléments. Après toutes les observations et tous les calculs, il sera toujours inconcevable qu'un déplacement de molécules, ou une ondulation, ou une vibration, ou un phénomène mécanique quelconque soit, non pas la condition de la pensée, mais la pensée elle-même. L'identité des phénomènes corporels et des phénomènes spirituels est une affirmation qui doit être reléguée au rang des hypothèses impossibles (2).

1. Moleschott, *La circulation de la vie*, tome II, pages 178 et 179.
2. Voir la *Logique de l'hypothèse*, pages 73 à 76.

La doctrine du transformisme jette un voile sur l'éclat de cette vérité. « Le mouvement se transforme en pensée » est une formule qui heurte moins directement la raison que cette autre formule : « la pensée est un mouvement ; » et cependant le contenu des deux affirmations est le même. La thèse de la transformation du mouvement en pensée mérite de fixer l'attention, parce qu'elle a été soutenue en dernier lieu par M. Herbert Spencer. Cet auteur accumule, ce qui est facile, les preuves des relations étroites qui existent entre les phénomènes psychiques et l'état des organes. Ensuite, au lieu de conclure à l'harmonie de deux ordres de faits distincts, il conclut à la transformation des uns dans les autres. Il écrit : « La loi de métamorphose qui règne parmi les forces « physiques, règne également entre celles-ci et les mentales. « Les modes de l'Inconnaissable que nous appelons mou- « vement, chaleur, lumière, affinité chimique, etc., sont trans- « formables les uns dans les autres, et dans ces modes de « l'Inconnaissable que nous distinguons par les noms d'émo- « tion, de sensation, de pensée ; celles-ci à leur tour peuvent « par une transformation inverse reprendre leurs premières « formes (1). » Qu'est-ce à dire ? Le mouvement des corps se modifie selon les résistances rencontrées et le concours des diverses forces en jeu ; mais il se modifie sans cesser d'être purement et simplement le mouvement. Lorsqu'on parle de *transformation*, le sens du mot, si l'on y prenait garde, préviendrait bien des erreurs. Un changement de forme n'est pas un changement de nature. Dire que le mouvement se transforme en sensation et en pensée, c'est dire que la pensée est une forme du mouvement, et par conséquent qu'elle est un mouvement. La formule de la transformation a donc le même contenu que celle de l'identité.

M. Spencer est victime d'une illusion dont l'origine n'est

1. Les Premiers Principes, page 232.

pas difficile à reconnaître. Il sait, comme nous le savons tous, que la chaleur considérée d'une manière objective, c'est-à-dire isolée du phénomène psychique de la sensation, n'est qu'un mouvement. Il expose cette doctrine qui s'applique aux phénomènes lumineux comme aux phénomènes caloriques, dans les termes que voici : « Le mode de force que nous ap-« pelons chaleur est considéré maintenant par les physiciens « comme un mouvement moléculaire, non pas un mouve-« ment comme celui qui se manifeste par le changement des « rapports que des masses appréciables aux sens affectent « entre elles, mais qui se produit parmi les unités dont ces « masses sensibles se composent. Si nous cessons de conce-« voir la chaleur comme la sensation particulière que nous « donnent les corps sous certaines conditions, et si nous « considérons les autres phénomènes que ces corps présen-« tent, nous ne trouvons soit en eux, soit dans les corps en-« vironnants, soit à la fois en eux et dans ces corps, que du « mouvement » (1). L'auteur qui a tracé ces lignes perd de vue les conséquences de la vérité qu'il a lui-même énoncée. S'il disait : le mouvement mécanique, ou celui du transport des masses, se transforme en un mouvement moléculaire qui se transforme en un mouvement éthérique, auquel répond la sensation de la chaleur, il indiquerait les changements de forme que présente, selon la diversité des agrégats, le phénomène unique du mouvement; mais il dit que le mouvement *devient* chaleur ou lumière, comme s'il s'agissait, non pas d'une autre forme, mais d'une autre nature. Ce n'est pas là une transformation, dans le sens primitif et parfaitement intelligible de ce terme, mais une véritable *transmutation*, au sens des alchimistes du moyen âge. L'idée vague et fausse que le mouvement en devenant chaleur et lumière devient autre chose que lui-même, et cela d'une façon incompréhen-

1. *Les Premiers Principes*, page 212.

sible, conduit M. Spencer à penser que, d'une façon incompréhensible aussi, le mouvement devient sensation et pensée. Je relis son texte : « La loi de métamorphose qui règne parmi les forces physiques règne également entre celles-ci et « les mentales. Les modes de l'Inconnaissable que nous « appelons mouvement, chaleur, lumière, affinité chimique, « etc., sont transformables les uns dans les autres, et dans « ces modes de l'Inconnaissable que nous distinguons par les « noms d'émotion, de sensation, de pensée ; celles-ci à leur « tour peuvent, par une transformation inverse, reprendre « leur première forme.... Comment se fait cette métamorphose ? comment une force qui existe sous la forme de « mouvement, de chaleur, de lumière, peut-elle devenir un « mode de conscience ? Comment les vibrations aériennes « peuvent-elles engendrer la sensation appelée son ? Comment « les forces mises en liberté par les changements chimiques « opérés dans le cerveau peuvent-elles produire une émotion ? « Ce sont des mystères qu'il n'est pas possible de sonder ; « ils ne sont pas plus profonds que les transformations des « forces physiques les unes dans les autres. Ils ne dépassent « pas plus la portée de notre intelligence que ne la dépasse « la nature de l'Esprit et de la Matière. Ce sont simplement « des questions insolubles comme les autres questions dernières. (1) »

Les rapports des mouvements divers de la matière avec les sensations qui leur correspondent constituent certainement une question insoluble comme toutes les questions dernières ; ces rapports sont un élément primitif de la constitution des choses, dont l'explication ne peut pas même être cherchée, parce qu'il est impossible d'entrevoir dans quelle direction on la chercherait. Mais identifier, au point de vue de l'intelligibilité,

1. *Les Premiers Principes*, — pages 232 et 233. — M. Renouvier a fait une critique excellente de ce passage dans la *Critique philosophique* du 10 octobre 1878.

ou plutôt de l'absence de l'intelligibilité, les changements de forme des mouvements, c'est-à-dire des modifications de direction et de vitesse qui dépendent de la nature des agrégats, et la transformation des mouvements en phénomènes psychiques, c'est une manifeste erreur. La pensée n'a aucune peine à entendre qu'un mouvement de translation arrêté devienne un mouvement moléculaire, et qu'un mouvement moléculaire produise des ondulations dans l'éther. Tout cela appartient au même ordre de représentations objectives, et l'on conçoit aisément que si nous étions pourvus d'organes capables de percevoir les molécules des corps et le fluide éthéré nous pourrions suivre ces transformations de mouvements comme nous suivons, dans la marche d'un mécanisme, le mouvement d'une roue produisant le mouvement d'une autre roue. Mais la transformation des mouvements perçus en perception, et des mouvements sentis en sensation, fait passer l'esprit d'un monde à un autre. Il ne s'agit plus d'un même ordre de représentation objective, où tout s'enchaîne sans difficulté pour la pensée, il s'agit de passer de l'observation sensible à l'observation psychique, qui est d'un autre ordre. Identifier les deux ordres c'est, comme l'a dit Charles Secrétan, « prononcer des mots dont il est impossible de réaliser le sens (1). »

Nous avons ici un exemple d'un phénomène dont la connaissance est indispensable pour l'intelligence de l'histoire de la philosophie. Je veux parler de l'éblouissement que produit une idée nouvelle, éblouissement par l'effet duquel l'idée nouvelle prend des proportions illégitimes, et fait crier : tout est là ! Pythagore ayant reconnu, par une intuition de génie, le rôle des mathématiques dans la science de la nature, arrive à la formule : « tout est nombre. » Condillac, sous l'impression des découvertes faites, à son époque,

1. *Discours laïques*, page 156.

au sujet de l'influence des signes sur la pensée, déclare que « la science n'est qu'une langue bien faite. » Hégel, voyant que les lois de la logique se retrouvent partout, dans l'ordre de la nature aussi bien que dans nos conceptions, proclame que « la logique est tout » et que l'univers n'est qu'une série de syllogismes enchaînés. Un fait du même ordre se produit chez Herbert Spencer. Ebloui par la théorie de la transformation des mouvements, il s'écrie : « tout est là, et la pensée humaine n'est qu'un mouvement transformé. »

Les progrès de la physique sainement interprétés sont loin de conduire à de semblables résultats ; au contraire, dans la mesure où ils réduisent toute la partie objective des phénomènes au mouvement seul, ils creusent la séparation des éléments matériels et des éléments psychiques, du corps et de l'esprit. Cela est indubitable ; mais, en même temps, les progrès de la physiologie établissent toujours plus les rapports intimes des deux classes de faits que les progrès de la physique distinguent sans les séparer. On a longtemps admis, en dehors des écoles matérialistes, l'idée que les phénomènes vitaux étaient presque sans rapports avec les phénomènes physico-chimiques, qu'ils avaient leur explication dans l'action propre de la force vitale. La science contemporaine marche résolûment dans une direction contraire. On n'a point établi, sans doute, la complète identité des phénomènes des corps vivants et de ceux de la matière inorganique. Naguères encore, Claude Bernard rappelait avec insistance que « les phénomènes chimiques de l'être vivant, bien qu'ils se « passent suivant les lois générales de la chimie, ont tou- « jours leurs appareils, et leurs procédés spéciaux », en sorte que « les phénomènes chimiques des organismes vivants ne « peuvent jamais être assimilés complètement aux phéno- « mènes qui s'opèrent en dehors d'eux (1) ». Mais, une ré-

1. *Leçons sur les phénomènes de la vie communs aux animaux et aux végétaux*, page 116. — Voir aussi *Rapports le sur progrès et la marche de la physiologie générale.*

serve indispensable étant faite pour la présence de l'organisme vivant, toujours nécessaire à l'explication des phénomènes de la vie, la science moderne tend de plus en plus à ramener aux lois de la physique et de la chimie les fonctions de la respiration, de la circulation, des sécrétions, et, par une induction naturelle, les fonctions du système cérébral. Si les phénomènes physiques et chimiques ne sont que des mouvements, il en résulte que, l'organisme étant donné, toutes les manifestations de la vie sont des phénomènes mécaniques. Cela admis, si l'on admet encore que tous les sentiments, toutes les idées, toutes les impulsions, toutes les volitions ont des phénomènes correspondants dans l'ordre matériel, il en résulte qu'étant supposé un organe cérébral transparent, et un observateur capable de tout percevoir, et connaissant toutes les lois de la physiologie, cet observateur lirait dans l'organisme cérébral tous les phénomènes psychiques : (sentiments, idées, volontés,) de même que nous lisons toutes les pensées d'un écrivain dans les réunions diverses des caractères de l'alphabet. C'est là une hypothèse inductive. Je l'admets, sinon comme absolument démontrée, du moins comme revêtue par la science contemporaine d'une haute probabilité. Lorsqu'on aura bien reconnu la diversité essentielle des phénomènes corporels et des phénomènes psychiques, on ne conclura pas de leurs rapports à leur identité ; on n'arrivera pas à la pensée extravagante, qui figure dans quelques écrits contemporains, que la physiologie pourra remplacer la psychologie. Ceux qui parlent ainsi oublient qu'ils n'auraient aucune idée des phénomènes de conscience, s'ils n'en avaient pas la connaissance interne immédiate, et s'ils étaient réduits à percevoir les faits physiologiques qui ne sont que des mouvements. Ils cherchent dans la physiologie les signes des phénomènes psychiques, dont la connaissance est manifestement la condition nécessaire et préalable des recherches auxquelles ils se livrent.

Des rapports du physique et du moral résultent deux conséquences. La première est l'importance morale de l'hygiène. Nos penchants sont déterminés par l'état de nos organes. Cela est évident pour les penchants proprement sensuels; et lorsqu'on y réfléchit, on voit facilement que tous les phénomènes psychiques sont soumis à cette loi : l'état de l'intelligence, des sentiments et de la volonté a des conditions physiologiques aussi bien que nos divers appétits. Pour s'en assurer il suffit de considérer les effets de l'alcool et des narcotiques sur les fonctions spirituelles. L'hygiène, le régime, la discipline du corps entendue dans son sens le plus large, ont donc une action évidente sur le moral; c'est une vérité à laquelle on ne saurait se rendre trop attentif pour l'éducation de l'enfance et pour le gouvernement de soi-même. Il suit de là que les progrès faits par l'étude des rapports du physique et du moral ont une véritable importance pour le bien spirituel de l'humanité. Les savants contemporains qui creusent ces curieuses questions sont souvent dominés par l'esprit du matérialisme; mais ils font toutefois des semailles qui promettent aux éducateurs et aux moralistes une abondante moisson. La seconde conséquence qui résulte des rapports du physique et du moral, est l'importance physiologique de la vertu. Je prends ici le terme *vertu* dans son sens étymologique et direct, où il désigne l'effort, dont le résultat, en ce qui concerne l'objet de mon étude, est de maintenir les fonctions des sens dans leurs justes limites, et de prévenir les excès qui dépassent les bornes des besoins de l'organisme. Que le vice, la lâcheté spirituelle, l'absence d'efforts ait une large part dans la genèse des maladies et dans les causes de la mort, c'est ce que personne ne saurait contester.

Les deux conséquences qui viennent d'être indiquées supposent chez l'homme un principe de liberté. Pour la seconde cela est évident, puisqu'il s'agit d'un appel direct à la volonté raisonnable et libre, contre les impulsions involontaires des sens. Pour la première, cela n'est pas moins évident au fond, parce que des conseils d'hygiène et de régime supposent, aussi bien que les directions de la plus haute morale, l'existence d'une volonté raisonnable et libre à laquelle on s'adresse. On répare des machines lorsqu'elles ont quelque défaut, on ne leur donne pas de conseils (1). L'hygiène est une science sans doute ; mais, comme l'a dit Jean-Jacques Rousseau, elle est une vertu plus encore qu'une science, parce que ses prescriptions les plus importantes sont très élémentaires, et ne sont point ignorées, dans le plus grand nombre des cas, de ceux qui les violent. Mais voici la question : la réduction de la physiologie à la physique, et la constatation des rapports étroits de la physiologie et des phénomènes spirituels permettent-elles d'admettre l'existence de la liberté ? En suivant le cours des pensées que cette question éveille, nous allons voir éclater le conflit de la physique et de la morale.

CONFLIT APPARENT ENTRE LA PHYSIQUE ET LA MORALE NÉ DU PRINCIPE DE LA CONSERVATION DE L'ÉNERGIE.

Tous les phénomènes spirituels se manifestent par le mouvement. Comment les hommes se communiquent-ils leurs sentiments, leurs pensées et leurs volontés? Ils ne disposent pour cela que de trois moyens : le geste, la parole, et le re-

1. M. Fouillée considère cet argument comme un paralogisme. (*Revue philosophique* de décembre 1882, page 588). Il écrit : « On ne donne pas de conseils à une machine, parce qu'elle n'a ni oreilles ni intelligence; on en donne aux hommes sur leur santé et leur régime parce qu'ils sont intelligents; mais il est inutile pour cela qu'ils soient libres. » — Que serait un être intelligent sans aucun élément de liberté? Un mécanisme conscient ; et le fait de sa conscience (en le supposant possible) ne lui enlèverait pas son caractère spécifique. Assurément, comme le remarque M. Fouillée, en donnant un conseil on veut exercer une influence ; mais voici la question : l'homme qui donne un conseil entend-il exercer une action nécessitante sur un être soumis à la loi d'inertie, ou fournir des motifs de décision à un être capable de choisir ? C'est à l'observation psychologique à décider. — M. Fouillée avait pris connaissance de ma quatrième étude dans la *Revue philosophique* où elle a été primitivement publiée.

gard. Le geste est un mouvement des membres; la parole est un mouvement des organes vocaux transmis à l'air ambiant; et qu'est-ce que le regard, dont la puissance est si grande parfois? qu'y a-t-il entre l'œil qui regarde et l'autre œil qui, dans un regard, lit instinctivement la pitié, la colère, l'orgueil ou l'humilité, l'amour ou la haine? Les ondulations de l'éther, c'est-à-dire encore un mouvement. Donc, au moins dans les limites de nos expériences ordinaires et scientifiquement constatées, les esprits ne communiquent entr'eux que par le moyen de la matière. Ce n'est pas tout. La pensée, le sentiment, la volonté, qui ne sont communicables que par un mouvement externe, ne se produisent que dans un rapport indissoluble avec des phénomènes cérébraux, dont la théorie est loin d'être achevée, mais que la science cherche résolûment à déterminer comme des mouvements moléculaires. Nous n'avons sans doute aucun droit d'affirmer, dans un sens absolu, qu'il ne peut exister de pensées sans un organisme cérébral; ce serait là une induction absolument illégitime. L'habitant d'une des îles de l'Océanie, qui affirmerait que la faune et la flore du globe entier sont identiques à celles de son île émettrait une affirmation qui ne serait pas plus imprudente que celle d'un savant concluant des conditions des phénomènes spirituels observés sur notre globe aux conditions de ces mêmes phénomènes dans l'univers entier. Qu'il existe, dans d'autres conditions que celles de l'humanité, des esprits, c'est-à-dire des êtres capables de penser et de vouloir, c'est ce qu'une science expérimentale sérieuse et prudente ne peut pas affirmer, et n'a pas le droit de nier. Mais, *dans les limites de notre expérience actuelle*, l'esprit ne se manifeste à lui-même comme aux autres que sous la condition des fonctions cérébrales. Lorsque Descartes affirme qu'il se connait comme esprit, sans savoir s'il a un corps, ce grand homme oublie qu'il a éprouvé parfois, à la suite d'un exercice prolongé de la pensée, une fatigue de la tête, et que cette fatigue lui a révélé l'intervention de l'organisme dans les fonctions intellectuelles. S'il avait étudié ce sujet plus attentivement, il aurait reconnu que l'observation pure et simple, sans aucune notion de physiologie, suffit pour constater que le cerveau est l'organe de la pensée.

Les fonctions cérébrales sont la condition de la pensée. Les fonctions cérébrales sont des mouvements. Donc, le mouvement est la condition de tous les actes spirituels. Le mouvement est soumis à des lois fixes et, pour la science contemporaine, une de ces lois est la conservation de l'énergie, ou la constance de la force, c'est-à-dire le maintien d'une quantité égale de mouvement actuel ou virtuel. Telle est, comme on l'a vu dans nos études précédentes, l'affirmation sur laquelle est fondée la physique moderne. La physiologie démontre de plus en plus que les phénomènes des corps vivants obéissent aux lois de la physique. Le corps humain est compris dans l'ensemble du mouvement universel ; ses mouvements propres ne sont jamais que la transformation, à quantité égale, des forces qu'il reçoit du sol, de l'atmosphère, du soleil ; il ne peut rendre que ce qui lui a été donné. Des mouvements centripètes vont des sens à l'encéphale, et des mouvements centrifuges vont de l'encéphale aux membres ; mais tous les mouvements de l'organisme qui est le théatre de ces phénomènes ont leurs équivalents dans les mouvements physiques externes qui ont amené sa formation, et contribuent à son entretien. Un esprit étranger aux découvertes scientifiques dira : « Je veux, et mon bras se lève ; je crée un mouvement qui n'existerait pas sans l'acte de ma volonté. » Mais, pour la science contemporaine, le mouvement de mon bras ne peut représenter qu'une partie de la force que j'ai reçue de la nourriture, de la respiration, de l'insolation. Je ne peux pas plus créer un mouvement que je ne pourrais créer un atome de matière. Dans un système de corps en mouvement, tout est déterminé par les lois de la mécanique; pour qu'une modification quelconque intervienne, il faut une force. Or l'intervention d'une force supposée libre changerait la quantité du mouvement. Si le principe de la conservation de l'énergie est admis, il en résulte donc que tout est déterminé d'une façon nécessaire dans les mouvements du corps humain comme dans ceux de tous les autres corps. Mais les phénomènes spirituels ont toujours pour condition, soit de leur existence, soit de leur manifestation, le mouvement de la matière. Donc la distinction des phénomènes physiques et des phénomènes psychiques peut bien subsister; mais les phénomènes psychiques sont absolument déterminés, aussi bien que leurs conditions matérielles. Donc enfin, l'affirmation de la liberté est une illusion, puisque l'exercice de la liberté détruirait le déterminisme universel des phénomènes. Le conflit de la physique et de la morale devient ainsi manifeste. En effet, (c'est un sujet sur lequel il serait superflu de s'étendre longuement) l'existence de la liberté est le fondement de la morale. Si la liberté n'existe pas, le devoir ne peut exister, et la responsabilité non plus. Les lois morales telles qu'on les conçoit sont proposées à l'homme sans lui être imposées; elles comportent une violation que nous appelons le mal; ce sont les lois de la liberté. Une psychologie sérieuse devra toujours faire une large part à l'élément involontaire dans l'ensemble des déterminations humaines; mais s'il ne reste pas un élément de liberté, si faible qu'il soit, dans le creuset de l'analyse psychologique, la ligne de démarcation entre les lois physiques et les lois morales disparaît, et les actions des hommes ne peuvent plus être légitimement qualifiées de bonnes ou de mauvaises dans l'acception habituelle de ces termes. Les actes peuvent être constatés, mais les agents ne sont pas des êtres responsables qui puissent être jugés; il n'y a plus de morale, il n'y a plus que des mœurs, dont l'étude rentre dans les cadres de l'histoire naturelle. Le conflit est donc bien manifeste entre la morale dont la liberté est le postulat fondamental, et la direction de la pensée qui ramène tous les phénomènes physiologiques à la physique, et subordonne les phénomènes psychiques au déterminisme physiologique.

Dans nombre d'esprits contemporains, le conflit cesse par la négation de la liberté; mais tout le monde n'abandonne pas sans combat la cause d'une idée de cette importance. L'étude du problème s'impose. Il n'est pas possible de dire: « il y a une science des forces, il y a une science des esprits; chacune de ces sciences a son domaine, et l'une n'a pas le droit de nier les résultats de l'autre. » Si tout phénomène spirituel a le mouvement de la matière pour condition, et si tous les mouvements de la matière, en vertu du principe de la conservation de l'énergie, tombent sous la loi d'un déterminisme absolu, il n'y a pas de place pour la liberté. Le mouvement est le lien indissoluble du monde des corps et du monde des esprits. Ces deux propositions: « tout mouvement est nécessairement déterminé — il y a des mouvements libres, » affirment et nient, en parlant du même objet, et en prenant les termes dans le même sens; elles ne peuvent subsister ensemble, parce qu'elles sont directement contradictoires. C'est là qu'est la véritable importance de la question des rapports du physique et du moral. L'observation établit de plus en plus que tout phénomène spirituel a un correspondant matériel, que tous les modes passifs de l'être conscient ont un point de départ dans l'organisme, et que tous les modes actifs de l'être conscient se traduisent immédiatement en un fait organique. Il n'y a rien là qui tende à la négation de l'ordre spirituel, et qui puisse inspirer la moindre inquiétude aux hommes préoccupés des intérêts moraux de l'humanité. On peut même observer que le principe de la conservation de l'énergie offre un nouvel et considérable appui à la théorie qui constate la différence des phénomènes corporels et des phénomènes psychiques. Il s'agit en effet de retrouver l'équivalence des mouvements de l'organisme dans ses modifications diverses. Aucun physiologiste sérieux n'aura l'idée de faire entrer dans les équations les faits purement psychiques distingués de leur condition matérielle. Ces faits sont donc d'une autre nature que les phénomènes physiologiques dans lesquels on cherche à constater la transformation des mouvements à quantité égale. Les théories spiritualistes n'ont rien à redouter des progrès de la physiologie, sous le rapport de la distinction du physique et du moral; mais si les modes actifs de la conscience sont soumis à un déterminisme absolu, tout élément de liberté disparaît, et les fondements de la morale s'écroulent. Quels sont, dans cet état de la question, les essais tentés pour sauver l'ordre moral des étreintes d'une science qui supprime de là liberté ?

NÉGATION DE L'UNIVERSALITÉ DU PRINCIPE DE LA CONSERVATION DE L'ÉNERGIE.

La *Critique philosophique* du 21 août 1873 a reçu et enregistré dans ses pages la communication suivante. « La *Critique* « *philosophique* se montre empressée en toute occasion à « défendre la cause du libre arbitre. D'une autre part, elle a « promis dans son prospectus de traiter les questions philo- « sophiques liées à la doctrine physique de la conservation « de la force. On voudrait savoir ce que ses honorables rédac- « teurs pensent de la possibilité de concilier cette doctrine « avec celle de la liberté, ou comment ils font pour ne pas « voir dans la théorie qui ramène toutes les forces naturelles « à la constance et à l'unité, un argument irrésistible en fa- « veur du déterminisme universel. »

M. Renouvier a répondu en niant l'universalité des applications légitimes du principe de la constance de la force. « Nous « n'admettons pas, dit-il, que les sciences chevauchent hors « de leur domaine et se tournent induement en métaphysique.

« C'est ce qui arrive quand on attribue au principe de la « constance de la force une universalité pour laquelle on n'a ni « garantie ni induction solide. Nous nions formellement cette « universalité. » Après avoir présenté des considérations relatives au rapport de causalité qui existe entre les désirs, la volonté, les divers phénomènes psychiques et le mouvement, l'auteur ajoute : « La constance des forces trouverait, comme « le déterminisme, une limite et une exception dans la liberté, « et peut-être non pas dans la liberté seulement, mais encore « dans les passions animales qui, simplement occasionnées « par des mouvements externes, auraient la vertu d'en pro- « duire d'autres à nouveau. »

Cette manière de penser peut être justifiée par des arguments solides. L'affirmation du maintien d'une quantité égale de mouvement actuel ou virtuel dans l'univers n'est certainement, ni un principe *a priori*, ni l'expression immédiate des faits observés. Qui a pu observer, par exemple, l'équivalent du mouvement qui constitue les rayons solaires, en dehors de leur action sur notre planète ? La conservation de l'énergie est une hypothèse en voie de confirmation. Admettons qu'elle soit valable pour le monde physique tout entier ; mais, au delà? Dans l'ordre physiologique, la démonstration du principe est loin d'être solidement établie. On montre bien que la plus grande partie de l'énergie disponible chez les êtres animés provient des actions chimiques de la nutrition et de la respiration, c'est-à-dire que l'énergie est *à peu près* conservée; mais il est impossible de prouver qu'elle le soit absolument. On peut admettre que des forces émanant de l'élément vital ou spirituel effectuent un travail infinitésimal qui demeure absolument insensible aux expériences les plus délicates, et dont le résultat peut être cependant très considérable, de même qu'en appuyant d'une manière à peine sensible sur la détente d'une carabine on produit un travail énorme.

Dans les phénomènes moraux on rencontre des faits directement observables qui s'opposent à l'hypothèse du déterminisme universel. Le sentiment de la responsabilité et l'idée du devoir sont des faits aussi certains pour la conscience que le mouvement peut être certain pour la perception sensible. Et ce n'est pas seulement aux phénomènes moraux proprement dits qu'on peut faire appel ici, mais encore à l'observation psychologique dans ce qu'elle a de plus élémentaire et de plus certain. Un mouvement réflexe se distingue très clairement d'un mouvement volontaire. Si je veux approcher ma main d'un corps brûlant, je distinguerai, sans l'ombre de difficulté, le mouvement réflexe ou instinctif qui tendra à éloigner ma main, et le mouvement volontaire qui pourra s'opposer au mouvement instinctif. Le passage qui s'opère, par le moyen de l'habitude, des mouvements volontaires à des mouvements qui deviennent instinctifs est une des observations les plus importantes de la psychologie. Comment pourrait-on parler du passage d'un état de mouvement à un autre, s'il ne s'agissait pas de deux états distincts? Dira-t-on que nous n'avons jamais conscience que de mouvements réflexes auxquels nous attribuons, *dans certains cas*, un caractère volontaire, par l'illusion de la liberté? Pourquoi l'illusion s'appliquerait-elle dans certains cas et non pas dans d'autres? Quelles sont l'origine et la nature de ces certains cas? Admettons qu'on puisse arriver sous ce rapport à une détermination physiologique, ce qui est accorder beaucoup; reste une autre question. D'où procède dans notre entendement l'idée de la liberté, qu'il faut posséder pour pouvoir l'attribuer d'une manière illusoire à certains mouvements? Si l'idée de la liberté ne procède pas de l'observation de la conscience, d'où vient-elle? (1) Ce n'est

1. M. Fouillée (voir ci-dessus la note de la page 220) pense que l'idée du libre arbitre est le résultat d'une combinaison de notions, dans laquelle figure, comme un de ses éléments « l'idée d'une *indépendance* relative, qui est un objet d'expérience » (page 593). — Qu'est-ce qu'une indépendance *psychique*, relative ou non, dans laquelle le libre arbitre n'entrerait à aucun degré?

pas une idée complexe dont on puisse trouver l'origine dans des éléments réunis à tort. Admettrait-on que c'est une idée sans cause? mais s'il peut exister des idées sans causes, pourquoi n'existerait-il pas aussi des mouvements sans causes? Voilà la base de toute science renversée. De quel droit nier, en partant d'une hypothèse physique, des faits d'observation qui, pour sortir du domaine de l'expérience sensible, n'en sont pas moins certains et faciles à constater? En accordant que le principe de la conservation de l'énergie s'applique sans exception ni réserve au monde purement matériel, de quel droit l'étendre aux cas où la matière se trouve en rapport avec l'esprit? De ce que le déterminisme absolu règne dans l'objet des études de l'astronome, du physicien et du chimiste, on n'a pas le droit de conclure qu'il exclut la réalité des faits dont s'occupe la psychologie. Un tel raisonnement se fonde sur un *a priori* manifeste; c'est le fait d'une science qui chevauche hors de son domaine. Affirmer le déterminisme absolu des actes tenus pour volontaires, c'est nier une donnée immédiate d'observation, au nom d'une hypothèse que des esprits systématiques peuvent seuls considérer comme une théorie absolument démontrée.

On voit que la thèse de M. Renouvier peut être défendue par une argumentation du moins spécieuse. Je tiens cette argumentation pour très solide; mais c'est une autre thèse que je veux défendre.

CONCILIATION DE LA CONSERVATION DE L'ÉNERGIE ET DE LA LIBERTÉ.

En admettant le principe de la conservation de l'énergie, et en l'étendant au corps humain, à toutes les conditions et à toutes les manifestations de la vie spirituelle, la cause de la liberté morale n'est pas compromise. Le conflit entre la physique et la morale n'est qu'apparent, parce que :

1° Sous le rapport de l'espace, la direction des mouvements peut être modifiée, leur quantité demeurant la même.

2° Sous le rapport du temps, les manifestations actuelles d'une somme constante de force peuvent se produire à des moments divers, sans que la quantité de force varie.

Si ces deux thèses peuvent être démontrées, le conflit entre la physique et la morale disparaît. En effet, la morale n'exige pas l'existence d'un pouvoir *créateur* de la force, mais seulement l'existence d'un élément de liberté dans l'*emploi* d'une force donnée. Examinons d'abord le premier point.

Si par la pensée on isole une planète de l'ensemble de son système, il est clair qu'elle peut se mouvoir sur son orbite dans un sens ou dans l'autre la quantité de son mouvement demeurant égale; c'est la conséquence indéniable de l'indifférence dynamique de l'espace. De même, lorsqu'une locomotive est placée sur un chemin de fer horizontal, elle peut prendre une direction ou l'autre, la force de la machine et la force employée par le mécanicien restant les mêmes. Donc la direction du mouvement peut varier, sans que sa quantité varie. J'ai émis cette idée dans la *Bibliothèque universelle* de juillet 1873, sans me rendre compte alors que c'était peut-être une réminiscence inconsciente de la lecture de Descartes (1), et sans savoir que M. Cournot avait publié la même pensée (2). Un correspondant de la *Critique philosophique* (3) a combattu mon affirmation, en se fondant sur l'identité de la notion de la force et de la notion du mou-

1. « Descartes a reconnu que les âmes ne peuvent point donner de la force au corps, parce qu'il y a toujours la même quantité de force dans la matière. Cependant il a cru que l'âme pouvait changer la direction des corps. » — Leibniz, *Monadologie* § 80. — Voir aussi les *Considérations sur le principe de la vie*, par l'auteur de l'harmonie préétablie, vers le commencement.

2. *Séances et travaux de l'Académie des sciences morales et politiques*, tome CIX, page 704.

3. 21 août 1873.

vement. Cette identité de la force et du mouvement a été affirmée par plusieurs savants contemporains. M. Beaunis, par exemple, dit que la première des lois générales du mouvement est que « tout mouvement a pour antécédent « un mouvement. (1) » M. de Candolle affirme, sur la foi des physiciens, que « tout mouvement a pour cause un « mouvement antérieur » (2). Si cela est admis, si toute force est un mouvement, l'objection faite à la thèse que j'ai soutenue est irréfutable. Lorsqu'on conçoit le commencement absolu d'un mouvement, il est bien clair que, la quantité étant la même, la direction peut être différente; mais la science expérimentale n'a jamais à prendre en considération un commencement absolu. La volonté humaine intervient dans un système déterminé. Si elle modifie la direction du mouvement, elle agit comme force; et si toute force est un mouvement, elle ne peut intervenir sans modifier la quantité du mouvement universel. La question est donc de savoir si on a le droit d'identifier la force et le mouvement. Or cette identification n'est nullement justifiée; elle est au contraire formellement démentie par une juste interprétation des phénomènes. C'est ici le point capital du débat.

Qu'est-ce qu'une force? « Une cause de mouvement ou de « modification du mouvement. (3) » Les progrès de l'astronomie tendent à établir que tous les astres du ciel se meuvent. On a renoncé depuis longtemps à considérer la terre comme le centre immobile de l'univers; et maintenant on admet que le soleil lui-même se déplace relativement aux étoiles, avec son cortège de planètes. En même temps, la physique nous apprend à considérer les corps immobiles en apparence comme étant le théâtre de mouvements molécu-

1. *Nouveaux éléments de physiologie humaine*, page 16.
2. *Histoire des Sciences et des Savants depuis deux siècles*, — page 450.
3. Delaunay — *Traité de mécanique rationnelle*, § 84.

laires continuels; elle nous enseigne que, dans une atmosphère absolument calme, la chaleur et la lumière sont les ondulations incessantes d'un fluide éthéré. Des corps peuvent être dans un repos relatif sur la surface du globe terrestre, de même que des objets peuvent être dans un repos relatif sur le pont d'un navire; mais, autant que nous pouvons le savoir, tout se meut dans le domaine entier de notre expérience. Le passage d'un repos absolu au mouvement ne se produit donc jamais. Il en résulte qu'en réservant la question de l'origine première du mouvement universel, qui ne saurait être un mouvement antérieur, on peut enlever de la définition de la force l'idée d'une cause de mouvement dans le sens de la création, et garder seulement cette formule: « une « force est une cause de modification du mouvement. » Maintenant la question revient à ceci: un mouvement n'est-il modifiable que par un autre mouvement? Non. En physique nous sommes obligés de considérer la *présence* des corps, et non pas seulement le *mouvement* des corps. L'affinité chimique n'est point ramenée encore à un phénomène physique. Il en est de même de la loi de la gravitation. Dans les calculs de l'astronome, la présence d'un astre, indépendamment de son mouvement, apparaît comme une cause de modification du mouvement des autres astres. Aucune hypothèse reconnue comme valable n'a encore réussi à expliquer l'attraction par un phénomène antécédent d'impulsion. « L'astronomie, « dit M. Bertrand, a révélé une règle invariable et précise « qui, en demeurant inexplicable et incompréhensible, ex- « plique tout et fait tout comprendre (1) ». Lorsqu'on dit : « tout mouvement a pour cause un mouvement antérieur », ce qui permet d'affirmer que, dans l'ordre physique, toute force est un mouvement, on oublie donc que, dans la théorie

1. *Discours à la séance publique de l'Académie des Sciences* — 10 mars 1879.

de la gravitation, la seule présence d'un corps intervient comme une cause à laquelle la pensée s'arrête. Supposons que la gravitation ait été ramenée à une impulsion, serait-il permis de dire que toute force est un mouvement? Non. Lorsqu'un corps se meut et en rencontre un autre, son mouvement se trouve modifié. Il y a donc dans ce phénomène la manifestation d'une cause de modification du mouvement, c'est-à-dire d'une force. Quel est le sujet de cette force? Le corps qui a été rencontré, et qu'on peut supposer dans un repos relatif, aura subi une modification. Je fais abstraction de cette partie du phénomène pour considérer seulement la modification éprouvée par le corps rencontrant. Les corps n'ont aucun pouvoir de modifier leur propre mouvement; c'est l'expression de la loi d'inertie; ils ne sont pas des forces quant à eux-mêmes, mais ils sont des forces à l'égard des autres corps dans les modifications du mouvement dont ils sont l'origine. Ainsi que l'a remarqué Euler, c'est la résistance de la matière qui est « la véritable source des changements que nous observons dans le mouvement de tous les corps » (1). En fait tout corps se meut; mais ce n'est pas en tant qu'il se meut qu'un corps à l'état de repos relatif modifie le mouvement des autres corps, c'est en tant qu'il résiste. Le troisième des principes de la dynamique est que « l'effet produit par une force sur un point matériel est in- « dépendant du mouvement antérieurement acquis par ce « point (2) ». Il résulte de ce principe que lorsque deux corps étant, par exemple, l'un et l'autre sur le pont d'un navire ont le même mouvement, l'action exercée par la résistance de l'un sur le mouvement particulier imprimé à un autre, est le même que si leur mouvement commun était supprimé.

La matière est donc force par sa résistance, mais elle n'est

1. *Lettres à une princesse d'Allemagne*, Partie II, Lettre 2.
2. Delaunay. — *Traité de mécanique rationnelle* § 89.

pas force impulsive. L'oubli de cette distinction essentielle peut jeter la pensée dans des erreurs graves. C'est ce qui arrive lorsque, confondant la force de résistance et la force d'impulsion, on proclame l'identité des deux idées de la force et de la matière. La matière n'est déterminable pour nous que par la résistance en vertu de laquelle les corps occupent une portion de l'espace. Cette résistance étant une cause de modification du mouvement est une force. Il semble donc bien, à première vue, que l'idée de la matière et l'idée de la force se confondent, mais c'est là une illusion. L'occupation d'une partie de l'espace qui se manifeste par la forme est une conception *géométrique* distincte de l'idée *dynamique* du pouvoir par lequel la résistance d'un corps modifie le mouvement d'un autre. La différence subsiste dans le cas où on conçoit l'élément des corps, ou l'atome, comme n'étant que le centre d'où rayonne une force, de telle sorte que l'occupation *actuelle* d'une portion de l'espace soit relative, et puisse disparaître par l'effet d'une compression suffisante, pour devenir simplement *virtuelle*. Il reste toujours, en effet, le centre de la force, c'est-à-dire une puissance concentrée dans un point, et l'idée du point, qui est le principe de toute localisation, conserve, par opposition à toute notion dynamique, le caractère d'un concept géométrique.

Il convient de redire que la force de résistance, qui constitue pour nous l'idée des corps, n'est le principe d'aucune impulsion. Cette force modifie le mouvement, mais sous condition que le mouvement existe, car il faut bien que l'existence d'une chose en précède les modifications. Il est donc impossible de ramener à l'unité la matière et la force, l'élément géométrique et l'élément dynamique, sans prendre le terme force dans un sens équivoque par lequel on identifie d'une manière abusive les deux notions distinctes de l'impulsion et de la résistance. Pour expliquer les phénomènes que le monde physique livre à notre observation, il faut la matière, le mouvement, et les lois de la modification du mouvement. M. de Candolle le reconnaît. Après avoir dit : « tout mouvement a pour cause un mouvement antérieur », il limite lui-même le caractère absolu de cette affirmation en disant que l'explication des phénomènes suppose « la double base du mouvement et des obstacles » (1). Les obstacles sont la résistance que les corps à l'état de repos relatif opposent aux mouvements des autres corps. En physique donc, ce n'est pas seulement le mouvement qui est force, ou cause des modifications du mouvement, mais aussi la présence des corps. Or la présence d'un corps peut être conçue comme une force qui change la direction du mouvement sans en changer la quantité (2). Supposons, en effet, un système de corps en mouvement, et plaçons-y par la pensée un corps considéré comme primitivement immobile ; la direction des mouvements du système sera changée sans altération dans la quantité. Il va sans dire qu'il s'agit ici d'une conception purement théorique, puisqu'un corps ne peut pas être introduit sans que son introduction soit un mouvement ; mais, en supposant l'apparition spontanée d'un corps dans un système donné, ce corps changerait la direction des mouvements antécédents et non leur quantité, et c'est là tout ce que je veux établir. En résumé, l'explication des phénomènes physiques suppose la forme des surfaces résistantes, élément de géométrie que ne remplacera jamais la supputation arithmétique de la quantité de mouvement. Passons à la biologie.

Les lois de la physique, au sens le plus général de ce terme, rendent-elles compte des phénomènes vitaux ? Dans l'état actuel des recherches, non. Pour une science positive et prudente,

1. *Histoire des Sciences et des Savants depuis deux siècles*, — page 464.

2. M. Fouillée (voir ci-dessus la note de la page 220) n'admet pas la distinction entre la présence d'un corps et son mouvement, parce qu'il considère le corps comme « un système de mouvement » ou « un ensemble de mouvements » (page 601). Son objection suppose donc l'identité de l'idée du corps et de l'idée du mouvement. — Voir à ce sujet la page 25 du présent volume.

toutes les manifestations de la vie supposent le concours des lois physiques et des lois propres à l'organisme. C'est une des affirmations sur lesquelles Claude Bernard a le plus insisté. Pour ramener la vie au pur mécanisme de la matière, il faudrait établir que les semences ou germes sont de purs agrégats, et que les phénomènes du développement et de la génération des organismes sont du même ordre que les phénomènes de la cohésion et de l'affinité. On ne possède point les bases d'une induction sérieuse qui permette d'élever cette supposition à la hauteur d'une théorie : En sera-t-il autrement un jour? C'est ce que personne ne saurait dire avec certitude. On peut remarquer que ce sont surtout des philosophes et des naturalistes qui pensent que la vie peut être expliquée par les lois de la physique. Je crois qu'il serait difficile de citer un physicien de quelque importance qui affirme que sa science lui rend compte des phénomènes vitaux. Ce n'est pas là, du reste, l'objet de mon étude. Il me suffit de constater que, dans l'état actuel de nos connaissances, il est naturel d'admettre que dans les êtres vivants, et d'abord dans les germes ou semences, il existe une cause spéciale de coordination des mouvements physiques. Cela étant admis à titre d'hypothèse possible (je n'en demande pas davantage), on arrive à la conception d'une force plastique qui change la direction des mouvements sans en modifier la quantité. Un champ est semé. Les graines sont les unes vivantes, les autres mortes. Tous les mouvements sont pareils, y compris celui du semeur ; et avec la même action du soleil, de l'air, de l'eau, les résultats obtenus seront différents. Une partie des graines se décomposera, l'autre partie produira des plantes, en donnant une direction déterminée aux mouvements physiques ambiants, qui sont exactement les mêmes pour les semences mortes et pour celles qui ont conservé la vitalité, principe de la vie. Cette considération permet d'entendre les paroles de Claude Bernard qui, pour les explications biologiques, recourt à l'idée « d'une force vitale *législative* mais nullement *exécutive* » (1). Comment entendre qu'il y ait quelque chose d'exécuté sans une force exécutive? On comprend, dans l'ordre des questions sociales, l'existence d'un pouvoir législatif, prenant des décisions qu'un autre pouvoir exécute; mais qu'est-ce qu'une *force* législative? Cela ne s'entend pas; mais ce qui s'entend fort bien, et donne un sens entièrement satisfaisant au texte de Claude Bernard, c'est la pensée qu'il existe dans les êtres vivants des forces *directrices* et non *créatrices*, qui font des emplois divers de mouvements physiques dont la somme reste la même. On peut donc admettre pour l'interprétation des phénomènes vitaux l'existence de forces qui changent la direction du mouvement et non sa quantité. Cela est possible, et cela sera probable aussi longtemps que l'on n'aura pas constaté dans les germes vivants une forme de l'agrégat et un mouvement qui seraient les antécédents intelligibles du développement des plantes et des animaux. Or, je le répète, une semblable découverte ne paraît pas sur le point d'être faite.

Je n'ai pas à poser ici les questions relatives à la nature et à l'origine des germes; j'affirme seulement que le principe de la conservation de l'énergie dans les mouvements de la matière ne s'oppose pas à l'admission de forces qui, sans être des mouvements seraient des causes de modification du mouvement, de même qu'en physique la présence d'un corps est une cause de modification du mouvement sans être un mouvement. Cette considération s'applique au corps humain comme à tout autre organisme. La force plastique, spontanée quant aux éléments physiques, est d'ailleurs déterminée dans son action, et réalise un type que le milieu extérieur modifie par des influences accidentelles, mais dont le principe se trouve dans l'organisme même. J'aborde maintenant d'une manière directe la question qui m'a fait prendre la plume.

1. *Leçons sur les phénomènes de la vie communs aux animaux et aux végétaux*, page 51.

La morale suppose et réclame chez l'homme un pouvoir se déterminant par lui-même, dans une certaine mesure. En admettant que tout dans le corps humain soit soumis au déterminisme physiologique, quant à la partie exécutive des phénomènes, il suffit pour que le postulat de la morale demeure intact, qu'il existe un élément de liberté dans la partie *directrice* des phénomènes. Cette remarque juste et profonde a été faite par Claude Bernard (1).

Pâris dit à Hector dans le treizième chant de l'*Iliade*: « La « valeur ne nous fera pas défaut tant qu'il nous restera des « forces; mais il est impossible, quoi qu'on veuille, de combattre au-delà de ses forces. » Nul ne peut agir au-delà d'une certaine limite; mais l'un peut employer à combattre bravement la même quantité de mouvements musculaires dont l'autre fera usage pour fuir. Bien que l'homme ne dispose que de la quantité de force qu'il tire de la nourriture, de l'air, du soleil, il suffit qu'il en dispose librement pour qu'il soit l'agent responsable de ses actes. Dès lors les bases de la morale subsistent, et les progrès d'une science qui montre toujours plus dans le mouvement la condition des phénomènes spirituels ne portent aucune atteinte à ces bases. Or de quoi s'agit-il pour établir la possibilité d'un élément de libre arbitre en maintenant le principe de la constance de la force? Il suffit d'admettre pour la volonté ce qu'il est impossible de refuser à la molécule matérielle, et ce qu'il est improbable de refuser aux germes vivants : un pouvoir de direction qui ne change pas la somme des mouvements. Cette considération est relative à l'espace; une remarque de même nature s'applique au temps.

La conservation de l'énergie dans tous les mouvements de la matière ne s'oppose pas à l'admission d'un pouvoir par

1. Voir en particulier le *Rapport sur les progrès et la marche de la physiologie générale*, page 233, et les *Leçons sur les phénomènes de la vie communs aux animaux et aux végétaux*, pages 61 et 62.

lequel l'homme peut employer, à tel moment et dans telle mesure déterminée, les forces dont il dispose. Pour établir la thèse de la conservation de l'énergie, il est nécessaire d'admettre que le principe du mouvement n'existe pas seulement dans la réalisation de mouvements actuels, mais qu'il peut exister aussi sous une forme latente ou virtuelle. Ce qui demeure en quantité fixe, ce n'est pas le mouvement actuel, ce ce n'est pas la force vive actuelle, c'est la puissance capable de produire le mouvement, ou l'énergie, qui est tantôt actualisée, et tantôt simplement potentielle (1). La conservation de l'énergie signifie le maintien d'une quantité égale de mouvement actuel ou virtuel; mais les mots ne doivent pas créer une illusion. Le mouvement virtuel, dans l'état présent de nos connaissances, n'est pas une espèce du genre mouvement, mais *une cause de mouvement possible*. Le bois en brûlant produit par sa chaleur et sa flamme une somme de mouvement égale à celle des mouvements qui ont produit sa croissance; la flamme du feu ne rendra que ce que l'arbre a reçu du sol, de l'air et du soleil; mais comment le mouvement virtuel existe-t-il dans le bois? Y a-t-il dans le bois un mouvement moléculaire insensible pour nous qui se transforme dans la puissance active du feu? Une pièce d'artillerie lance son projectile; y avait-il dans la poudre un mouvement moléculaire équivalent à celui du boulet? Nul assurément n'a le droit d'affirmer qu'il en soit ainsi, parce que la preuve de l'affirmation n'est point faite. Mais admettons qu'il en soit ainsi; admettons que l'énergie potentielle soit un mouvement moléculaire actuel qui se transforme, dans telles inconstances données, en un mouvement externe appréciable. La transformation peut avoir lieu à des moments divers, la puissance de l'action extérieure peut être dépensée ou tenue en réserve, sans changement dans sa quantité. En raison de l'indifférence dynamique de l'espace, la

1. Voir la première Étude à l'article *Conservation de l'énergie*.

direction des mouvements peut être changée, leur quantité restant la même. En raison de l'indifférence dynamique du temps, un mouvement moléculaire peut être transformé en un mouvement externe appréciable, à un moment ou à l'autre, sans que sa quantité soit changée. Une bougie renferme une certaine quantité de lumière possible. Je l'éteins ; sa combustion s'arrête, et sa puissance d'éclairer demeure la même ; le fait qu'elle brûle à un moment ou à l'autre est indifférent sous le rapport de la quantité. De même, en admettant que tous les mouvements externes de l'organisme humain soient des transformations d'un mouvement moléculaire interne, l'idée que la volonté peut actualiser à un moment ou à l'autre le pouvoir de l'organisme n'est contredite en rien par la théorie de la conservation des forces physiques (1).

S'il en est ainsi, il n'existe aucun conflit réel entre la physique et la morale. Je ne crée pas de forces, mais je dispose de celles que je possède, et j'en dispose, au moment que je choisis, pour le bien ou pour le mal. Le fait que la quantité des mouvements possibles est supposée fixe n'altère en rien la responsabilité de l'agent qui fait tel ou tel emploi de cette faculté de mouvoir par laquelle se manifestent tous les actes de la vie spirituelle.

LA QUESTION DES FORCES EN GÉNÉRAL.

Le mouvement est un fait universel ; la science y ramène tous les phénomènes physiques objectivement considérés, et toutes les conditions des phénomènes spirituels. On constate le mouvement, et on admet que tout mouvement a une cause. Le principe de causalité ne peut pas recevoir une application indéfinie. Nous nous élevons nécessairement au concept d'un état primitif qui, sans être expliqué, serait pour

1. M. Renouvier a présenté à ce sujet des remarques très dignes d'attention dans la *Critique philosophique* du 17 octobre 1878.

la science totale le point de départ de toute explication ; mais si, en constatant un mouvement dans l'enchaînement des phénomènes livrés à notre observation, nous admettions qu'il peut avoir en lui-même sa raison d'être, qu'il est parce qu'il est, sans aucun antécédent, toute recherche serait arrêtée. La cause d'un mouvement reçoit le nom de force. Une force considérée en elle-même, et non pas dans son effet appréciable, n'est d'abord qu'un x, affirmé quant à son existence, mais indéterminé quant à sa nature. Admettre pour chaque classe de mouvements une entité distincte, et introduire ainsi dans la nature un Olympe de forces, c'est réaliser des abstractions et établir une sorte de mythologie scientifique. Elaguer l'idée de la force pour ne conserver que celle du mouvement, c'est une distraction. Les mouvements ont des causes à déterminer, et la détermination de ces causes, soit de la nature des forces, est le principal effort de la science. En physique le mouvement est modifié par la présence ou le mouvement d'un corps. En biologie, les lois physiques ne pouvant pas rendre compte de la formation des organismes, il faut admettre, au moins à titre provisoire, l'existence de forces plastiques, ce qui n'entraîne aucune détermination de leur nature autre que celle de pouvoir réaliser les effets qu'elles produisent. En psychologie, le devoir, la responsabilité et tous les jugements qui dérivent de ces données primitives supposent une force libre en quelque mesure, ou un pouvoir propre d'action. La réduction des forces plastiques aux lois de la physique n'est pas impossible en théorie; elle est seulement improbable dans l'état actuel de nos connaissances. Mais, si la réalité de l'ordre moral est admise, il est impossible que les phénomènes psychiques soient ramenés aux lois d'un déterminisme absolu, puisqu'un élément de liberté est le postulat nécessaire de tous les jugements moraux. Pour bien rendre ma pensée à cet égard, je reviens à la supposition d'un observateur connaissant toutes les lois de la physiologie, et pouvant percevoir dans tous leurs détails les fonctions cérébrales. Cet observateur constaterait en premier lieu que tous les mouvements accomplis par le corps humain ont leur équivalent dans l'action de la nourriture, du soleil, de l'atmosphère, et sont ainsi la simple transformation du mouvement universel : voilà pour la quantité du mouvement, ou pour l'élément susceptible d'une notation arithmétique. En second lieu, quant à la direction, c'est-à-dire quant à l'élément susceptible d'une notation géométrique, l'observateur constaterait trois classes de mouvements.

1. Des mouvements purement reflexes qui, l'organisme étant donné, s'expliquent selon les lois de la physique par des causes immédiatement observables. Ce sont des mouvements *mécaniques*, ou transmis, qui forment une chaîne dont le premier anneau s'attache à un état primitif de la matière.

2. Des mouvements ayant leur origine dans un pouvoir propre aux germes vivants. Le développement des organismes selon un type déterminé, et toutes les tendances héréditairement transmises rentrent dans cette classe. Ce sont des moumens *spontanés*.

3. Des mouvements dont la cause ne pourrait être assignée ni dans l'une ni dans l'autre des deux classes précédentes. Ce sont des mouvements volontaires ou *libres*. La définition de la liberté est ici purement négative ; mais c'est la seule à laquelle puisse parvenir l'observation physiologique ou externe. L'affirmation directe d'un pouvoir producteur ne peut reposer que sur une base psychologique ; elle n'a pas de fondement possible dans les sciences naturelles ; mais comme elle est le postulat de l'ordre moral, elle vaut ce que vaut la distinction du bien et du mal, du vice et de la vertu.

Ces trois classes de mouvements sont distinctes sans être séparées, puisque la vie des organismes a pour condition les lois de la matière inorganique, et que, dans les limites de notre expérience, la vie de l'esprit a pour condition la base physiologique du corps vivant.

En résumé, le principe de la conservation de l'énergie étant admis, on ne peut pas en déduire la négation de la liberté humaine. Que reste-t-il à la volonté libre? Pour la création du mouvement, rien ; pour l'emploi du mouvement possible, tout. Les fondements de l'ordre spirituel subsistent, et n'ont subi aucun ébranlement. Le conflit de la physique et de la morale est donc apparent, et j'arrive à la conclusion à laquelle le professeur Boussinesq est parvenu de son côté par des considérations mathématiques. On peut admettre dans l'homme, sans sortir des données les plus strictes de la science, un principe directeur du mouvement, et, cela admis, « le physiologiste « peut, sans s'écarter du plus sévère spiritualisme, étendre « les lois mécaniques, physiques et chimiques à toute la « matière, y compris les molécules du cerveau vivant (1). »

1. *Conciliation du véritable déterminisme mécanique avec l'existence de la vie et de la liberté morale*, par M. J. Boussinesq, professeur à la faculté des sciences de Lille — Paris, 1878.

CINQUIÈME ÉTUDE

LES CONSÉQUENCES PHILOSOPHIQUES DE LA PHYSIQUE MODERNE.

La philosophie étudie les problèmes généraux qui naissent, non pas de telle classe de faits, mais de la réunion totale des données de l'expérience. Pour une philosophie établie selon les règles de la méthode scientifique, les résultats de toutes les sciences sont une base et un moyen de contrôle, de même que les faits immédiatement observés servent de base et de contrôle aux sciences particulières. Il en résulte que les découvertes faites dans un ordre quelconque d'études, lors qu'elles ont le caractère de vérités générales, doivent exercer une action sur la philosophie. Cette règle de méthode est méconnue par les esprits spéculatifs qui ont la prétention de construire la science *a priori*, au moyen des données de la raison seule. La tentative est brillante, mais elle est chimérique. De tout système ainsi construit, on peut dire, dans la langue de Corneille :

> Et comme il a l'éclat du verre,
> Il en a la fragilité. (1)

En réalité, toute philosophie sérieuse, qu'elle le sache ou qu'elle l'ignore, subit l'action du développement des sciences particulières. La théorie de Kopernik, par exemple, a puissamment agi sur les conceptions générales de la pensée. Elle

1. *Polyeucte* ; acte IV, scène II.

a actualisé l'idée de l'immensité, du caractère infini de l'espace, idée qui existe virtuellement dans l'intelligence; elle a aussi modifié dans ses applications la doctrine des causes finales. Un esprit initié aux découvertes de la physiologie moderne n'admettra pas volontiers la définition de M. de Bonald qui faisait de l'homme « une intelligence servie par des organes ». Les observations relatives à la connexion des phénomènes corporels et des phénomènes psychiques déterminent les vues avec lesquelles on peut aborder la question générale des rapports de l'esprit avec la matière.

Une science particulière acquiert-elle un développement assez considérable pour fixer fortement l'attention? il peut se manifester à l'occasion de ce fait deux directions diverses de la pensée, selon que la pensée subit l'influence de l'un ou de l'autre de deux esprits analogues en apparence et profondément divers en réalité: l'esprit systématique et l'esprit philosophique. L'esprit philosophique a deux qualités: la généralité de l'étude, et la recherche d'un principe d'unité. Toute philosophie digne de ce nom est un *monisme*, parce qu'elle s'efforce de découvrir l'unité dans la multiplicité des phénomènes; mais elle ne doit conclure qu'après une revue sérieuse de tous les ordres de faits. Elle a pour condition essentielle une base d'analyse suffisante pour rendre valable un essai de synthèse. L'esprit systématique se manifeste dans des essais de synthèses prématurées. Il universalise un seul ordre de faits, ce qui conduit le plus souvent à la conception d'une unité arbitraire, étroite et par conséquent fausse.

Le développement de la physique moderne, et la justification des théories de cette science par les admirables progrès de l'industrie, sont un des caractères intellectuels les plus saillants de notre époque. L'esprit systématique s'est emparé de ce fait, et il en est résulté une modification très sensible dans l'état de la philosophie contemporaine. En 1843, M. Franck affirmait, dans la préface du *Dictionnaire des sciences philosophi-*

ques, que la doctrine de la sensation était dépassée, et le matérialisme vaincu d'une façon qu'on pouvait croire définitive. Les chefs officiels de la philosophie française pensaient alors que les judicieuses observations des Écossais, les profondes analyses de Kant et les études de Maine de Biran avaient détruit le prestige des synthèses audacieuses que Condillac donnait pour des analyses, dans sa doctrine de la sensation transformée. Tout a changé depuis cette époque. Dans un grand nombre de publications contemporaines, l'affirmation que toutes nos idées ont leur origine exclusive dans la sensation reparaît comme un axiome; et des ouvrages fort répandus reproduisent, sans changement pour le fond, le matérialisme du baron d'Holbach. Si l'on remonte aux origines de ce mouvement de la pensée, on trouve, comme cause principale, une physique transformée en philosophie, c'est-à-dire une science particulière érigée en science universelle, par une synthèse à laquelle une base suffisante d'analyse fait défaut. Ce phénomène intellectuel se manifeste d'une manière intéressante dans un récit de M. Tyndall. Il s'agit à la vérité d'une simple impression de voyage; mais l'auteur a reproduit les mêmes pensées dans un discours adressé à une réunion scientifique (1).

M. Tyndall descendait du sommet du Cervin. Il remarqua, pendant une courte halte, que cette montagne, lorsqu'on la voit d'en haut, semble « mise en lambeaux par les gelées et les siècles ». Ce spectacle éveilla la pensée du savant, qui rend compte en ces termes de ce qui se passa alors dans son esprit:

« Cet état de ruine implique une période de jeunesse où le « Cervin était, en quelque sorte, dans la pleine force de l'âge. « Naturellement la pensée remonte aux causes qui ont pu le « faire naître et grandir. Cette pensée ne s'arrête pas là, mais

1. Voir la troisième Étude à l'article de la négation de l'inertie de la matière.

« errant plus loin, au-delà des mondes disparus, elle va jus-
« qu'à ces nébuleuses que les philosophes considèrent, avec
« juste raison, comme la source immédiate de toutes choses
« matérielles. Serait-il bien possible que le ciel bleu qui
« s'étend au-dessus de nos têtes, fût un reste de ces vapeurs ?
« Et l'azur qui devient plus vif sur les hauteurs, se changerait-
« il en obscurité profonde au delà des limites de l'atmosphère?
« Je m'efforçai de fixer ma pensée sur ces vapeurs univer-
« selles, contenant en elles le germe de tout ce qui existe ; je
« je m'efforçai de me les représenter comme le siége des
« forces dont l'action se traduit par le système solaire, le sys-
« tème stellaire et tout ce qu'ils renferment. Ce brouillard
« sans forme contenait-il donc virtuellement *la tristesse* avec
« laquelle je contemplais le Cervin ? Ma pensée, en remontant
« jusqu'à lui ne faisait-elle que rentrer dans sa demeure
« première ? Et, s'il en est ainsi, ne ferions-nous pas mieux
« de refondre toutes nos définitions de la matière et de la
« force? Car si la vie et la pensée sont comme l'épanouisse-
« ment de celles-ci, toute définition qui omet la pensée et la
« vie est non-seulement incomplète, mais fautive. (1) »

Dans ce passage, les nébuleuses sont considérées d'abord comme la source de *toute chose matérielle*. Quelques lignes plus loin ces vapeurs sont le germe de *tout ce qui existe* ; et pour qu'il n'y ait pas d'indécision sur la portée de ces termes, l'auteur spécifie que la question qu'il se pose embrasse le sentiment de tristesse qui régnait dans son âme, et les pensées qui s'étaient offertes à son esprit. Ce brusque passage de la considération des éléments physiques à celle de la totalité des existences se rencontre dans des écrits dont les auteurs s'arrêtent longuement à des théories d'histoire naturelle, jettent à peine un regard superficiel et distrait sur les faits spirituels, et concluent au matérialisme. M. Tyndall reconnait que, pour faire

1. *Dans les montagnes*, par John Tyndall, traduction Lortet, pages 349 et 350.

sortir de la nébuleuse le sentiment et la pensée, il faut changer nos idées de la matière et de la force, et dans le discours scientifique où il a développé les pensées écloses sur les flancs du Mont-Cervin, il déclare qu'il discerne dans la matière « la puissance de toutes les formes et de toutes les qualités de la vie. » C'est, comme il a été dit dans notre troisième étude, nier positivement la doctrine de l'inertie. Nier la doctrine de l'inertie, c'est renverser la base des travaux de Fresnel, d'Ampère et de Faraday, comme de ceux de Newton et de Laplace. Il semble donc qu'ébloui par les progrès de la physique, le savant anglais ne s'aperçoit pas qu'il détruit les fondements de la science qu'il a cultivée lui-même avec éclat. Nous avons ici le spectacle d'une pensée qui prend son essor sous l'impulsion de l'esprit systématique. L'esprit philosophique ne permet pas le brusque passage de l'idée des choses matérielles à l'idée de tout ce qui existe; il ne permet pas de conclure des données d'une seule science à la solution du problème universel. L'esprit philosophique doit préserver de tout éblouissement, et mettre toutes choses à leur place, la physique comme le reste. Mettre la physique à sa place, ce n'est pas renoncer à reconnaître les rapports qu'elle soutient avec la philosophie. Le but de mon travail est d'interpréter, d'une manière légitime, les données que cette science particulière fournit à la science générale.

La physique moderne est née de l'affirmation que les phénomènes matériels considérés objectivement se réduisent à des mouvements, et de la doctrine de la conservation de l'énergie, soit du maintien à quantité égale de la puissance motrice dans les transformations diverses du mouvement. Elle cherche ses moyens d'explication dans l'application de formules mathématiques aux mouvements de la matière. Enfin, plus elle avance dans ses recherches, et plus elle réussit à expliquer par un petit nombre de lois la multiplicité indéfinie des phénomènes. Son programme est loin d'être rempli. La route qui conduit au but à atteindre est longue, et ménage peut-être bien des surprises; toutefois les bases de la science paraissent posées assez solidement pour que l'étude de leurs conséquences philosophiques soit légitime. Je m'attacherai d'abord à la question de la méthode, puis je passerai en revue quelques doctrines importantes.

LA MÉTHODE SCIENTIFIQUE.

A l'époque où furent posés les fondements de la physique moderne, Galilée indiqua et pratiqua la vraie méthode scientifique. Il observa; il fit des hypothèses, et il n'admit ses hypothèses pour valables que dans la mesure où leurs conséquences se trouvaient conformes aux faits. Mais, malgré l'exemple de ce sage esprit, et malgré les revendications éloquentes de Bacon, les droits de l'expérience furent méconnus et la méthode *a priori* altéra l'œuvre de Descartes et de ses successeurs. Cette prévalence du rationaliste provint, en partie, du fait que les deux plus grands maîtres de la science, au dix-septième siècle, Descartes et Leibniz, étaient des génies mathématiques. Ils crurent qu'on pouvait établir la science de la nature par les procédés déductifs qu'ils avaient mis en usage dans la géométrie analytique et le calcul différentiel. Vint la réaction en faveur de l'empirisme qui caractérise le dix-huitième siècle. Le rationalisme s'est relevé ensuite en Allemagne, dans la philosophie de la nature, et il a atteint son apogée dans les travaux de Hégel, qui a voulu construire *a priori* les lois de la physique et les combinaisons de la chimie, en même temps que l'histoire de l'humanité. La destinée de ces constructions altières a fourni une application du proverbe que l'orgueil marche devant l'écrasement. Une nouvelle réaction s'est produite en faveur de l'empirisme, et a atteint son apogée dans le positivisme qui interdit à la pensée toute démarche allant au-delà de la simple coordination des faits. Le positivisme n'accorde aucune valeur aux tendances de la raison qui désire expliquer les faits et non pas seulement les coordonner. La raison a tiré vengeance de ces dédains par le retour de l'esprit systématique se produisant sous le couvert de la méthode expérimentale. Il y a comme une sorte d'ironie dans les synthèses hardies et prématurées auxquelles se livrent bien des esprits contemporains tout en professant les théories de l'empirisme.

Après les oscillations violentes qui viennent d'être rappelées, et qui ont fait passer les théoriciens de la méthode du rationalisme absolu à l'empirisme pur, et de l'empirisme pur au rationalisme absolu, le temps est venu de tirer de l'histoire de la science les leçons qu'elle renferme. Pour s'orienter dans la question de la méthode, il est nécessaire de bien distinguer les principes directeurs de la pensée, qui ont un caractère simplement *formel*, et les affirmations *a priori*, qui ont un contenu *substantiel* dont on peut déduire des éléments de système (1). Descartes a confondu ces deux éléments distincts, et il est facile de s'assurer que la partie durable de son œuvre a été le résultat des principes directeurs, et que la plupart de ses erreurs ont eu pour origine l'emploi de la méthode *a priori*. La confusion faite par le principal fondateur de la physique moderne a été faite par ses adversaires. En répudiant les constructions *a priori* on a répudié les principes directeurs de la pensée. Il en est résulté que des vérités aujourd'hui retrouvées ont été méconnues pour un temps, parce qu'elles ont été enveloppées injustement dans la juste proscription des erreurs de la physique cartésienne (2). L'histoire de la physique moderne démontre que la science est née de la rupture avec la méthode *a priori*, de l'observation

1. Voir la troisième Étude, au commencement.
2. Voir la deuxième Étude.

des faits acceptée comme base et comme contrôle des théories, et d'hypothèses conçues sous l'influence de principes déterminés qui, sans fournir directement la connaissance d'aucune loi, ont dirigé les recherches dans la voie où les lois véritables devaient être découvertes (1). Ainsi est mise en bonne lumière la méthode scientifique qui intervient entre l'empirisme et le rationalisme. Elle garde de l'empirisme la pensée que l'observation des faits est la base et le contrôle de toute théorie sérieuse, mais en abandonnant l'idée que l'observation soit la source unique de la science. Elle garde du rationalisme l'appareil logique, qui est la condition de toute connaissance, et les principes directeurs de la pensée, mais en rejetant la prétention de la construction *a priori*. La voie par laquelle l'esprit humain peut atteindre la part de vérité qui lui est accessible se trouve clairement indiquée. L'histoire de la physique est la confirmation la plus solide qu'on puisse rencontrer de la vraie théorie de la méthode. Voyons maintenant les conséquences que l'on peut déduire des découvertes de cette science pour la solution d'un certain nombre de questions qui rentrent dans le programme de la philosophie.

IDÉE DE LA MATIÈRE.

Nous ne possédons pas encore, et peut-être ne posséderons-nous jamais, une doctrine ferme sur la constitution de la matière. La théorie de l'atomisme, c'est-à-dire de l'existence en nombre déterminé des éléments premiers des corps, a une base expérimentale dans la loi des proportions définies et dans celle des proportions multiples. Lorsque des corps sont mis en présence dans des quantités quelconques, ces corps

1. Voir la *Logique de l'hypothèse*, troisième partie.

se combinent toujours dans des proportions déterminées; c'est la loi des proportions définies. Lorsqu'un corps forme avec un autre plusieurs combinaisons, le poids de l'un varie à l'égard du poids de l'autre selon des rapports numériques simples; c'est la loi des proportions multiples. Ces deux affirmations, expérimentalement démontrées, s'expliquent par la pensée que les corps sont formés de parties indivisibles. Du reste, tout essai de synthèse mathématique destinée à rendre compte des phénomènes suppose que les éléments de la matière sont en nombre déterminé. On peut donc considérer la théorie atomique comme exprimant un des postulats de la physique moderne. Mais, en admettant que cette théorie soit démontrée, quelle est la nature de l'atome? Est-il impénétrable, comme on l'admet à l'ordinaire? n'est-il qu'un centre de force, de manière que plusieurs atomes puissent coïncider en un même lieu? Ce sont là des questions non résolues. Ce qui demeure certain, c'est que la divisibilité indéfinie, caractère indéniable du concept de l'espace, ne peut pas s'appliquer à l'élément des corps, dès qu'on considère cet élément comme une unité. La confusion établie par Descartes entre l'idée de l'espace et l'idée de la matière a été, comme on l'a vu (1), l'origine de quelques-unes de ses erreurs.

Les questions philosophiques relatives à la nature des atomes ne sont donc pas résolues. On peut en dire autant des problèmes relatifs à la forme première du mouvement. Pour préciser la question dans un de ses détails, la gravitation est-elle un mouvement primitif, ou a-t-elle un antécédent physique, comme Newton l'a supposé, et comme bien d'autres l'ont pensé après lui? C'est ce que nous ne savons pas, dans l'état actuel des recherches (2).

1. Dans la deuxième Étude, à l'article des erreurs de Descartes.
2. Une tentative récente pour déterminer les antécédents physiques de la gravitation a été faite par M. Eudore Pirmez dans son ouvrage sur l'*unité des forces de gravitation et d'inertie*. 1 vol. in-8. Bruxelles 1881.

La physique ne livre donc pas à la science générale une théorie démontrée relativement à la constitution de la matière et au mouvement primitif dont la matière est animée; mais elle fournit la solution d'une question agitée dans les écoles de philosophie.

On a souvent distingué deux sortes de qualités, ou de propriétés de la matière : les qualités dites *premières*, qui se représentent objectivement, et qui se rattachent à la forme et au mouvement, et les qualités dites *secondes*, qui sont les causes des sensations diverses désignées sous les noms de son, de couleur, d'odeur, de saveur. La valeur de cette distinction a été contestée. M. Saisset, par exemple, a écrit : « La ligne « de démarcation tracée diversement par Descartes, par Locke, « par Reid, par Dugald Stewart, entre les qualités premières « et les qualités secondes de la matière est plus ou moins « arbitraire et inconciliable avec les faits (1). » La distinction dont M. Saisset n'admet pas la valeur, disparaît également pour l'école philosophique qui, avec Stuart Mill, définit la matière comme étant « une possibilité permanente de sensations. » Cette définition supprime toute étude sérieuse des phénomènes de la perception, en ne laissant en présence du fait subjectif de la sensation qu'une possibilité, c'est-à-dire une abstraction réalisée qui remplace fort induement la conception nécessaire d'une réalité objective.

La distinction entre les qualités premières et les qualités secondes des corps, attaquée par des philosophes, est incontestablement justifiée par les théories de la physique actuelle. En effet, selon ces théories, les causes de nos sensations, qui sont indéterminées directement dans le fait de la perception, sont déterminées scientifiquement, comme des mouvements divers, soit de la matière pondérable, soit du fluide éthéré. Nous expliquons les qualités secondes au moyen des qualités

1. *Dictionnaire des sciences philosophiques*, Article MATIÈRE.

premières. Comment dès lors méconnaître la différence des phénomènes expliqués et de ceux qui leur servent d'explication, la différence des mouvements de la matière, phénomènes objectifs qui sont l'objet d'une représentation, et des états subjectifs qui résultent du rapport des êtres sensibles avec les mouvements? Voilà, semble-t-il, une question agitée par les philosophes qui se trouve définitivement résolue par les progrès de la physique.

Il serait du reste avantageux de remplacer les termes de qualités premières et de qualités secondes par ceux de qualités *essentielles* et de qualités *accidentelles*. La forme et le mouvement sont des conceptions sans lesquelles l'idée du corps disparaît, elles sont donc essentielles ; tandis que le son et la couleur sont des qualités accidentelles, puisqu'elles peuvent disparaître, comme cela a lieu pour les sourds et les aveugles, sans que la notion fondamentale du corps s'évanouisse.

IDÉE DE L'ESPRIT.

Rien ne peut être connu sans que l'esprit se connaisse lui-même dans le fait de conscience. Ce que nous avons à examiner ici, c'est la manière dont l'esprit se manifeste à lui-même dans la connaissance des corps, qui est l'objet de la physique.

La distinction des phénomènes matériels et des phénomènes psychiques a fondé la physique moderne, comme on l'a vu dans les études précédentes. Cette distinction se trouve nécessairement rappelée, spécialement à l'article de la chaleur, dans tous les traités élémentaires. Les sensations du chaud et du froid ont un caractère relatif. Elles sont variables selon la constitution des individus et, pour le même individu, selon l'état de son organisme à un moment donné. C'est pourquoi, pour faire une étude scientifique de la chaleur, il était indispensable de trouver un phénomène qui en manifestât les degrés divers, et qui fût indépendant des impressions personnelles. On a trouvé ce phénomène dans les mouvements nés de la chaleur qui produisent la dilatation de la plupart des corps, et qui sont le principe commun de tous les thermomètres. Débarrasser l'étude de la chaleur des impressions personnelles qu'elle produit, c'est mettre à part le sujet des sensations, en le distinguant des éléments objectifs dont les sensations sont le produit ; c'est donc reconnaître l'existence distincte de l'être sensible. Pour réduire tous les phénomènes physiques au mouvement, il a fallu constater les rapports des mouvements avec des phénomènes d'un autre ordre, avec la pensée, au sens le plus général de ce terme. La science est née de cette distinction et elle la confirme. Dire que dans les phénomènes matériels il n'y a que forme et mouvement, c'est proclamer l'immatérialité de la pensée.

Il se fait maintenant, dans certaines régions du monde philosophique, un effort considérable pour détruire le dualisme de l'esprit et du corps. On affirme que les phénomènes physiques et les phénomènes psychiques ne sont que « le double aspect d'un même fait », ou bien « la face objective et la face subjective d'un même événement. » On dit que « la différence des états de conscience et des états de l'organisme se réduit à une simple différence dans le mode d'appréhension. » C'est la thèse de quelques auteurs contemporains, celle de Lewes par exemple (1). Voilà une tentative dont le but est de ramener à l'unité la dualité des faits psychiques et de leurs conditions objectives. Cette tentative a une double origine ; elle vient de la philosophie et de la physiologie.

Le dualisme de l'esprit et du corps a été établi par Descartes dans les prolégomènes de sa physique. Leibniz, qui est cartésien à tant d'égards, s'éloigne de Descartes sur ce point de doctrine. Il raconte comment, après avoir été momentané-

1. *Revue philosophique* de décembre 1879, page 643.

ment séduit par la doctrine du vide et des atomes, il avait rejeté cette conception purement mécanique, et était arrivé à la notion que les éléments simples de l'univers sont des forces qu'il appelle *monades*. Il écrit : « Je trouvai donc que leur « nature consiste dans la force, et que de cela s'ensuit quelque « chose d'analogique au sentiment et à l'appétit ; et qu'ainsi « il fallait les concevoir à l'imitation de la notion que nous « avons des âmes (1). » Etendre les idées du sentiment et de l'appétit à tous les éléments de l'univers, c'était détruire la barrière établie par Descartes entre les corps et la pensée. Leibniz toutefois maintient énergiquement la distinction essentielle de l'esprit humain et de l'organisme. Après avoir parlé des animaux, il ajoute : « Les âmes raisonnables suivent « des lois bien plus relevées, et sont exemptes de tout ce qui « leur pourrait faire perdre la qualité de citoyens de la société « des esprits ; Dieu y ayant si bien pourvu, que tous les chan- « gements de la matière ne leur sauraient faire perdre les « qualités morales de leur personnalité (2). » Il est évident d'ailleurs que la doctrine de l'harmonie préétablie suppose la diversité essentielle et primitive des esprits et des corps. La pensée de Leibniz est engagée dans deux directions diverses, dont l'une le porte à rapprocher la matière de l'esprit, et l'autre à établir leur différence. Ces deux directions de sa pensée sont-elles conciliables ? c'est une question pour l'historien de la philosophie. La première, dégagée du contrepoids de la seconde, a été fortifiée par les progrès des sciences naturelles. Les conditions organiques des phénomènes spirituels ont été soigneusement étudiées et incontestablement établies. Une médiocre connaissance de l'état actuel des études suffit pour démontrer l'erreur commise par Descartes lorsqu'il a affirmé se connaître comme « une chose qui pense »,

1. *Système nouveau de la nature et de la communication des substances*, § 3.
2. *Ibid.*, § 8.

abstraction faite de tout sentiment de l'existence du corps. Les données d'une psychologie exacte confirment pleinement, sous ce rapport, les résultats des travaux des physiologistes. Deux courants, dont l'un procède de la métaphysique leibnizienne, et l'autre de la physiologie, se sont donc réunis pour produire dans l'esprit de quelques savants contemporains l'affirmation que les éléments corporels et les éléments spirituels que l'observation nous manifeste, ne sont que le double aspect d'un même fait.

Cette thèse est difficile à entendre. Les mouvements physiologiques et les faits psychiques semblent irréductibles, par le fait de la diversité absolue du mode de leur connaissance. L'observation établit que, dans les limites de notre expérience, un état déterminé du corps est la condition des manifestations possibles de l'esprit. Lorsqu'on dit que l'on constate les relations de deux ordres de phénomènes distincts sans être séparés, et réunis sans être confondus, cela se comprend; mais que signifie l'affirmation que le même fait a deux aspects, ou deux faces? Affirme-t-on l'unité substantielle du support commun de phénomènes différents? C'est une thèse de philosophie spéculative, et cette thèse a un double défaut. En premier lieu, elle est absolument stérile: d'une unité substantielle indéterminée et indéterminable, on ne saurait rien déduire. En second lieu, la thèse est destituée de toute preuve valable. Pour l'établir, il faut affirmer que partout où il y a mouvement il y a quelque élément psychique, la sensation pour le moins. La sensation est un fait subjectif dont la conscience seule nous fournit l'idée. Admettre la sensibilité des animaux, c'est, pour les animaux supérieurs du moins, le résultat d'une analogie sérieuse. Cette analogie fait défaut lorsqu'on passe au règne végétal, et bien plus encore lorsqu'il s'agit de la matière inorganique. Attribuer un élément de sensibilité aux pierres et aux métaux est une affirmation *a priori*, déduite de certaines conceptions philosophiques, et que l'observation ne justifie à aucun degré. Du reste les partisans de la doctrine que j'examine n'énoncent pas l'intention de formuler une thèse de philosophie spéculative; ils ne parlent pas d'une unité substantielle, entendue dans un sens métaphysique, ils parlent d'un fait. Puisqu'il est question d'un fait, il est naturel de demander par quelle expérience on le constate. Est-ce le fait subjectif, la donnée de conscience, qui a une face objective? Qu'est-ce que la face objective d'un phénomène subjectif? Qu'on parle d'une condition objective, cela s'entend; mais une face objective d'un fait subjectif, cela ne s'entend pas. Les termes mêmes que l'on emploie rappellent la nécessité de concevoir un objet qui se pose en face d'un sujet. Est-ce le fait objectif, le mouvement, qui a une face subjective? C'est ainsi que paraissent l'entendre les partisans de la doctrine. Selon M. Lewes, « il est nécessaire d'adopter « franchement le point de vue biologique, c'est-à-dire de « regarder les fonctions mentales comme des fonctions vi- « tales (1). »

Le fait unique qui a deux aspects est donc le fait physiologique. Cette affirmation est fort claire en elle-même; mais ce qui n'est pas clair du tout c'est la manière de concevoir l'aspect subjectif d'un mouvement. Le mot qu'on est forcé d'employer rappelle la conception nécessaire d'un sujet distinct de l'objet. Admettons que ces remarques n'aient pas de valeur. Il y a un fait unique qui a deux faces, ou qui se présente sous deux aspects. Un aspect suppose un spectateur. « Tout événement, toute sensation a un double aspect, « objectif et subjectif, selon le mode d'appréhension (2); » fort bien; mais qui appréhende? Est-ce le mouvement qui s'appréhende comme sensation? Est-ce la sensation qui s'appréhende comme mouvement? Aucun penseur sérieux

1. *Revue philosophique*, décembre 1879, page 643.
2. *Ibid.*, page 644.

n'oserait soutenir ces paradoxes. Deux classes de phénomènes distincts sont appréhendés par la conscience qui perçoit directement les faits psychiques et, par leur intermédiaire, leurs conditions objectives. La présence du sujet qui perçoit ses propres modes et les réalités externes est implicitement affirmée par la théorie des « deux aspects. » Cette théorie met en lumière, par les termes mêmes dans lesquels elle est forcée de s'énoncer, la dualité de l'esprit et du corps ; elle la met en lumière et elle l'impose à la science.

La recherche d'un principe d'unité est la tendance de la raison, tendance dont la philosophie est l'expression la plus complète. Nous avons ici l'exemple d'un des cas si fréquents dans lesquels cette tendance égare la pensée. Le besoin de l'unité ne peut pas se satisfaire dans la considération de l'un des éléments d'une dualité directement irréductible : la matière et l'esprit. La distinction qui a fondé la physique moderne subsiste ; l'esprit se manifeste dans la connaissance de la matière comme un sujet irréductible à son objet. M. Du Bois-Reymond, s'adressant aux naturalistes allemands réunis à Leipzig, a présenté à ce sujet les considérations que voici : Après avoir signalé le mystère qu'offre à la pensée la nature de la matière et de la force il continue :

« A une certaine époque du développement de la vie sur « le globe, époque dont nous ignorons la date qui, du reste, « ne nous intéresse ici nullement, il surgit quelque chose de « nouveau et d'inouï jusque-là, quelque chose d'incom- « préhensible comme l'essence de la matière et de la force. « Le fil de notre intelligence de la nature, qui remonte « jusqu'au temps infini négatif, se rompt, et nous nous trou- « vons vis-à-vis d'un abîme infranchissable ; en un mot, « nous touchons à l'autre limite de notre entendement.

« Ce nouveau phénomène incompréhensible est la pensée. « Je vais démontrer à présent, si je ne me trompe, d'une ma- « nière péremptoire, que non-seulement dans l'état présent

« de nos connaissances la pensée n'est pas explicable à l'aide « de ses conditions matérielles, ce dont tout le monde tombera d'accord, mais aussi, qu'en vertu de la nature des « choses, elle ne le sera jamais. L'opinion contraire, savoir « qu'il n'y a pas lieu de renoncer à tout espoir d'expliquer la « pensée à l'aide de ses conditions matérielles, et que ce pro« blème pourra être un jour résolu par l'esprit humain, grâce « aux conquêtes intellectuelles qu'il aura faites dans le cours « des siècles : cette opinion est la seconde erreur que je me « suis proposé de combattre dans ce discours. Si, dans ce que « je viens de dire et par la suite, je me sers du mot *pensée*, « il ne faut pas croire pour cela que je n'ai en vue que les « degrés supérieurs de notre activité intellectuelle. Au con« traire, par *pensée* j'entends comme Descartes l'activité « intellectuelle dans toutes ses modifications, et ma proposi« tion les embrasse toutes, jusqu'à la plus simple et, pour « ainsi dire, la plus basse dans l'échelle. Pour avoir un exemple « d'un phénomène intellectuel inexplicable à l'aide de ses « conditions matérielles, il n'est pas du tout nécessaire de se « figurer James Watt imaginant son parallélogramme, ou « Shakespeare, Raphaël, Mozart créant leurs chefs-d'œuvres « les plus sublimes. Tout comme l'action musculaire la plus « énergique et la plus compliquée d'un homme ou d'un ani« mal, n'est pas plus inexplicable, en dernière analyse, qu'une « simple contraction d'une fibre musculaire unique; tout « comme une seule cellule secrétoire recèle dans son intérieur « le mystère de la sécrétion tout entier; ainsi l'activité intel« lectuelle la plus élevée n'est pas plus difficile à expliquer en « principe à l'aide de ses conditions matérielles, que cette « activité dans sa forme la plus rudimentaire, c'est-à-dire la « sensation. Lorsqu'au commencement de la vie animale sur « la terre, l'être le plus simple éprouva pour la première « fois un sentiment de bien-être ou de déplaisir, l'abîme in« franchissable dont je viens de parler s'ouvrit, et le monde

« désormais devint doublement incompréhensible (1). »

Ainsi, dans la pensée du professeur de Berlin, la science a un double point de départ : la matière en mouvement et les phénomènes psychiques. Ces points de départ sont absolument distincts, et ils demeurent incompréhensibles comme toutes les données primitives.

L'esprit se manifeste donc dans la connaissance de la matière, qui est l'objet de la physique, comme un sujet irréductible à son objet ; et non seulement il se manifeste d'une manière générale, mais il se manifeste dans ses différentes fonctions, comme nous allons le constater.

Quelle est l'idée essentielle de la matière ? Sa résistance dans l'espace. Dans l'idée de la résistance l'analyse découvre deux éléments : l'effort et l'obstacle. L'exercice conscient du pouvoir moteur est l'origine de notre connaissance de la matière. Or, dans l'effort, l'esprit se manifeste comme volonté. Dire que nous connaissons la matière comme résistance, c'est dire que l'exercice de la volonté est la condition de l'idée du corps. La valeur de cette analyse est contestée dans les doctrines de l'empirisme anglais, doctrines dont j'emprunte le résumé au travail de M. Ribot (2).

La thèse fondamentale de cette école est celle de Condillac : « le seul fait psychologique primitif et irréductible est la « sensation. » Vient ensuite une autre thèse : « l'expérience « fondamentale, irréductible, qui donne la notion de l'extériorité, c'est la résistance ». Comment ces deux thèses peuvent-elles être conciliées ? En affirmant qu'il existe « des « sensations musculaires qui nous informent de la nature et « du degré d'effort de nos muscles ». M. Ribot observe avec raison que ces sensations-là « forment comme un genre à « part », tant elles se distinguent des autres. Pourquoi cela ?

1. *Revue Scientifique* du 10 octobre 1874, page 341.
2. *La psychologie anglaise contemporaine*, par Th. Ribot, 2me édition. Paris. Germer-Baillère 1875. — Voir spécialement les pages 423 à 425.

Si un muscle malade cause une douleur, c'est une sensation analogue à toutes celles qui résultent de l'état des organes. Si mes muscles sont mûs par un antécédent purement physiologique, j'aurai conscience du mouvement dont je ne m'attribuerai pas l'origine, qui pourra même subsister contre ma volonté, comme il arrive dans un état convulsif conscient. La sensation musculaire se distingue de toutes les autres lorsqu'elle résulte d'un acte volontaire. Le cas alors est différent; il y a un genre à part; mais ce n'est pas un genre de sensation, ou du moins il intervient dans le phénomène un élément irréductible aux modes purs de la sensibilité: l'effort. Quel est le sujet de l'effort? Dire que nos muscles font effort, et que la sensation nous informe de l'effort de nos muscles, c'est confondre deux idées dont l'origine est absolument différente. Nous pouvons avoir conscience, par l'intermédiaire de la sensation, du *travail* de nos muscles, soit que ce travail résulte d'un antécédent purement physiologique, soit qu'il résulte d'un acte de volonté. Mais c'est dans ce second cas seulement qu'il y a *effort*. Le travail est une notion objective qui s'applique légitimement aux muscles; mais il n'en est pas de même de la notion subjective de l'effort. C'est le sujet, le moi, qui a conscience de son effort auquel les muscles cèdent en résistant. Cette résistance est accompagnée d'une sensation; mais dans les modes actifs de l'existence, la conscience de l'effort est primitive, la sensation est subséquente; tandis que dans les modes passifs, c'est la sensation qui est primitive, et l'effort subséquent, lorsqu'il y a réaction. La volonté est donc bien le point de départ du phénomène qui nous donne « la notion de l'extériorité ». Sans l'exercice de la volonté, nous n'aurions, ni l'idée du corps propre, ni l'idée des corps étrangers.

Le pouvoir moteur révèle à l'esprit les qualités essentielles de la matière; d'où procède la connaissance des qualités secondes ou accidentelles? La physique répond: Les mouvements physiques déterminent dans les corps vivants des mouvements physiologiques auxquels répondent les sensations. Sans l'existence des êtres capables de sentir, il n'y aurait plus de lumière, de chaleur, d'odeur, de saveur, mais seulement les mouvements qui sont les conditions objectives de ces sensations. Signalons ici en passant l'erreur des écrivains qui parlent d'un état primitif de l'univers purement mécanique qui, dans la série des siècles, aurait produit, par un développement naturel, les propriétés dites physiques. Un développement ne peut produire que ce qui est virtuellement contenu dans son point de départ. Or un état purement mécanique ne contient virtuellement rien d'autre que des transformations de mouvements, et non, à aucun degré, l'apparition de phénomènes d'un autre ordre, tels que la sensation. Les siècles et les milliers de siècles n'y font rien. Sans l'existence des êtres capables de sentir, les propriétés des corps dites physiques, par opposition au mécanisme pur, ne sauraient faire leur apparition ; c'est l'enseignement positif de la science moderne. Dans la connaissance des qualités secondes ou accidentelles de la matière, l'esprit se manifeste donc comme doué de sensibilité.

L'homme perçoit et sent ; le savant veut se rendre compte de l'objet de ses perceptions et de la cause de ses sensations. Le physicien cherche à expliquer les phénomènes en découvrant leurs lois. Les lois sont des conceptions de l'intelligence. On arrive facilement à entendre que, sans la présence d'êtres sensibles, les phénomènes qui supposent un élément de sensation ne pourraient pas exister. Il faut un peu plus d'effort pour entendre que, s'il n'existait pas d'intelligences, il n'y aurait pas de lois ; et pourtant cela est. Supposons que l'univers matériel existe seul ; les astres ne réaliseront-ils pas toutefois la loi de la gravitation ? Que la loi soit pensée ou ne le soit pas, les choses ne seraient-elles pas ainsi ? Il le semble ; mais lorsque l'on réfléchit sérieusement, on arrive à comprendre que le terme *ainsi* suppose le rapport des faits à une pensée qui les conçoit. Qu'on supprime toute intelligence actuelle ou virtuelle, réelle ou possible, les choses seront, mais elles ne seront pas *ainsi ;* elles ne pourront pas être dites conformes à un ordre qu'aucun esprit ne pourrait formuler. L'idée de la loi disparaîtra, comme les idées de la lumière et de la chaleur disparaissent avec l'existence des êtres capables d'éprouver des impressions. Cette affirmation est valable, mais elle est difficile à entendre, parce qu'il faut penser à un état de choses dans lequel la pensée n'existerait pas.

La science de la matière ne se borne pas à constater des faits, elle aspire à découvrir des lois. Les lois ne peuvent exister que dans une intelligence qui les conçoit, et non dans les choses considérées en elles-mêmes qui ne sont que les conditions matérielles de conceptions possibles. Donc, dans la science de la matière, l'esprit se manifeste comme intelligence. Ceci est vrai de toute science, quel qu'en soit l'objet ; mais la physique met cette vérité dans une spéciale évidence. On a vu, dans la première étude, qu'un des caractères de la physique moderne, qui résume plus ou moins tous les autres, est l'explication mathématique des phénomènes. Les mathématiques supposent, non seulement l'intelligence en général, ce qui est le cas pour toutes les sciences, mais des données intellectuelles spéciales qui appartiennent en propre à l'esprit, et forment une partie de sa dot, dans ce que Bacon appelle « un hymen chaste et légitime de la pensée avec les faits ». L'emploi des mathématiques met en vive lumière l'élément *a priori* de la raison ; les efforts tentés pour ramener à une origine purement expérimentale la science des nombres et des figures demeurent impuissants. Les notions qui sont à la base de l'arithmétique et de la géométrie se produisent à l'occasion de l'expérience. Sans le mouvement, nous n'aurions pas l'idée de l'espace et des formes ; sans les objets perçus nous n'aurions pas l'idée du nombre. Les concepts de la raison ne sont actualisés que sous la condition d'un exercice pratique de nos facultés ; sans cela ils resteraient dans une virtualité éternelle; mais la condition qui leur permet de se manifester, ne les produit pas. Un germe ne se développe que sous la condition d'un certain degré d'humidité et de chaleur; mais ce n'est pas la chaleur et l'humidité qui peuvent rendre raison du développement plastique dont un organisme est le résultat. De même les idées qui sont à la base des mathématiques ne se développent que sous la condition de l'expérience, mais leur contenu n'est pas expérimental. Stuart Mill, voulant interpréter les conceptions géométriques dans le sens de l'empirisme, écrit : « Notre idée d'un point est simplement l'idée « du *minimum visible*, la plus petite portion de surface que « nous puissions voir » (1). Le point des géomètres est le principe non étendu de toute localisation dans l'espace; c'est, si l'on veut, une sphère dont le rayon est zéro. En faire une portion de surface, si petite que ce soit, c'est méconnaître la nature essentielle des conceptions fondamentales des mathématiques. Une philosophie qui conduit la pensée à de telles extrémités prononce elle-même sa propre condamnation.

Quand on accorderait l'origine expérimentale des matériaux de l'arithmétique et de la géométrie, il resterait encore manifeste que les propositions et les théorèmes s'établissent par les seules lois de la pensée, sans recours à l'expérience. Il est donc permis d'affirmer que l'emploi toujours plus grand des mathématiques dans l'explication des phénomènes physiques, met toujours plus en lumière le rôle de l'intelligence dans notre savoir.

En résumé : pas de connaissance des qualités essentielles de la matière sans l'exercice de la volonté; pas de connaissance des qualités secondes ou accidentelles de la matière sans la présence de la sensibilité; pas de science de la matière sans

1. *Système de Logique*, Livre II, chapitre v, § 1.

l'intelligence. Il suffit donc d'observer les conditions de la science des corps pour obtenir la notion de l'esprit dans ses trois fonctions : agir, sentir et penser.

LE SCEPTICISME.

La physique établit la distinction des faits et de la pensée ; elle manifeste aussi leur harmonie qui seule rend le monde intelligible.

Dans l'ordre physique, les faits sont des mouvements perçus directement par les fonctions du toucher et de la vue, et perçus médiatement, comme causes des sensations, par les impressions que les mouvements produisent sur nous. La pensée, qui se manifeste dans toutes les sciences par ses éléments logiques, se manifeste spécialement en physique par ses éléments mathématiques. Les faits et la pensée forment deux ordres distincts et irréductibles. Si les faits sont bien observés, si les véritables lois des phénomènes sont découvertes, et si enfin les calculs effectués sont justes, il y a accord entre les faits et la pensée ; le mouvement des astres dans le ciel, les mouvements des molécules dans les corps, les ondulations de l'éther se trouvent conformes aux calculs du savant. Il résulte de cette considération que la physique mathématique renferme la réfutation du scepticisme, ou du moins du scepticisme général et complet. Quelle est, en effet, la source principale du scepticisme ? La voici : L'existence de la pensée est absolument certaine ; on ne peut nier la pensée qu'en l'exerçant, c'est-à-dire en tombant dans une contradiction manifeste. C'est là la partie irréfutable du *Cogito ergo sum* de Descartes. On peut nier la légitimité du passage du fait de la pensée à l'affirmation de la réalité substantielle et durable exprimée par *je suis*, mais il est impossible de contester la certitude de la pensée, et de son inhérence à un sujet au moins phénoménal exprimé par le pronom personnel. *Je pense;* voilà une certitude absolue pour celui qui prononce ces mots; mais c'est la seule connaissance dont le caractère soit immédiat. Condillac commence son *Essai sur l'origine des connaissances humaines* en disant: « Soit que nous nous élevions, pour parler métaphorique- « ment, jusque dans les Cieux; soit que nous descendions « dans les abîmes, nous ne sortons point de nous-mêmes; et « ce n'est jamais que notre propre pensée que nous aperce- « vons. » Comment établir l'accord de la pensée avec une réalité objective? Il faudrait pour cela sortir de la pensée et la comparer à autre chose qu'à elle-même; mais cela est impossible. Donc nous pensons; mais nous ne pouvons pas établir le rapport de notre pensée à une réalité: telle est la base fondamentale du scepticisme universel.

Cette argumentation est spécieuse, mais elle ne résiste pas à un examen attentif. Considérons d'abord les mathématiques. Je me trompe dans un calcul d'arithmétique, ou dans une démonstration de géométrie; je me corrige, ou on me corrige en me signalant une erreur que je reconnais. Comment cela se peut-il? Parce que la connaissance interne ou subjective par laquelle l'esprit se manifeste ne me révèle pas seulement ma pensée individuelle, mais aussi une autre pensée qui s'impose à moi, tantôt par son évidence immédiate, et tantôt au moyen d'une démonstration. Il faut donc distinguer dans l'acte total de la conscience une observation spécialement psychologique qui me fait connaître les modes de ma pensée individuelle, et une observation qu'on peut appeler *rationnelle* qui me met en présence d'une règle dont ma pensée individuelle peut s'écarter, et à laquelle elle revient lorsqu'elle se corrige. Cette règle qui s'impose à mon esprit est en moi, sans être moi, ni à moi. Ce n'est pas *ma* raison, dans un sens personnel, c'est *la* raison commune à toutes les intelligences semblables à la mienne, et à laquelle je participe. La vérité mathématique résulte de l'accord de la pensée individuelle avec sa loi. Quand je possède cette vérité, je possède une pensée qui n'est pas la mienne seulement, ou celle de tel autre individu, mais celle de l'esprit humain. Nous voici hors d'un idéalisme subjectif qui constituerait le scepticisme complet; mais une nouvelle question se pose. Comment établir le rapport de la pensée humaine avec une réalité étrangère à cette pensée même? Après avoir échappé à un idéalisme personnel, resterons-nous dans un idéalisme collectif qui ne nous sortirait pas du scepticisme? Non.

Les perceptions qui nous révèlent l'existence des corps n'ont lieu que par l'intermédiaire de la conscience; mais ces perceptions s'imposent par une évidence sensible, de même que la vérité rationnelle s'impose par une évidence intellectuelle. La simple imagination qui me représente des objets matériels se distingue de la perception, comme ma pensée individuelle se distingue de la raison. Un homme qui aurait totalement perdu la faculté de concevoir les vérités mathématiques, et serait incapable de reconnaître une erreur dans un calcul très élémentaire, serait atteint d'imbécillité ou d'aliénation mentale. Pareillement (une réserve étant faite pour la question du sommeil) un individu quine peut pas distinguer une représentation purement subjective d'une perception réelle est atteint de l'état maladif désigné sous le terme d'hallucination.

Il est impossible de nier la différence essentielle qui existe entre la pensée abstraite qui se manifeste dans le calcul, et la perception des réalités sensibles. Or l'objet des perceptions humaines est une série de phénomènes qui sont réglés conformément aux lois des mathématiques. Cette conformité des phénomènes aux lois de la pensée, ou des lois de la pensée aux phénomènes, est la condition d'une science possible, et l'existence de la science réelle démontreque cette conformité existe. La physique mathématique ne fait, et ne peut faire aucun progrès, sans manifester toujours plus clairement l'accord des réalités expérimentales avec la raison.

La physique moderne a donc pour conséquence légitime la destruction du scepticisme universel tel qu'il se manifestait l'époque des penseurs de la Grèce. On lit dans l'histoire légendaire de Pyrrhon que ce sceptique fameux, doutant du témoignage de ses sens comme de toutes choses, ne se serait pas détourné en présence d'un précipice ou à la rencontre d'un chariot, en sorte que ses disciples devaient l'entourer constamment pour préserver sa vie. De nos jours, on ne doute pas du témoignage des sens convenablement interprété, et on admet sans contestation que nous pouvons obtenir une connaissance vraie des phénomènes naturels. Nous croyons à la science, et l'industrie scientifique justifie la confiance accordée aux théories qui lui servent de fondement. Le doute général bat en retraite; il ne peut plus se montrer que comme un jeu de l'intelligence auquel eux-mêmes qui s'y livrent ne sauraient attribuer une valeur sérieuse. Il y a là, dans l'histoire de la pensée humaine, un fait considérable et trop peu remarqué : le scepticisme des anciens a fait place au positivisme des modernes. Le doute qui porte sur les questions religieuses et philosophiques n'a pas disparu ; il se maintient, on peut même dire qu'il s'accroît, mais pourquoi s'accroît-il ? C'est un doute comparatif qui résulte de ce qu'on oppose la certitude de la science de la nature à l'incertitude de tout ce qui dépasse l'expérience. On peut dire que c'est la lumière qui s'est faite sur une partie des connaissances humaines qui projette des ténèbres sur une autre partie de ces connaissances; ou, pour user d'une autre comparaison, c'est parce que la pensée a trouvé un sol ferme dans l'étude des phénomènes de la matière qu'elle refuse de s'aventurer au-delà de ce terrain.

Les progrès de la physique sont la cause principale de cette situation des esprits; mais cette situation est instable. Le positivisme, si l'on consulte ses programmes officiels, n'admet aucune affirmation philosophique : ni l'idéalisme, ni le matérialisme, ni le théisme, ni l'athéisme ; nous ne pouvons que coordonner les données de l'expérience ; au-delà nous ne savons rien. Sous le couvert de ce doute officiel arrive la négation. A la formule : « nous ne savons rien au-delà de l'expérience », succède cette autre formule : « au-delà des objets de l'expérience et de l'expérience sensible, il n'y a rien ». Cependant les tendances de la raison subsistent, et la raison porte en elle les notions transcendantes de l'infini, de l'absolu, du nécessaire. Il arrive donc souvent qu'on voit ces notions transcendantes appliquées à l'objet de l'expérience sensible. On affirme que la matière est éternelle et que les lois de la nature sont nécessaires : voilà le matérialisme. Que le positivisme, qui est officiellement le doute sur tout ce qui dépasse l'expérience sensible, se transforme fréquemment en matérialisme, c'est ce qu'il serait facile d'établir, en citant des faits et des textes. Le développement de la physique, qui a joué un rôle considérable dans la production du positivisme, produit-il légitimement de telles conséquences ? Il y a de bonnes raisons pour penser autrement.

LE MATÉRIALISME.

L'esprit systématique, en s'attachant d'une manière exclusive aux données de la physique, engendre le matérialisme. En appliquant aux résultats de cette science l'esprit philosophique on arrive à des conclusions différentes. La physique moderne, qui détruit le scepticisme des anciens, détruit également leur matérialisme. Pour Democrite et Epicure, quelles étaient les données qui devaient fournir l'explication de l'univers ? Les atomes agrégés et désagrégés dans un nombre infini de combinaisons fortuites avaient produit enfin le monde actuel : tel est le matérialisme ancien. Le matérialisme moderne a d'autres caractères. Il explique le monde par une disposition primitive de la matière, par le mouvement et les lois de la communication du mouvement. C'est par un développement opéré selon des lois déterminées, ou, pour employer le terme le plus usité de nos jours, c'est par une *évolution* que le monde, à partir d'un état primitif, est parvenu à son organisation actuelle. Or l'idée d'une évolution, d'un développement soumis à des lois que la science cherche à découvrir, diffère profondément de la notion antique des atomes se mouvant au hasard, et formant une série d'agrégations fortuites. Ce sont les progrès de la physique qui ont opéré ce changement capital dans l'idée de la science. Le matérialisme peut sembler affermi par cette modification, en revêtant un caractère sérieusement scientifique qui lui manquait dans l'antiquité, mais en réalité il se trouve détruit. En effet, les idées fondamentales de la science sont celles-ci :

Le mouvement universel est réglé d'une manière conforme aux lois de la pensée.

La force universelle, ou la puissance motrice initiale est constante.

La multiplicité indéfinie des phénomènes est produite par l'action combinée d'un petit nombre de causes.

Tels sont les résultats incontestés de la théorie qui interprète les données expérimentales. Si l'on veut s'élever à une doctrine relative au principe de l'univers, c'est-à-dire si l'on veut tenter une philosophie, on a donc pour point de départ les données suivantes :

Le premier moteur exerce son pouvoir selon l'intelligence.

Son action est constante, et a pour effet d'obtenir d'innombrables résultats par un nombre limité de moyens.

Ce sont là certainement les caractères de ce que nous appelons la sagesse. Nous voilà fort loin du matérialisme. La physique, lorsqu'elle se borne à l'étude directe de son objet, ne s'élève pas à des conclusions de cette nature ; mais les prémisses de ces conclusions se dégagent nettement des résultats les plus généraux de la science de la matière, et font partie de la contribution offerte par cette science à l'étude du problème universel qui est l'objet propre de la philosophie.

LA DOCTRINE DE LA CRÉATION.

Il a été dit dans notre première étude que la plus haute ambition de la physique est d'arriver à la détermination de la nébuleuse primitive. On pourrait alors déduire tous les phénomènes matériels de la disposition des éléments, d'un mouvement initial, et des lois de la communication du mouvement. Ce point de départ supposé est tenu pour primitif. L'organisation actuelle du monde serait expliquée au moyen de ces données au-delà desquelles la pensée ne remonterait pas. L'idée d'un développement, d'une évolution, était étrangère au dix-septième siècle, et même au dix-huitième siècle. L'opinion dominante à cette époque était que le monde avait été organisé dès l'origine comme il l'est maintenant. C'est, comme on l'a vu, à Descartes que remonte, dans les temps modernes, l'idée de rechercher comment le monde a pu être organisé progressivement.

La théorie de l'évolution est l'expression d'un fait historique; c'est l'énoncé d'une loi exprimant le mode de succession des phénomènes. L'indifférence dynamique du temps s'oppose à ce que l'on considère l'évolution comme étant l'expression d'un pouvoir producteur, d'une cause. On rencontre cependant, dans quelques écrits contemporains, l'idée que le temps est un *facteur* (1), et on oppose la doctrine de

1. « Le temps me semble de plus en plus le facteur universel. » Ernest Renan, dans la *Revue des deux mondes* du 15 octobre 1863, page 762.

l'évolution à la doctrine de la création. Il s'agit d'une thèse de philosophie qui cherche son appui dans les progrès de la physique. L'appui est-il solide? la filiation des idées est-elle légitime?

L'hypothèse de la nébuleuse étant admise, quelle est l'origine de la nébuleuse, de la disposition de ses éléments, du mouvement initial, et des lois de la communication du mouvement? Ces questions sont étrangères à la physique qui, en sa qualité de science particulière, veut seulement constater les faits et rendre raison de leur enchainement. Que le point de départ soit une existence par soi, la nature des choses, ou le produit d'une volonté créatrice, cela n'importe en aucune manière au travail des physiciens. Il semble donc, au premier abord, que les résultats de ce travail ne peuvent apporter aucune lumière à la philosophie pour la solution de son problème fondamental. Une étude attentive du sujet conduit à un autre résultat.

La théorie de l'évolution est née des découvertes de la géologie d'abord, puis de la doctrine du transformisme en histoire naturelle. L'idée que tous les organismes actuels sont parvenus, par voie de génération régulière, d'organismes primitivement semblables s'oppose à l'idée de créations successives. Eloignons l'idée de création pour écarter toute donnée étrangère au domaine de l'expérience. La question agitée entre les naturalistes est celle-ci: A-t-il apparu, à un certain moment, de nouvelles espèces végétales ou animales formées directement des éléments du sol et de l'atmosphère; ou bien la faune et la flore proviennent-elles d'organismes semblables diversifiés sous l'action des causes physiques? C'est une question de biologie que des inductions expérimentales pourront résoudre peut-être, avec plus ou moins de certitude, et qui sort du cadre de mon étude actuelle. Restons à la physique.

Si l'on pense que le monde est fixe dans ses mouvements,

que le système solaire et les autres systèmes analogues ont été organisés toujours comme ils le sont, on entend que le monde puisse être éternel, ou du moins on croit l'entendre. Cette pensée existait dans l'Inde antique. « Les fils de Çakya tenaient pour cette maxime que la révolution du monde n'a « pas de commencement (1) ». Au dix-septième et au dix-huitième siècles, on pensait généralement, sinon que le monde n'a pas eu de commencement, au moins qu'il a commencé à être tel qu'il est. Voltaire se refusait à admettre « les changements qu'on croit voir dans la suite des siècles », sur lesquels Buffon commençait à attirer l'attention des savants. Il écrivait : « Rien de ce qui végète et de ce qui est « animé n'a changé; toutes les espèces sont demeurées inva- « riablement les mêmes : il serait bien étrange que la graine « de millet conservât éternellement sa nature et que le globe « entier variât la sienne (2) ». De nos jours, on ne conteste, ni la diversité des espèces végétales et animales qui ont successivement couvert la surface du globe, ni les variations que le globe lui-même a subies ; de là des conséquences importantes.

Tout développement suppose un commencement. En effet, un développement se produit dans un temps donné, à partir d'un point de départ. La matière a produit l'organisation actuelle du monde physique par les modifications successives de ses mouvements. Si la matière et son mouvement étaient éternels, le moment qu'on voudrait prendre pour point de départ aurait derrière lui un temps indéfini. Donc le monde aurait dû arriver à son état actuel à un moment quelconque de la durée, puisque, à un moment quelconque de la durée, aurait eu le temps supposé nécessaire pour arriver à l'état présent. Dès qu'on fait intervenir la pensée de l'éternité, tout

1. Burnouf, *Introduction à l'histoire du buddhisme indien*, page 573.
2. *Les Sciences au XVIIIe siècle*, par Emile Saigey, Livre I, chapitres III et IX.

point de départ échappe. Dans ses leçons faites à Turin, en 1832, Cauchy proposait à ses auditeurs une démonstration mathématique de cette thèse : « la matière n'est pas éternelle ». Ce qu'on peut certainement démontrer, c'est qu'un mouvement qui produit un développement ne peut pas être éternel. Il faut nécessairement un point de départ pour la science. Quelle idée peut-on se faire de ce point de départ? Sera-ce un état par soi, sans antécédent? En rétrogradant dans l'évolution on arrive à la nébuleuse; supposera-t-on la matière de la nébuleuse éternelle? Le mouvement s'y sera manifesté, à un moment donné. Pourquoi? On ne peut trouver aucune cause dans le *moment*, c'est-à-dire dans la catégorie du temps. Il faudrait donc admettre une puissance dans la matière même, ce qui serait contraire à la doctrine de l'inertie, ou bien admettre la manifestation du mouvement sans cause, ce qui serait la négation des bases de toute science.

Si la matière de la nébuleuse n'est pas supposée éternelle, d'où vient-elle? Est-ce le néant qui se sera transformé en être? L'admettre, ce serait admettre la contradiction proprement dite, puisque le néant n'est pas moins la négation de l'être virtuel que de l'être actuel. Admettre la contradiction proprement dite, quoique Hégel en ait pu dire, c'est ruiner la pensée dans ses fondements. Si l'on rapporte l'origine du monde à la manifestation d'une puissance par soi, conçue comme une puissance libre et créatrice, la nature de ce pouvoir et le mode de son action offrent sans doute à la pensée de grandes difficultés, mais l'on aura du moins le moyen de comprendre, pour la matière et son mouvement, l'existence d'un point de départ qui donnera une base à l'évolution. Si l'on veut aborder la question, on ne peut choisir qu'entre la contradiction proprement dite et les difficultés inhérentes à la doctrine de la création. Il est permis, assurément, de ne pas se décider; on peut récuser la compétence de l'esprit humain en de pareilles matières, et personne n'est obligé de faire de la philosophie. Il faut éviter seulement de résoudre implicitement les questions en disant qu'on ne les aborde pas. Si l'on veut se décider, le choix ne saurait être douteux entre une conception difficile et la contradiction. Auguste de La Rive a abordé ce sujet en terminant une de ses leçons de physique à l'Athénée de Genève. Il venait de rappeler que tout développement exclut l'idée de l'éternité, et suppose un commencement ; il ajouta : « Que ce commencement ait eu « lieu il y a des milliers ou des millions de siècles, peu im- « porte : ce n'est pas l'éternité. Or le mouvement n'a pu naître « spontanément, il a fallu une cause extérieure pour l'engen- « drer, une cause ayant *volonté et intelligence*. D'où je conclus « nécessairement à l'existence d'un être suprême et person- « nel (1) ». Je n'affirmerai pas que les conclusions de ce physicien soient celles de la physique. On ne peut pas conclure directement des résultats de la science de la matière à la pleine affirmation du théisme; mais voici un raisonnement qui me semble solide : Le mouvement qui a produit le monde actuel ne peut pas être éternel ; il réclame donc un antécédent, en vertu du principe de causalité. Cet antécédent doit être conçu comme étranger au mouvement, par la position même de la question. Il faut donc, pour employer les termes d'Aristote, que le premier moteur soit lui-même immobile. Cette condition est remplie par l'idée d'un esprit éternel et créateur.

La doctrine de l'évolution et la doctrine de la création ne peuvent pas se remplacer, parce que ce sont des théories de deux ordres différents, et qui ne concernent pas le même objet. La première exprime une loi de succession des phénomènes, la seconde affirme une cause. Admettre que la loi remplace la cause est une erreur de métaphysique. On y tombe lorsqu'on parle de substituer l'idée de l'évolution à

1. *Chronique Genevoise* du 11 janvier 1863.

celle de la création, comme si le temps pouvait être une puissance. Dans une science particulière, on fait abstraction des causes premières, et l'on se borne à la considération de l'enchaînement des faits selon des lois déterminées. Si l'on aborde la question suprême de la philosophie, il faut reconnaître, non seulement que la théorie de l'évolution ne saurait remplacer la doctrine de la création, mais que, loin de la contredire, elle lui apporte un assez ferme appui. En effet elle met la pensée en présence d'un point de départ qui veut une cause autre qu'un antécédent qui serait soumis lui-même à l'évolution.

La croyance au Dieu Créateur a inspiré les fondateurs de la physique moderne. Cette science étudiée dans ses conséquences philosophiques confirme la doctrine sous l'influence de laquelle elle a pris son essor.

Abbeville. — Typ. et Stér. A. Retaux.

www.ingramcontent.com/pod-product-compliance
Ingram Content Group UK Ltd.
Pitfield, Milton Keynes, MK11 3LW, UK
UKHW020109200726
13856UKWH00002B/463

9 782011 950444